O. Hug · Medizinische Strahlenkunde

O. Hug

Medizinische Strahlenkunde

Biophysikalische Einführung für Studierende und Ärzte

Mit 103 Abbildungen

Springer-Verlag
Berlin · Heidelberg · New York
1974

ISBN-13: 978-3-540-06799-3 e-ISBN-13: 978-3-642-65885-3
DOI: 10.1007/978-3-642-65885-3

Library of Congress in Publication Data. Hug, Otto, 1913. Medizinische Strahlenkunde. Bibliography: p. 1. Radiology, Medical. 2. Radiation-Toxicology. I. Title. [DNLM: 1. Radiation dosage. 2. Radiation effects. WN620 H891m]. RM 847.H83. 616.07'57. 74-11070.

Gesamtherstellung: Druckerei W. F. Mayr, Miesbach.

Vorwort

Der Strahlenkunde kommt innerhalb der klinischen Medizin, aber auch als einem Teilgebiet der Arbeits- und Umwelthygiene, insofern eine wachsende Bedeutung zu, als ionisierende Strahlen immer erfolgreicher in Diagnostik und Therapie eingesetzt werden, andererseits aber die vielseitige Nutzung von Strahlenquellen in Forschung und Technik mit gesundheitlichen Risiken verbunden sein kann.

Eine gründliche Kenntnis der Wirkungsweisen ionisierender Strahlen, die sie sowohl zu einem differenten Heilmittel als auch zu einer gefährlichen Noxe machen, gehört somit heute mehr denn je zur ärztlichen Allgemeinbildung. Dem trägt die neue Approbationsordnung Rechnung, indem sie der medizinischen Strahlenkunde und dabei auch ihren theoretischen und experimentellen Grundlagen einen nicht unerheblichen Raum in der ärztlichen Ausbildung zuspricht.

Damit besteht das Bedürfnis nach zusammenfassenden Darstellungen der einzelnen radiologischen Teilgebiete, die auch die jüngere Entwicklung der Strahlenforschung einschließen. Vorzügliche ältere Monographien der Biophysik und Strahlenbiologie wurden geschrieben, bevor mit neuen Methoden Erkenntnisse gewonnen wurden, die sich als besonders fruchtbar für die radiologische Praxis erweisen.

Dieses Buch wendet sich vor allem an Studierende der Medizin, die sich ein über das obligate Examenswissen hinausgehendes Verständnis der Strahlenkunde aneignen wollen und an Ärzte.

Insbesondere will es dem künftigen Strahlenbiologen als Einführung in sein Fach und dem klinischen Radiologen als Leitfaden durch die kaum übersehbare Fülle experimenteller Daten mit klinischer Relevanz dienen.

Schließlich mag es auch Studierenden und Vertretern naturwissenschaftlicher Fachrichtungen, die sich mit Fragen des Strahlenschutzes zu befassen haben, eine Hilfe sein, wenn sie sich über die Entstehungsmechanismen von Strahlenschäden orientieren wollen.

Unter Berücksichtigung der unterschiedlichen fachlichen Ausrichtung einer potentiellen Leserschaft beginnt die Beschreibung physikalischer, chemischer, mathematischer und medizinischer Sachverhalte mit den jeweiligen Elementarkenntnissen, um dann Schritt für Schritt kompliziertere Fragen anzugehen.

Die einleitende Zusammenfassung der Strahlenphysik ist ganz auf die biologischen Belange ausgerichtet und soll zugleich das Grundwissen vermitteln, auf dem sich die technologischen Spezialkenntnisse, z. B. der Röntgendiagnostik, der Strahlentherapie oder der Nuklearmedizin aufbauen lassen.

Auch die Strahlenchemie, die sich bereits zu einem eigenen großen Fachgebiet entwickelt hat, wird nur in dem Umfang behandelt, wie es das Verständnis der molekularen Basis vitaler Strahleneffekte erfordert.

Schwerpunkt des Buches bilden die Strahlenwirkungen auf die Zelle, vor allem der Säugetiere einschließlich des Menschen, denn auch Strahlenpathologie ist primär Zellularpathologie im Sinne Rudolf Virchows. Die besprochenen strahleninduzierten Störungen der Zellproliferation und anderer Zellfunktionen, die zytoletalen und die zytogenetischen Wirkungen determinieren die akuten und chronischen Veränderungen normaler und maligner Gewebe, die akute Strahlenkrankheit, die verschiedenen Formen von Strahlenspätschäden und schließlich zum Teil auch die hereditären Folgen einer Strahlenexposition. Die explizite Behandlung dieser Effekte bleibt zusammenfassenden Darstellungen der Strahlenpathologie und der allgemeinen Strahlengenetik vorbehalten.

Jedoch nehmen die generellen Ausführungen des Buches über die Analyse und Interpretation der Dosiswirkungsbeziehungen, die relative Wirksamkeit der verschiedenen Strahlenarten und den Zeitfaktor bereits auf diese komplexeren Strahlenreaktionen des Organismus Bezug.

Ein Grenzgebiet zwischen Medizin und Naturwissenschaft, wie es die Strahlenbiophysik darstellt, kann nicht ohne ein gewisses Minimum an mathematischem Aufwand durchmessen werden. Vielleicht aber überwindet der medizinische Leser seine Scheu vor den hier und da eingestreuten Formeln eher, wenn er bedenkt, daß eine quantitative Betrachtungsweise der Lebensprozesse, wie sie hier auf die biologischen Strahlenwirkungen angewandt wird, in einer naturwissenschaftlich unterbauten Medizin immer wichtiger wird. Auch in diesem Zusammenhang sei auf die Approbationsordnung verwiesen, die den Nachweis statistischer und biomathematischer Grundkenntnisse verlangt.

Für kritische Durchsicht des Manuskripts im Ganzen danke ich Herrn A. M. Kellerer, New York, und meinem Mitarbeiter Herrn K.-R. Trott, für wertvolle Korrektur- und Ergänzungsvorschläge zu einzelnen Kapiteln den Herren E. Bunde, München und U. Hagen, Karlsruhe, und unter meinen Mitarbeitern vor allem Frau L. Schachinger, Frl. E. Hochhäuser und den Herren O. Balk, M. Bauchinger, W. Bors, H. Kummermehr, M. Michailov und W. Müller.

Einige praktische Hinweise für den Leser

Erläuterungen detaillierter Fragen, die vor allem dem Anschluß an Spezialliteratur dienen, sind dem Text in Kleindruck eingefügt; sie können, ohne daß der logische Faden verlorengeht, überschlagen werden.

Die wichtigsten verwendeten Begriffe, physikalischen Größen und Einheiten wurden in das Stichwortverzeichnis aufgenommen, wobei die Nummern der Seiten, auf denen sie eingeführt oder definiert werden, fettgedruckt sind.

Im Literaturverzeichnis sind mit A. weiterführende Sammelwerke der Biophysik und Strahlenbiologie im ganzen und der im Buch behandelten Teilgebiete gekennzeichnet, mit B. Einzelveröffentlichungen, auf die im Text ausdrücklich Bezug genommen ist, sei es, weil es sich um wichtige Pionierarbeiten handelt, sei es, um spezielle Daten zu belegen.

München, im März 1974 O. Hug

Inhaltsverzeichnis

Einleitung

Entstehung, Entwicklung und Bestand der Lebewesen und schließlich auch ihr Altern und Sterben können als ständiger Energieaustausch dieser „offenen Systeme" mit ihrer Umwelt angesehen werden, wobei sich gleichzeitig Struktur und Funktion der lebenden Einheiten auf Grund endogener Gesetzmäßigkeiten und der verschiedenen Umweltfaktoren ständig ändern. Bei dieser Wechselwirkung spielt neben den chemischen, mechanischen und thermischen Energieformen auch Strahlung der verschiedensten Art eine wesentliche Rolle. So kann man mit Szent-Györgyi den gesamten Stoffwechsel der tierischen und pflanzlichen Organismen als die in charakteristischen Stufen erfolgende Rückkehr eines bei der Photosynthese angeregten Elektrons in seinen Grundzustand betrachten. Wärmeaufnahme und -abgabe der Körper erfolgt unter anderem auch in Form von Strahlung. Sichtbares Licht wirkt nicht nur als Reiz auf spezielle Photorezeptoren, sondern vermag – ebenso wie ultraviolettes Licht – zelluläre Funktionen zu beeinflussen.

Auch ionisierende Strahlen, auf deren Wirkung sich die Thematik dieses Buches beschränkt, sind von Anbeginn ein Faktor der Umwelt, in der sich das Leben dieser Erde entwickelt hat. Möglicherweise spielten sie sogar schon bei der Bildung organischer Substanz in der präbiotischen Phase der Erdgeschichte eine gewisse Rolle; experimentell gelingt in einer nachgeahmten Uratmosphäre nicht nur durch elektrische Entladungen, sondern auch durch Röntgenbestrahlung die Synthese von Aminosäuren und von einfacheren Polypeptiden und Nucleotiden. Man muß annehmen, daß bei Beginn der biotischen Phase, also etwa vor 3 Milliarden Jahren, die Radioaktivität der Erde höher und vor Ausbildung einer Atmosphäre auch die Intensität der kosmischen Strahlung größer war als heute. Seit der Bildung höherer Organismen, also seit etwa 500 Millionen Jahren, kann man, zumindest für unsere Betrachtung, die Umweltstrahlung als weitgehend konstant betrachten. Die Frage, ob Strahlung dieser Intensität für das Leben nützlich oder schädlich war und ist, stellt uns vor die Notwendigkeit, bereits hier Begriffe zu klären, die immer wieder mißverständlich gebraucht werden. Schon die Absorption eines einzigen Photons oder die Energieabgabe eines schnellen Teilchens kann molekulare Bausteine des Lebendigen verändern und damit in dessen vitale Struktur und Funktion eingreifen. Die *Strahlenwirkung* ist ein wissenschaftlicher Begriff; sie kann mit geeigneten Methoden nachgewiesen oder zum mindesten aus biophysikalischen Grundvorstellungen abgeleitet werden. Demgegenüber ist der Begriff *Strahlenschädigung* relativ und hat nur einen Sinn im Hinblick auf den Normalzustand des Systems, den man im Auge hat.

Die uns vertrauten Lebensformen, Rassen, Arten, Gattungen und Individuen, die wir als normal und gesund zu bezeichnen pflegen, sind so, wie sie sind, nur aus ihrer Geschichte und der des Lebens im ganzen verständlich. Sie haben sich entwickelt „nach dem Gesetz, wonach sie angetreten", und unter Anpassung an die Umwelt durch Mutation und Selektion. Strahlung als ein wesentlicher mutagener Umweltfaktor hat diese Evolution gefördert, wirkt aber, da nur ein Bruchteil aller Zufallsmutationen einen Selektionsvorteil bedeutet, zweifellos auch genetisch ungünstig und ist für einen noch nicht bekannten Teil aller genetischen Fehlbildungen verantwortlich.

Jedes Lebewesen stellt ein mit dem Alter sich veränderndes Gleichgewicht zwischen anabolischen und katabolischen Prozessen unter dem Einfluß hemmender und fördernder Umweltfaktoren dar. In die molekularen Umsätze des Körpers, in das „Stirb und Werde“ seiner Zellen und in die mit dem Altern sich vollziehende Verschiebung des Gleichgewichts greift auch die ionisierende Strahlung ein. Täglich werden durch den Beschuß der terrestrischen und kosmischen Strahlung Zehntausende von Molekülen unseres Körpers zerschlagen, und gehen einige unserer Körperzellen zugrunde. Die Wirkung ionisierender Strahlen ist unter diesem Aspekt auf die negative Seite der Lebensbilanz zu setzen. Man kann aber nur dann von einem Strahlenschaden im medizinischen Sinne sprechen, wenn auf Grund ärztlicher Untersuchungen am Einzelnen oder statistischer Erhebungen an größeren Bevölkerungsgruppen anzunehmen ist, daß eine Strahlenexposition bestimmter Höhe das gesundheitliche Gleichgewicht merklich ungünstig beeinflußt, also Vitalität und Lebenserwartung herabgesetzt werden oder bestimmte Krankheiten häufiger als bei Kontrollpersonen oder Kontrollgruppen auftreten. Eine solche Feststellung schließt nicht aus, daß wir auf Grund unserer unvollständigen Kenntnisse der Wirkungen kleiner Strahlendosen der Vorsicht halber jede zusätzliche Strahlenbelastung als ein potentielles Risiko betrachten.

Die Menschheit kann auf die Atomkernenergie nicht mehr verzichten. Mehr und mehr Personen sind mit Geräten zur Erzeugung ionisierender Strahlen und mit radioaktiven Substanzen beschäftigt und können dabei eine zusätzliche Strahlenbelastung erfahren. Unfälle in Kernenergiebetrieben können auch größere Bevölkerungskreise gefährden. Kernwaffenversuche führten zu einer weltweiten Kontamination mit radioaktiven Substanzen, die, wenn auch noch relativ geringfügig, den natürlichen Strahlenpegel unserer Biosphäre angehoben haben, und schließlich droht immer auch die Gefahr einer nuklearen Katastrophe. Nicht nur in der medizinischen Radiologie, sondern auf allen Gebieten der naturwissenschaftlichen Forschung, in Technik und Agrikultur geht es darum, den Nutzen, den man sich von der Anwendung ionisierender Strahlen erhofft, abzuwägen gegen das Risiko einer nie völlig vermeidbaren Strahlenbelastung.

Die schädigenden und die heilenden Wirkungen der ionisierenden Strahlen beruhen auf den gleichen physikalischen und chemischen Grundvorgängen der Energieabsorption und den gleichen zellulären Effekten. Die allgemeine Strahlenbiologie ist also Voraussetzung sowohl für die Strahlentherapie als auch für die Erkennung der Strahlenrisiken und den Schutz des einzelnen und der Bevölkerung vor einer unnötigen oder übermäßigen Strahlenbelastung.

1. Physikalische Grundlagen

1.1. Die Natur ionisierender Strahlen

Die materielle Welt ist aufgebaut aus diskreten Bausteinen, die miteinander in Wechselwirkung stehen durch einen wiederum diskreten, quantenhaften Energieaustausch. Nach dem Einsteinschen Äquivalenzgesetz ist die Energie eines Teilchens gleich dem Produkt aus der Masse m und dem Quadrat der Lichtgeschwindigkeit c:

$$E = mc^2 \quad (1.1.)$$

Sowohl die Bausteine der Materie als auch Energie-Quanten können somit als diskrete Elemente betrachtet werden, die entweder durch ihren Energiebetrag oder durch ihre Masse definierbar sind. Strahlung besteht aus einem Schwarm solcher Elemente, wobei unterschieden wird zwischen

a) Photonen- oder Quantenstrahlen (elektromagnetische Strahlung) und

b) Korpuskularstrahlen.

1.1.1. Photonenstrahlung

Photonen oder Quanten haben keine Ruhemasse, keine elektrische Ladung und bewegen sich alle mit Lichtgeschwindigkeit (in Vakuum $\sim 3 \times 10^{10}$ cm/sec); sie stellen ein nach den Gesetzen der Elektrodynamik in sich gekoppeltes elektrisches und magnetisches Wechselfeld dar. Eine (monochromatische) Photonenstrahlung ist charakterisiert durch die Frequenz ν, mit der dieses Wechselfeld schwingt, die Wellenlänge λ oder die Quantenenergie E des Photons. Diese Größen stehen zueinander in folgender Beziehung:

$$E = h \cdot \nu \quad (1.2.)$$

und, da $\nu = \frac{c}{\lambda}$ ist, gilt:

$$E = hc/\lambda$$

Dabei ist h das Plancksche Wirkungsquantum.

Die Frequenz wird in Schwingungen pro Sekunde (Hertz), die Wellenlänge in Metern oder Untereinheiten des Meters, z. B. Nanometer $= 10^{-9}$m oder Ångström $= 10^{-10}$m, die Energie üblicherweise in Elektronenvolt (eV) oder in dessen Zehnerpotenzen, z. B. Kiloelektronenvolt (keV), Megaelektronenvolt (MeV), Gigaelektronenvolt (GeV) angegeben.

1 eV entspricht $1{,}6 \cdot 10^{19}$ Joule. Je nach Wahl der Einheiten kann in Gl. (1.2.) ein zusätzlicher Umrechnungsfaktor auftreten (vergl. 1.5.1.).

Aus Abb. 1.1. können die Werte dieser drei Größen für die verschiedenen Bereiche des elektromagnetischen Spektrums abgelesen werden.

Je größer die Frequenz einer Photonenstrahlung, je kleiner also ihre Wellenlänge ist, um so größer ist ihre Quantenenergie.

Man beachte, daß die Quantenenergie E der Photonen etwas anderes ist als der gesamte Energiebetrag eines Strahlenbündels oder die in einem Strahlungsfeld absorbierte Energie oder die Dosis (s. 1.5.)

Die verschiedenen Strahlenarten des elektromagnetischen Spektrums unterscheiden sich also nur durch die sich gegenseitig bedingenden Größen der Frequenz, der Wellenlänge und der Quantenenergie. Die energieärmsten Strahlungen sind die langwelligen Radiowellen, dann folgen mit zunehmender Energie die Wärmestrahlung, das sichtbare Licht, das ultraviolette Licht und schließlich die Röntgenstrahlen und γ-Strahlen.

Infolge ihrer höheren Quantenenergie sind Röntgen- und γ-Strahlen im Gegensatz zu den übrigen elektromagnetischen Strahlen fähig,

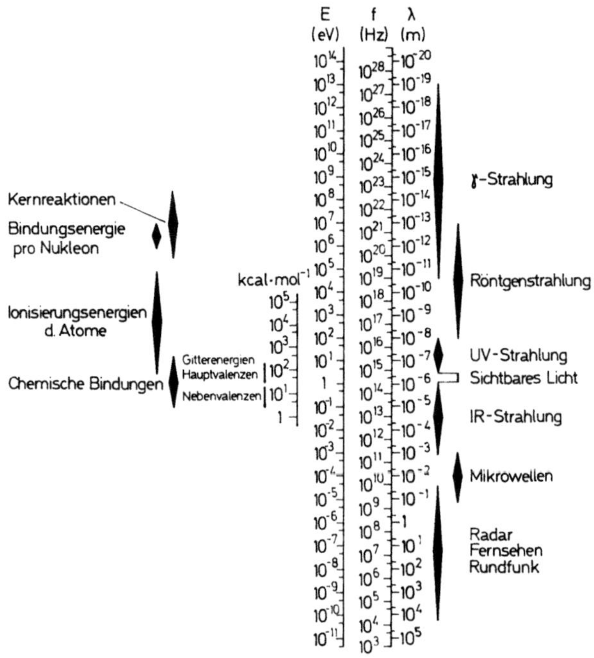

Abb. 1.1. Das Spektrum elektromagnetischer Strahlung mit Angabe der Photonenenergie E in Elektronen-Volt (eV), der Frequenz f in Schwingungen pro Sekunde (Hertz) und Wellenlänge γ in Metern. Auf der rechten Seite sind die Bereiche der verschiedenen Strahlenarten angegeben, links eine Skala der Energieäquivalente in kcal pro Mol und zum Vergleich die Energiebereiche für chemische Bindungen, Ionisierung von Atomen, Bindungsenergien im Atomkern und der Energieumsätze bei Kernreaktionen

Atome und Moleküle zu ionisieren. Beide Strahlenarten sind ihrer Natur nach identisch und können die gleichen Quantenenergien haben. Sie werden nur deshalb unterschiedlich benannt, weil γ-Strahlen beim radioaktiven Zerfall von Atomkernen emittiert werden, während die Röntgenstrahlen durch Wechselwirkungen von Teilchen oder Photonen mit Atomen entstehen.

In der medizinischen Radiologie spricht man auch von der Härte der Röntgenstrahlen und unterscheidet mehrere Qualitätsbereiche (s. B. 28.a.): Sehr weiche und weiche Röntgenstrahlen bis 60 kV, mittelharte Strahlen bis 150 kV, harte und sehr harte Strahlen bis 3 MeV sowie ultraharte Strahlen mit Photonenenergien über 3 MeV, wie sie in hochenergetischen Beschleunigungsgeräten erzeugt werden.

1.1.2. Korpuskularstrahlen

Als Korpuskularstrahlen in engerem Sinne bezeichnet man Schwärme von schnellen Teilchen, die jeweils durch ihre Ruhemasse und ihre elektrische Ladung charakterisiert sind. Entsprechend ihrer kinetischen Energie bewegen sie sich mit einer beliebigen Geschwindigkeit unterhalb der Vakuum-Lichtgeschwindigkeit fort (Abb. 1.2.).

Die kinetische Energie der Teilchen wird wie die Photonenenergie der elektromagnetischen Strahlung meist in eV angegeben. Die Wahl gerade dieser Energieeinheit ergab sich aus dem Vorgang, durch den geladene Teilchen beschleunigt werden. Ein eV ist diejenige Energie, die ein Teilchen mit einer Elementarladung, wie das Elektron, beim Durchlaufen einer Potentialdifferenz von 1 Volt aufnimmt. Mehrfach geladene Teilchen, wie das doppelt positivgeladene α-Teilchen, nehmen beim Durchlaufen der gleichen Potentialdifferenz eine entsprechend höhere Energie auf.

Unter den Korpuskularstrahlen sind in der strahlenbiologischen Forschung und in der praktischen Radiologie folgende von besonderer Bedeutung:

1) *Elektronen* haben eine Ruhemasse von $9{,}1085 \times 10^{-28}$g und tragen eine negative elektrische Elementarladung. Freie Elektronen können in Röntgenröhren oder anderen Geräten künstlich beschleunigt werden. Sie werden aber auch beim radioaktiven Zerfall vom Atomkern emittiert und dann β-Strahlen (β^--Teilchen) genannt.

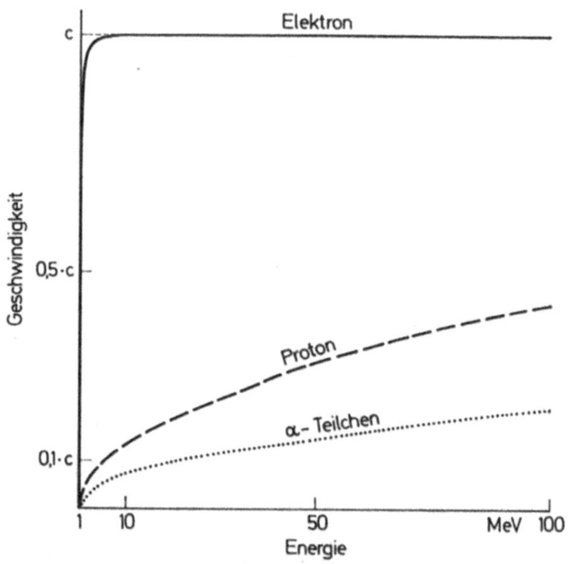

Abb. 1.2. Die Geschwindigkeit ionisierender Teilchen in Bruchteilen der Lichtgeschwindigkeit c und ihre Abhängigkeit von der kinetischen Energie in MeV

2) *Positronen* haben gleiche Masse wie Elektronen, besitzen aber eine positive Ladung. Auch sie werden von manchen (vor allem von künstlich) radioaktiven Nukliden beim Zerfall ausgesandt (β^+-Teilchen).

3) *Protonen* entsprechen den nackten, d. h. ihres Elektrons beraubten Kernen des Wasserstoffatoms, sind einfach positiv geladen und haben eine etwa 1836fach größere Masse als das Elektron, nämlich $1{,}6724 \cdot 10^{-24}$g.

4) *Neutronen* sind elektrisch ungeladen, ihre Masse ist ungefähr gleich der von Protonen.

5) *α-Teilchen* stellen Kerne des Heliumatoms dar, bestehend aus zwei Protonen und zwei Neutronen; sie sind also doppelt positiv geladen.

Darüber hinaus treten *schwerere Atomkerne* in der kosmischen Strahlung auf; auch sie können in modernen Geräten auf hohe Energien beschleunigt werden.

Unter den mannigfaltigen Arten von *Elementarteilchen*, zu denen auch die bereits genannten Elektronen, Positronen, Protonen und Neutronen gehören, haben in jüngster Zeit auch Mesonen, vor allem die sogenannten π-Mesonen eine gewisse Zukunftsbedeutung für die Strahlentherapie gewonnen. Mesonen, deren Masse 200–300mal größer ist als die eines Elektrons, können ungeladen oder mit einer positiven oder negativen Ladung auftreten.

Aufgrund ihrer unterschiedlichen Ladung können die verschiedenen Arten von Korpuskularstrahlen durch ihr Verhalten im Magnetfeld erkannt werden. Die Bahnen von Photonen und ebenso die ungeladener Neutronen werden durch das Magnetfeld nicht beeinflußt. Positiv und negativ geladene Teilchen werden in entgegengesetzter Richtung abgelenkt.

1.2. Natürliche und künstliche Radioaktivität

Viele Atomarten sind mehr oder weniger instabil und wandeln sich spontan unter Abgabe von Energie in eine Atomart eines anderen Elementes um: Wir sprechen von radioaktivem Zerfall. Alle Kerne mit einer Ordnungszahl von mehr als 83 sind von Natur aus radioaktiv, d. h. sie gehen mit einer gewissen Wahrscheinlichkeit pro Zeiteinheit unter Emission von Korpuskularstrahlung und z. T. auch Photonenstrahlung direkt oder über weitere instabile Zwischenstufen in einen stabilen Zustand über. Auch leichtere Atomarten können unter dem Beschuß von extrem energiereichen Photonen und Korpuskeln, vor allem Neutronen, in radioaktive Isotope des gleichen oder eines anderen Elements umgewandelt werden. Man spricht von *induzierter Radioaktivität*. Sie tritt als natürlicher Vorgang im Kosmos auf. So wird unter der Einwirkung der kosmischen Strahlung in der irdischen Atmosphäre stabiler Stickstoff in radioaktiven Kohlenstoff und stabiler Wasserstoff in das radioaktive Tritium umgewandelt. Mittels energiereicher Strahlung kann Radioaktivität auch künstlich induziert werden. Heute können praktisch von allen Elementen ein oder mehrere künstlich radioaktive Isotope erzeugt werden.

Eine Atomart – ein Nuklid – wird durch seine Kernladungszahl (oder Ordnungszahl) Z und seine Massenzahl A charakterisiert. Nach internationaler Konvention wird ein Nuklid N folgendermaßen symbolisiert:

$${}^{A}_{Z}N,$$

wobei Z meistens weggelassen wird, da es durch N bereits definiert ist. So ist z. B. ^{131}J das Isotop des Elementes Jod (Z=53) mit der Massenzahl 131. Häufig wird auch folgende Schreibweise verwendet: Jod-131.

Alle Nuklide gleicher Ordnungszahl gehören demselben chemischen Element des periodischen Systems an und werden als *Isotope* dieses Elementes bezeichnet. Natürlich oder künstlich radio-

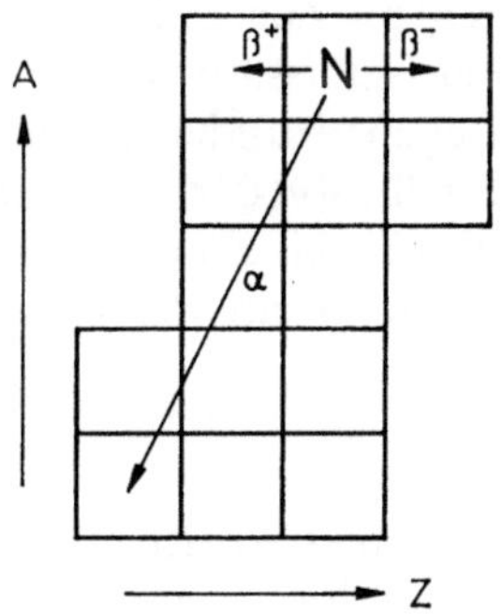

Abb. 1.3. Schematischer Ausschnitt aus einer „Nuklid-Karte" mit Anordnung der Nuklide nach ihrer Kernladungszahl Z und ihrer Massenzahl A. Ein Nuklid N wandelt sich bei Emission eines β^--Teilchens (Elektron) in ein Nuklid mit einer um 1 erhöhten Kernladungszahl, bei Emission eines β^+-Teilchens (Positron) in ein Nuklid mit einer um 1 niedrigeren Kernladungszahl und bei Emission eines α-Teilchens (Heliumkern) in ein Nuklid mit einer um 2 niedrigeren Kernladungszahl und einer um 4 niedrigeren Massenzahl um. Man beachte, daß ein Nuklid bei einem Zerfallsakt jeweils nur eines dieser Teilchen emittieren kann

aktive Nuklide werden *Radionuklide* genannt. Stattdessen einfach nur von „Isotopen" zu sprechen, wie es in der Medizin häufig noch üblich ist, ist unkorrekt.

Entsprechend der Masse und elektrischen Ladung des beim radioaktiven Zerfall emittierten Teilchens ändert sich stets die Kernladungszahl Z und unter Umständen auch die Massenzahl A des Ausgangsatoms, und es entsteht ein stabiles oder seinerseits radioaktives Isotop eines anderen Elementes (Abb.1.3.).

Ein Teil der Radionuklide sendet beim Zerfall β-Teilchen aus, und zwar entweder negativ geladene Elektronen (β^--Strahlen) oder in einigen Fällen, besonders bei künstlich induzierter Radioaktivität, auch Positronen (β^+-Strahlen). Andere Radionuklide emittieren α-Teilchen. Ein bestimmtes Radionuklid kann bei einem Zerfallsakt nur entweder α-Teilchen oder β-Teilchen, aber nicht beide aussenden.

Bei vielen Radionukliden ist die Emission eines Teilchens verbunden mit einer Abgabe von Energie in Form von γ-Strahlen.

Wird ein α-Teilchen emittiert, so verliert der Kern vier Masseneinheiten und zwei positive Ladungen; es entsteht demnach das Isotop eines Elementes mit einer um zwei verminderten Kernladungszahl und einer um vier verminderten Massenzahl, z. B.:

$$^{210}_{84}\mathrm{Po} \rightarrow {}^{206}_{82}\mathrm{Pb} + \alpha$$

Beim α-Zerfall kann der Atomkern zunächst in einen angeregten Zustand des neuen Kerns und dann unter Emission eines γ-Quants in dessen energetischen Grundzustand übergehen.

Beim β^--Zerfall gibt der Atomkern mit dem emittierten Elektron eine negative Ladung ab, wobei ein Neutron in ein Proton umgewandelt wird, z. B.:

$$^{204}_{81}\mathrm{Tl} \rightarrow {}^{204}_{82}\mathrm{Pb} + \beta^-$$

Die Emission eines Positrons bedeutet, entsprechend dem Verlust einer positiven Kernladung, eine Umwandlung in eine Atomart gleicher Masse, aber mit einem um eins niedrigeren Z, z. B.:

$$^{30}_{15}\mathrm{P} \rightarrow {}^{30}_{14}\mathrm{Si} + \beta^+$$

Die verschiedenen natürlichen und künstlichen radioaktiven Nuklide unterscheiden sich nicht nur durch die Art der emittierten Strahlen, sondern auch durch deren Energie, angegeben in MeV.

Die α-Teilchen, die von einem bestimmten Radionuklid emittiert werden, besitzen einen oder mehrere diskrete Energiebeträge. So beträgt die Energie der von Radium-226 ausgesandten α-Teilchen 4,8 MeV.

β^--Strahler senden ein kontinuierliches Spektrum von Elektronen mit einer jeweils für das Nuklid charakteristischen Maximalenergie aus. Die maximale Energie E_{max} der emittierten β-Strahlen einiger medizinisch wichtiger Radionuklide ist im folgenden aufgeführt:

Element	Radioisotop	E_{max} (MeV)
Wasserstoff	^{3}H (Tritium)	0,018
Schwefel	^{35}S	0,168
Phosphor	^{32}P	1,71
Strontium	^{90}Sr	0,54
Yttrium	^{90}Y	2,27

Auch die Abgabe eines β-Teilchens kann zunächst zu einem angeregten Zustand des neugebildeten Kernes führen, der unter Emission von einem oder mehreren γ-Quanten bestimmter Energie in seinen Grundzustand übergeht (Abb.1.4.a).

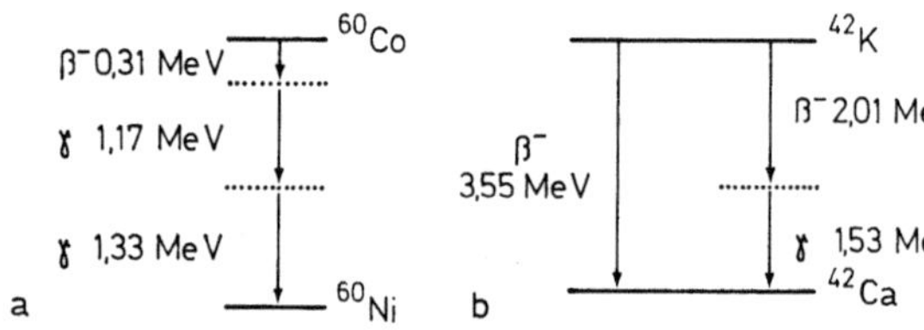

Abb. 1.4. a) und b). Zerfallsschemata zweier Radionuklide mit β- und γ-Strahlung. a) Der Atomkern von ^{60}Co wandelt sich unter Emission eines β-Teilchens in den angeregten Kern eines ^{60}Ni-Atoms um, der stufenweise unter Abgabe von 2 γ-Quanten in seinen Grundzustand übergeht. b) Der Atomkern von ^{42}K kann unter Emission eines β-Teilchens von 3,55 MeV direkt in den Grundzustand des ^{42}Ca-Kerns oder unter Emission eines β-Teilchens von 2,01 MeV zunächst in einen angeregten Zustand des Kalzium-Kerns und aus diesem unter Emission eines γ-Quants in den Grundzustand übergehen

Bei zahlreichen Nukliden kann der Atomkern auf mehreren Wegen, also direkt oder über verschiedene Kernanregungszustände und dementsprechend ohne oder mit Emission von γ-Quanten verschiedener diskreter Energie in den stabilen Endkern übergehen, wie das im Schema der Abb. 1.4.b dargestellt ist.

Verweilt der Kern längere Zeit in einem angeregten Zwischenzustand, so bezeichnet man diesen als isomer (zu dem im Grundzustand befindlichen Kern) und das betreffende Nuklid wird durch Anfügung eines m (= metastabil) an die Massenzahl gekennzeichnet, z. B. ^{89m}Y, ^{99m}Tc

Isomere, die als Zwischenstufen einer radioaktiven Reihe oder durch Induktion entstehen können, senden beim Übergang in den Grundzustand γ-Strahlen aus.

Außer durch Positronenemission können manche Radionuklide auch durch den sogenannten *K-Einfang* in ein Nuklid mit einer um 1 niedrigeren Ordnungszahl übergehen. Hierbei fängt der wegen seines Protonenüberschusses instabile Atomkern ein Elektron aus seiner eigenen Elektronenhülle, meist aus der K-Schale, ein. Bei der Auffüllung der entstandenen Lücke in der Elektronenschale durch ein anderes Elektron wird Energie in Form von Quantenstrahlung freigesetzt, die als charakteristische Röntgen- oder K-Strahlung bezeichnet wird.

Die von einem Teil der Radionuklide ausgesandte γ-Strahlung ist insofern für das jeweilige Nuklid charakteristisch, als Photonen ganz bestimmter Energie auftreten. So sendet ^{42}K nur Photonen von 1,46 MeV aus, während ^{60}Co entsprechend dem Zerfallsschema der Abb. 1.4.a sowohl 1,17 MeV- als auch 1,33 MeV-Photonen emittiert.

Einige Radionuklide können auf zwei verschiedenen Wegen, z. B. unter Abgabe entweder eines α- oder eines β-Teilchens, zerfallen, wobei die beiden Zerfallsarten in einem charakteristischen statistischen Verhältnis zueinander stehen. Ein Beispiel dafür ist ^{227}Ac in dem Schema der Abb. 1.6.

Wir unterscheiden somit bei den Radionukliden

a) reine α-Strahler,
b) reine β-Strahler,
c) α- oder β-Strahler, die gleichzeitig γ-Strahlen emittieren.
d) Nuklide (Isomere), die nur γ-Strahlen aussenden,
e) Nuklide, die (durch K-Einfang) eine charakteristische Röntgenstrahlung emittieren.

Ferner ist noch zu erwähnen, daß bei einigen Radionukliden hoher Ordnungszahl ein gewisser Prozentsatz der Atomkerne unter Emission von Neutronen eine spontane Kernspaltung erfährt (s. 1.3.2.2.).

1.2.1. Das Gesetz des radioaktiven Zerfalls

Jedes radioaktive Nuklid ist gekennzeichnet durch den Grad der Instabilität seiner Atomkerne, d. h. durch deren Wahrscheinlichkeit, in einer gegebenen Zeit zu zerfallen. Für alle Atome eines bestimmten Nuklids ist diese Wahrscheinlichkeit gleich. Es kann aber nicht vorausgesagt werden, wann dieses oder jenes Atom zerfällt. Die Zerfälle erfolgen völlig unabhängig voneinander und unterliegen keiner der üblichen physikalischen oder chemischen Einwirkungen, also z. B. der Temperatur oder der Art der chemischen Verbindung, in der sich das Atom befindet.

Der radioaktive Zerfall ist also ein zufälliges Geschehen: die Zahl der radioaktiven Atome nimmt nach einer Exponentialfunktion ab, d. h. in

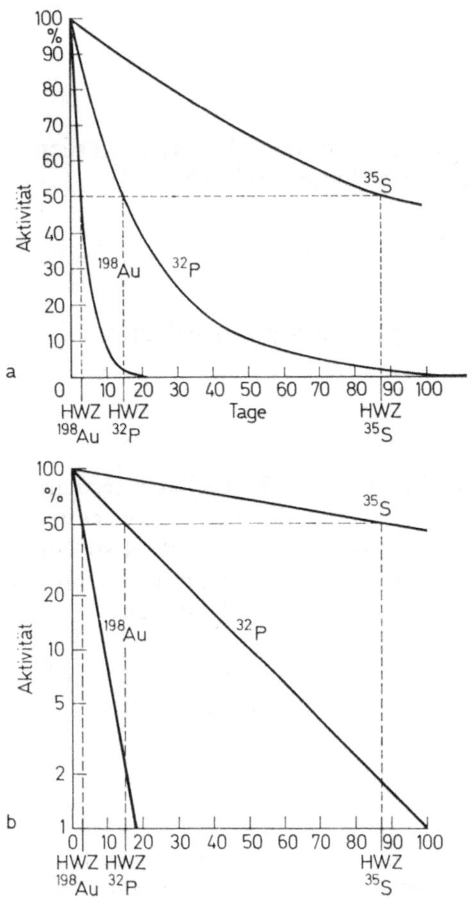

Abb. 1.5. Exponentielle Abnahme der Aktivität von 3 Radionukliden mit unterschiedlicher Halbwertzeit (HWZ), a) in linearer und b) in halblogarithmischer Darstellung

gleichen aufeinanderfolgenden Zeiten zerfällt stets der gleiche Prozentsatz der jeweils noch vorhandenen Atome.

Die Exponentialfunktionen des Zerfalls mehrerer Radionuklide sind in Abb. 1.5. dargestellt. Trägt man diese in halblogarithmischer Weise auf, so ergeben sich Geraden mit unterschiedlichen Neigungen.

Die Zahl der jeweils noch vorhandenen radioaktiven Atome sei N, und die der anfangs vorhandenen N_o. In der kleinen Zeit Δt nimmt das Verhältnis N/N_o um den kleinen Betrag $\Delta N/N_o$ ab. Man erhält den Differenzen-Quotienten

$$\frac{\Delta N/N_o}{\Delta t}$$

Geht man zu den infinitesimalen Größen $d N/N_o$ und dt über, so ergibt sich der Differentialquotient

$$\frac{d N/N_o}{d t}$$

und die Kurven der Abb. 1.5. werden durch folgende Gleichung beschrieben:

$$\frac{d N/N_o}{d t} = -\lambda N/N_o \qquad (1.3.)$$

Durch Integration ergibt sich daraus

$$\frac{N}{N_o} = e^{-\lambda t} \qquad (1.4.)$$

Dabei ist $e \approx 2{,}718$, die Basis der natürlichen Logarithmen und λ die Zerfallskonstante, die für jedes Radionuklid einen charakteristischen Wert hat. Sie entspricht der Neigung der Geraden in der halblogarithmischen Darstellung.

Eine anschaulichere Größe ist die Halbwertszeit (HWZ oder T), die sich für $N/N_o = 1/2$ durch Logarithmierung aus Gl. (1.4.) ergibt:

$$T = \frac{\ln 2}{\lambda} = \frac{0{,}693}{\lambda} \qquad (1.5.)$$

Die Halbwertszeiten der natürlichen und künstlichen Radionuklide rangieren von millionstel Sekunden und weniger bis zur Größenordnung des Alters der Welt. Für einige medizinisch wichtige Radionuklide sind die Halbwertszeiten in folgender Tabelle aufgeführt.

Tab. 1.1.

Radionuklid	Halbwertszeit
^{89m}Y	16,1 sec
^{90}Y	64,08 h
^{131}J	8,07 d
^{32}P	14,3 d
^{60}Co	5,24 a
^{90}Sr	27,7 a
^{14}C	5600 a
^{226}Ra	1620 a
^{239}Pu	$2{,}44 \cdot 10^4$ a
^{238}U	$4{,}5 \cdot 10^9$ a

1.2.2. Die Einheit der Aktivität

Die *Aktivität* eines Radionuklids gibt an, wieviele seiner Atome pro Zeiteinheit zerfallen. Die Einheit der Aktivität ist das Curie (Ci), das $3{,}7 \times 10^{10}$ Zerfällen pro Sekunde entspricht. Gebräuchliche Untereinheiten des Curies sind: Millicurie (1 mCi$=3{,}7 \times 10^7$ sec^{-1}), Mikrocurie (1 μCi$=3{,}7 \times 10^4$ sec^{-1}), Nanocurie (1 nCi$=$ 37 sec^{-1}) und Pikocurie (1 pCi $=$ 0,037 sec^{-1}). Die Festlegung der Einheit Ci ging vom Radium-226 aus; in 1 Ci einer beliebigen radioaktiven Substanz finden annähernd soviele Zerfälle pro Sekunde statt wie in 1 g ^{226}Ra.

Je kleiner die Zerfallskonstante und je größer dementsprechend die Halbwertszeit eines Radionuklids ist, umso größer ist die Anzahl der Atome in einem Curie dieses Nuklids.

Unter *spezifischer Aktivität* versteht man die Aktivität, bezogen auf die Masseneinheit einer Substanz; sie wird in Ci/kg oder in entsprechenden Untereinheiten angegeben.

Man beachte, daß die Aktivität eines Radionuklids und die spezifische Aktivität einer Substanz nur die Zahl der radioaktiven Zerfälle pro Zeiteinheit angeben, jedoch nichts aussagen über die Art und Energie der entstehenden Strahlung und damit auch nichts über die Strahlenbelastung, die sie hervorrufen kann, oder gar über die Gefährdung, die von ihr ausgehen kann.

1.2.3. Radioaktive Familien oder Reihen

Einige natürliche radioaktive Nuklide, wie Uran-238 und Thorium-232, zerfallen nicht direkt in stabile Isotope, sondern über eine Kette von radioaktiven Zwischenstufen. Jedes Nuklid einer Reihe ist durch seine Zerfallskonstante bzw.

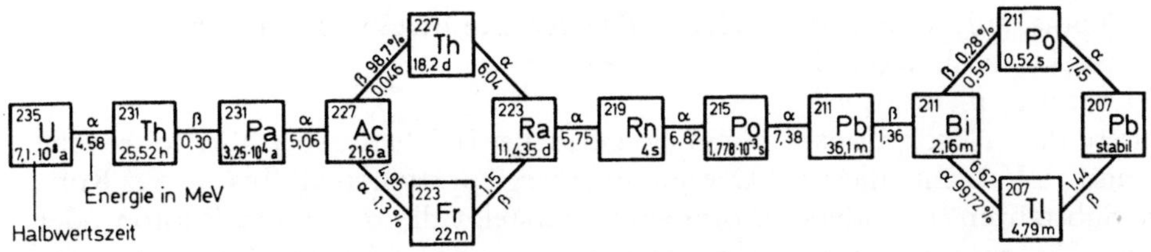

Abb. 1.6. Schema der natürlich radioaktiven Reihe des Uran-235

Halbwertszeit, die emittierte Strahlenart und deren Energie charakterisiert. Das Schema der Abb. 1.6. gibt die Uran-235-Reihe wieder. Das medizinisch wichtigste natürliche Radionuklid, das Radium-226, ist Glied der Uran-238-Reihe und zerfällt in das radioaktive Edelgas Radon-222, und dieses über mehrere radioaktive Isotope des Blei und anderer Elemente schließlich zum stabilen Blei.

In einem abgeschlossenen System, aus dem keiner der Partner einer solchen Reihe entweichen kann, bildet sich ein *radioaktives Gleichgewicht* aus, das gegeben ist durch das Verhältnis der Zerfallskonstanten aller seiner Glieder. Bei Aufnahme eines Radionuklids einer solchen Reihe wird der Körper nicht nur durch die von diesem Nuklid ausgesandten Strahlen, sondern auch durch die aller seiner Folgeprodukte, soweit sie im Organismus verbleiben, belastet. Auch künstlich erzeugte Radionuklide können eine aus zwei oder mehr Gliedern bestehende Reihe bilden, so Strontium-90 mit Yttrium-90 oder Barium-140 mit Lanthan-140.

1.3. Wechselwirkung von Strahlung und Materie

1.3.1. Elektronenanregung und Ionisation

Der erste Schritt bei der Wechselwirkung zwischen Materie und Strahlung ist die Anregung der Atome und Moleküle. Die Elektronen eines Moleküls können entsprechend den Gesetzen der Quantenphysik nur verschiedene „erlaubte“ Energieniveaus einnehmen.

Man unterscheidet: Singulett- und Triplettzustände. Im Singulettzustand ist der Spin-Dreh-Impuls der Elektronenpaare antiparallel eingestellt, so daß der Gesamtspin gleich Null ist. Im Triplettzustand ist der Spin-Dreh-Impuls parallel, so daß sich ein Gesamtspin von eins ergibt. Innerhalb der verschiedenen Singulett- und Triplettzustände existieren wiederum verschiedene diskrete Energieniveaus. Normalerweise ist der Grundzustand der Moleküle bei Zimmertemperatur der energieärmste Singulettzustand.

Die Absorption von Photonen führt innerhalb von 10^{-15} Sekunden zu einem energiereicheren Zustand – zu einer elektronischen *Anregung*. Auch schnelle geladene Teilchen rufen durch Abgabe diskreter Portionen ihrer kinetischen Energie an die Hüllenelektronen der Atome Anregungen hervor.

Die *Ionisation* ist im Grunde nur eine besondere Form der Anregung, bei der die absorbierte Energie groß genug ist, um ein Elektron völlig aus dem elektrischen Feld des Atoms oder des Moleküls zu entfernen, sodaß ein freies Elektron und ein positiv geladenes Rest-Ion entstehen.

Der überwiegende Teil der Anregungen und Ionisationen betrifft die Elektronen der äußeren Atomschalen. Da deren Bindungsenergie bei den leichten und mittelschweren Atomen, aus denen sich organisches Material zusammensetzt, im Mittel etwa 11 eV beträgt, können nur Photonen, die mindestens diese Energie besitzen, also UV-Licht mit Wellenlängen von 1000 Å und darunter, sowie Röntgen- und γ-Strahlen, schließlich auch schnelle geladene Teilchen, Ionisationen von Atomen und Molekülen hervorrufen. Als „ionisierende Strahlung“ werden Teilchen- oder Photonenstrahlen bezeichnet, „die ein permanentes Gas direkt oder indirekt durch Stoß zu ionisieren vermögen“ (B. 28.).

Zur „ionisierenden Strahlung“ werden also Röntgen-, γ- und Korpuskularstrahlen gerechnet.

Aus der Wechselwirkungswahrscheinlichkeit zwischen Strahlung und Materie und der Art der Energieabgabe resultiert ein weiterer grundlegender Unterschied zwischen der Wirkung energiereicher ionisierender Strahlung einerseits und UV- und sichtbaren Lichts andererseits. Die Absorption und damit auch die Wirkung energiearmer elektromagnetischer Strahlung hängt weitgehend von der Konfiguration der Moleküle ab. Die Absorptionsspektren organischer Substanzen weisen charakteristische Maxima auf, und ihre Absorptions- und Wirkungsspektren überschneiden sich. So liegt z. B. bei den purin- und pyrimidinhaltigen Nukleinsäuren das Absorptionsmaximum bei 258 nm, und UV-Licht dieser Wellenlänge schädigt diese Substanzen besonders stark. Demgegenüber ist die Absorption ionisierender Strahlen weitgehend unabhängig von der molekularen Konfiguration und fast ausschließlich durch die Elektronendichte des Materials gegeben. Diese aber nimmt mit der Dichte des Materials und der Kernladungszahl seiner Elemente zu.

Die Photonenenergie von Röntgen- und γ-Strahlen liegt weit über den Anregungs- und Ionisationsenergien organischer Moleküle. Der Teil der bei einem Akt absorbierten Photonenenergie, der nicht zur Ablösung des Elektrons verbraucht wird, wird diesem als kinetische Energie mitgegeben. Diese kinetische Energie wird wiederum in Form von Anregungen und Ionisationen längs der Bahnspur des Teilchens abgegeben, bis das Elektron zur Ruhe kommt.

In gleicher Weise wie solche durch Photonen ausgelöste (sekundäre) Elektronen treten primär von einer Strahlenquelle ausgesandte Elektronen und andere geladene energiereiche Teilchen, z. B. α-Teilchen oder Protonen oder schwerere beschleunigte Atomkerne beim Vorbeiflug in Wechselwirkung mit den Elektronen der Atomhüllen.

Diese elektrische Wechselwirkung ist umso größer

a) je dichter das Teilchen an dem Molekül vorbeifliegt,

b) je langsamer es vorbeifliegt und

c) je höher seine elektrische Ladung ist.

Man unterscheidet *direkt ionisierende* Strahlen, zu denen nur die elektrisch geladenen Teilchen, also z. B. α- und β-Strahlen, Protonen oder Deuteronen gezählt werden, und *indirekt ionisierende Strahlen.* Zu diesen gehören die Neutronen, weil sie selbst als ungeladene Teilchen nicht in Wechselwirkung mit den Elektronen der Atomschalen treten können, aber Protonen und andere (vor allem leichtere) Atomkerne in Bewegung setzen („Rückstoßkerne"), die dann Ionisationen hervorrufen.

Auch energiereiche Photonenstrahlen fallen unter die indirekt ionisierenden Strahlen, weil die meisten Ionisationen erst durch die von ihnen freigesetzten Elektronen hervorgerufen werden.

1.3.1.1. Reichweite direkt ionisierender Teilchen

Schnelle geladene Teilchen geben ihre kinetische Energie in Energieportionen ab, bis sie zur Ruhe kommen. Übersteigt die durch ein Photon oder ein primäres ionisierendes Teilchen an das Elektron abgegebene Energie die zur Ablösung des Elektrons vom Atom oder Molekül benötigte Energie, so wird der entsprechende Differenzbetrag als kinetische Energie dem Elektron mitgegeben, das sie seinerseits dann durch weitere Ionisationen und Anregungen verliert. Diese Sekundär-Elektronen werden, sobald sie sich merklich von der Bahn des primären Teilchens entfernen, als δ-Strahlen bezeichnet (s. Abb. 1.17.). Die Reichweite geladener Teilchen hängt von der Wahrscheinlichkeit ihrer Wechselwirkung mit den Atomen der Materie und diese wiederum von ihrer elektrischen Ladung und der Geschwindigkeit ab, mit der sie das Coulombfeld des Atoms passieren.

Schwere Korpuskel gleicher kinetischer Anfangsenergie, z. B. α-Teilchen, haben in Materie eine streng definierte Reichweite. Auf ihrem Weg aber geben sie ihre Energie stufenweise durch Ionisation und Anregungen ab, bis sie am Ende ihrer Bahnspur zur Ruhe kommen. So nimmt die Energie der Teilchen stetig ab, während ihre Zahl konstant bleibt (Abb. 1.7.a). Da die Bahn von Elektronen unterschiedlich stark gekrümmt ist, haben diese auch bei gleicher Anfangsenergie keine einheitliche Reichweite; die Zahl der Teilchen nimmt also beim Durchqueren der Materie ab (Abb. 1.7.b). Monoenergetische Elektronen-

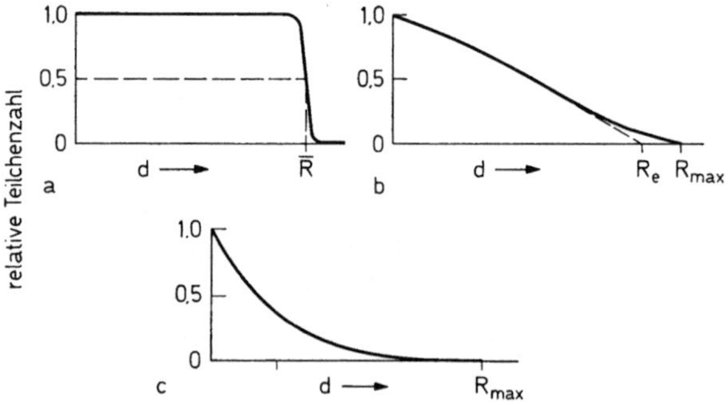

Abb. 1.7. Abnahme der Teilchenzahl mit der Dicke der durchstrahlten Materieschicht. a) α-Teilchen mit der mittleren Reichweite $\bar{R}$ b) Monoenergetische Elektronen mit der maximalen Reichweite R_{max} und der effektiven Reichweite R_e. c) β-Strahlung mit der maximalen Reichweite R_{max}. (Nach K. Schmeisser, A. 36.)

strahlung wird charakterisiert durch ihre maximale Reichweite (R_{max}), ihre effektive Reichweite (R_e) oder ihre mittlere Reichweite ($\bar{R}$).

Da die β-Strahlung eines Radionuklids eine breite spektrale Verteilung der Energie aufweist, und die energieärmeren Teilchen schneller absorbiert werden, nimmt bei einer gegebenen Maximalenergie die Teilchenzahl mit der durchquerten Schichtdicke schneller ab (Abb. 1.7.c) als bei monoenergetischen Elektronen, deren Energie der Maximalenergie der β-Strahlung entspricht. Dies ist bei der therapeutischen Anwendung von Elektronenbeschleunigern und Präparaten von β-Strahlern zu beachten.

Die maximalen Reichweiten von Elektronen, Protonen und α-Teilchen sind aus Abb. 1.8. zu ersehen.

Die Reichweiten von β-Strahlen oder beschleunigten Elektronen mit einigen MeV Energie betragen in Luft viele Meter; relativ geringe Schichtdicken eines gewebeäquivalenten Materials, wie Kunststoff, genügen aber zu ihrer Abschirmung. Allerdings ist dabei die Entstehung von Bremsstrahlung zu beachten. Als Faustregel kann gelten, daß die maximale Reichweite in Zentimetern von Elektronen in Wasser oder Weichteilen etwa dem Betrag ihrer Energie in MeV, dividiert durch 2 entspricht. α-Teilchen von etwa 5 MeV haben in der Luft eine Reichweite von 3,5 cm und in Gewebe von etwa 44 μm und können daher durch dünnste Materialschichten, wie ein Blatt Papier, völlig abgeschirmt werden.

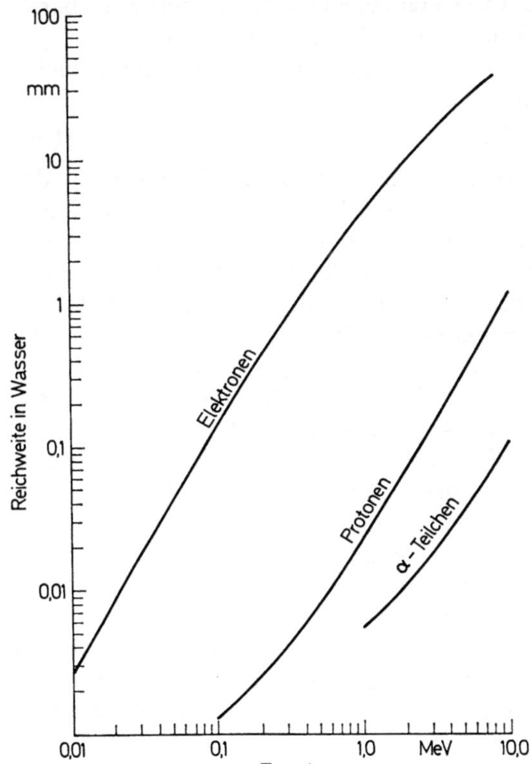

Abb. 1.8. Die maximale Reichweite ionisierender Teilchen in Wasser oder Gewebe der Dichte 1 in Abhängigkeit von der Anfangsenergie in MeV

1.3.1.2. Streuung und Absorption von Röntgen- und γ-Strahlen

Bei der Wechselwirkung von energiereichen Photonen (Röntgen- und γ-Strahlung) mit der Materie unterscheidet man die in Abb. 1.9. schematisch dargestellten Vorgänge:

1) die „klassische Streuung",
2) den photoelektrischen Effekt,
3) den Comptoneffekt,
4) die Paarbildung,
5) Kernumwandlungen, (s. 1.3.2.1.).

ad 1: Die klassische oder sogenannte kohärente Streuung beruht darauf, daß die Photonen an den Elektronen des Atoms ohne Energieverlust, also mit unveränderter Wellenlänge, gestreut werden. Dieser Vorgang entspricht der Streuung sichtbaren Lichtes und spielt fast nur bei sehr weichen Röntgenstrahlen eine Rolle.

ad 2: Beim photoelektrischen (besser: photoelektronischen) Effekt wird das Photon im ganzen absorbiert; seine Energie wird teils zur Ablösung eines Elektrons aufgewendet, teils in kinetische Energie dieses freigesetzten Elektrons umgewandelt.

ad 3: Beim Comptoneffekt wird nur ein Teil der Energie des Photons abgegeben und der Rest zur Ablösung eines Elektrons verwendet, teils in als ein entsprechend energieärmeres Photon unter Richtungsänderung emittiert, d. h. gestreut. Das gestreute Photon kann nach allen Richtungen austreten, wird aber um so mehr nach vorwärts gestreut, je größer die Energie des erzeugenden Photons ist. Auch die Streurichtung des Comptonelektrons fällt um so mehr mit der Richtung des Primärstrahls zusammen, je energiereicher die einfallende Strahlung ist.

ad 4: Photonen sehr hoher Quantenenergie können bei der Absorption in Materie umgewandelt werden, indem ein Elektron und ein Positron entstehen. Diese sogenannte *Paarbildung* kann

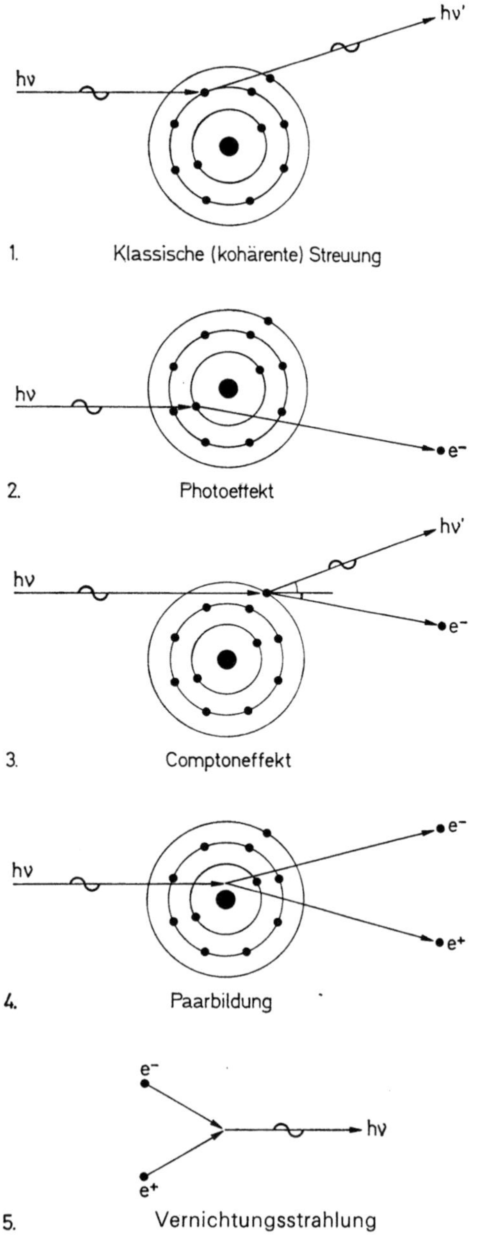

Abb. 1.9. Schema der Wechselwirkungsprozesse energiereicher Photonen (hν) (Röntgen- und γ-Strahlen) mit den Hüllenelektronen der Atome. Erläuterungen im Text

entsprechend dem Einsteinschen Gesetz der Äquivalenz von Masse und Energie (Gl. 1.1.) nur dann zustandekommen, wenn das auslösende Photon mindestens eine Energie besitzt, die der Ruhemasse der gebildeten Elementarteilchen, des Positrons und Elektrons, entspricht. Sie muß also, da beide Teilchen eine Ruhemasse von je $9{,}1 \times 10^{-28}$ g entsprechend einer Energie von 0,511 MeV haben, mindestens 1,02 MeV betragen. Die gebildeten Positronen und Elektronen können kinetische Energie, die sie bei Erzeugungsphotonen höherer Energie erhalten, wiederum in Form von Anregungen und Ionisationen abgeben. Zur Ruhe gekommen, kann sich das Positron mit einem beliebigen Elektron der Materie vereinigen, und dabei entsteht der umgekehrte Effekt der Paarbildung, nämlich die *Vernichtungsstrahlung*, bei der im Kernfeld eines Atoms meist zwei Photonen von je 0,511 MeV entstehen, die nach entgegengesetzten Richtungen auseinanderfliegen.

Energiereiche elektromagnetische Strahlung wird beim Durchgang durch Materie durch die beschriebenen Vorgänge geschwächt, d. h. ihre *Intensität*[1] (und die mit ihr zusammenhängende Dosisleistung, s. 1.5.4.) nimmt ab. Durch den Comptoneffekt wird außerdem die Qualität der Strahlung verändert. Die Schwächung beruht einerseits auf Streuung, nämlich der klassischen Streuung und der Comptonstreuung und andererseits auf der Absorption im engeren Sinne, d. h. der Aufnahme und Umwandlung der Strahlenenergie in eine andere Energieform.

Die Intensität I einer monoenergetischen parallelen Photonenstrahlung nimmt in einem gegebenen Material exponentiell mit der Schichtdicke d ab:

$$I = I_0 e^{-\mu s} \qquad (1.6.)$$

Dabei ist I_0 die einfallende Intensität, μ der Schwächungs- oder Massenabsorptionskoeffizient des Materials und s die Schichtdicke (Abb. 1.10.).

Der Schwächungskoeffizient ändert sich mit der Photonenenergie und ist andererseits bei einer gegebenen Photonenenergie durch die Eigenschaften des Absorbers gegeben; er nimmt mit dessen Dichte und der (mittleren) Kernladungszahl seiner Atome zu.

Der Schwächungskoeffizient μ setzt sich entsprechend den eben erläuterten Mechanismen aus mehreren Komponenten zusammen, von denen die drei folgenden von besonderer praktischer Bedeutung sind: die Absorption durch den Photoeffekt, durch den Comptoneffekt und durch die Paarbildung. Ihr jeweiliger Anteil ändert sich mit der Quantenenergie, wie Abb. 1.11. für Wasser und Gewebe zeigt. Der Photoeffekt überwiegt bei kleinen Photonenenergien und

[1] Intensität ist definiert als die Energie, die pro Zeiteinheit ein zu den Teilchenbahnen senkrechtes Flächenelement durchfließt (s. S. 19).

spielt oberhalb von 100 keV kaum mehr eine Rolle, während der Comptoneffekt mit steigender Energie zunächst zunimmt. Die Paarbildung wird

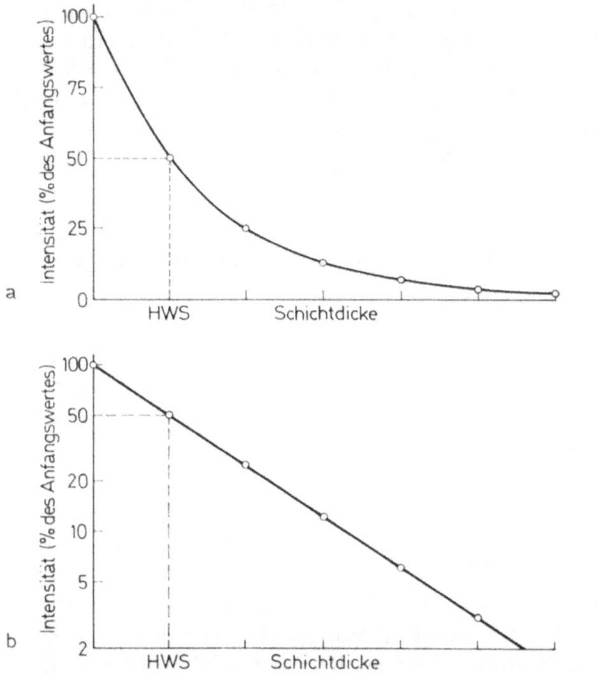

Abb. 1.10. Die exponentielle Abnahme der Intensität einer monenergetischen parallelen Photonenstrahlung in Materie: a) in linearer, b) in halblogarithmischer Darstellung, HWS = Halbwertsschicht

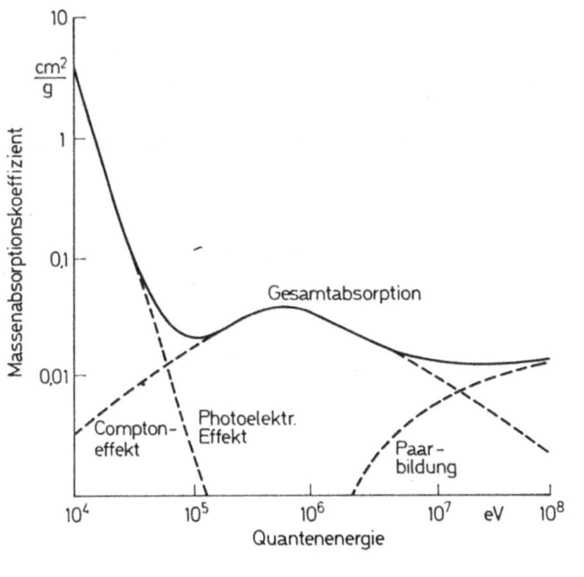

Abb. 1.11. Der Absorptionskoeffizient von Photonenstrahlung in Weichteilen in Abhängigkeit von der Quantenenergie und die Anteile, die jeweils auf die S. 9 beschriebenen Absorptionsmechanismen entfallen

erst oberhalb von 2 MeV relevant und macht bei noch höheren Energien den Hauptanteil der Gesamtabsorption aus.

Eine anschauliche Größe, die sich aus dem Absorptionskoeffizienten ableitet, ist die Halbwertsschicht (HWS oder S) eines Materials gegenüber einer Photonenstrahlung bestimmter Energie, d. h. diejenige Schicht, hinter der die Dosis-Leistung auf die Hälfte reduziert ist.

Für monoenergetische Photonen stehen Schwächungskoeffizient und Halbwertszeit nach der folgenden Gleichung miteinander in Beziehung:

$$S = \frac{0{,}693}{\mu} \qquad (1.7.)$$

Falls es sich wie bei den üblichen Röntgenstrahlen um eine Mischstrahlung aus Photonen verschiedener Energie handelt, so weicht der Intensitätsabfall von einer Exponentialfunktion ab, weil die weicheren Komponenten schneller geschwächt werden als die härteren. Dabei sind die aufeinanderfolgenden Halbwertsdicken nicht mehr gleich groß, sondern nehmen zu: $s_2 > s_1$. Man spricht von einer Aufhärtung der Strahlung.

Diese Verhältnisse sind von großer praktischer Bedeutung. Die Röntgendiagnostik beruht auf der unterschiedlich starken Schwächung der Primärstrahlung in Geweben unterschiedlicher Dichte und atomarer Zusammensetzung.

In der Strahlentherapie hängt die räumliche Verteilung der Dosis von Streuung und Absorption ab. Im Strahlenschutz müssen geeignete Materialien verwendet werden, z. B. schweratomige Metalle, wie Blei, von hinreichender Schichtdicke, um unerwünschte Strahlenbelastungen sowohl des Patienten wie des Personals zu vermeiden.

Zu berücksichtigen ist, daß alles bisher Gesagte für annähernde Parallelität des Strahlenbündels gilt. Ist diese nicht gegeben, so ist die Strahlenintensität in der Umgebung einer Strahlenquelle außer durch Absorption und Streuung auch durch den Abstand von der Strahlenquelle abhängig. So nimmt bei einer punktförmigen Strahlenquelle die Intensität I von γ- und Röntgenstrahlen, wenn man Absorption und Streuung außer acht läßt, mit dem Quadrat des Abstandes r ab (Quadratisches Abstandsgesetz):

$$\frac{I_2}{I_1} = \frac{r_1^2}{r_2^2} \qquad (1.8.)$$

1.3.1.3. Absorption schneller Neutronen

Da Neutronen nicht elektrisch geladen sind, können sie nicht mit den Elektronen der Atome in Wechselwirkung treten und somit selbst keine Anregungen und Ionisationen hervorrufen. Bei der Kollision mit Atomkernen aber übertragen sie ihre Energie stoßartig ganz oder teilweise auf diese und werden dadurch abgebremst. Die abgegebene Energie wird dem angestoßenen Atomkern entweder im ganzen als kinetische Energie mitgegeben (elastischer Stoß) oder zum Teil auch zur Anregung des betreffenden Kerns aufgewandt (unelastischer Stoß). Die Wahrscheinlichkeit der Wechselwirkung mit einem Atomkern ist im allgemeinen um so größer, je leichter er ist. Leichte Atome, wie Wasserstoff und Kohlenstoff bremsen somit die schnellen Neutronen stärker ab als schwerere Atome, wie Blei. Deshalb eignen sich vor allem leichtatomige Materialien, wie Wasser oder borhaltiger Beton und Paraffin, zur Abschirmung von Neutronen. Im Gewebe werden insbesondere die Atomkerne des Wasserstoffs beim Zusammenprall in Bewegung gesetzt. Diese Rückstoßprotonen geben ihre kinetische Energie wie andere ionisierende Teilchen durch Anregung und Ionisation ab. Die Reichweite der Neutronen hängt von ihrer Anfangsenergie ab. So haben 10-MeV-Neutronen im Gewebe eine mittlere freie Weglänge bis zur Kollision mit einem Atomkern von 7,7 cm, 1-MeV-Neutronen eine solche von 2,3 cm.

Wenn die Geschwindigkeit schneller Neutronen so weit abgebremst ist, daß sie der Wärmebewegung von Molekülen eines Gases entspricht, können diese langsamen, sogenannten thermischen Neutronen Kernprozesse eingehen, wie sie im folgenden besprochen werden.

1.3.2. Kernprozesse (außer radioaktivem Zerfall)

Mit dem radioaktiven Zerfall wurden bereits in 1.2 Vorgänge beschrieben, die mit einer Kernumwandlung verbunden sind. In diesem Abschnitt werden weitere *Kernprozesse* oder *Kernreaktionen* behandelt. Unter *Kernumwandlung im engeren Sinne* versteht man eine solche, die unter äußerer Einwirkung von energiereichen Photonen oder Korpuskeln erfolgt. Davon unterschieden werden die *Kernspaltung*, d. h. die Zerlegung des Kerns in zwei Teilchen annähernd gleicher Masse und schließlich die *Kernzertrümmerung* bzw. *-explosion*. Kernprozesse können hervorgerufen werden:

1) durch extrem energiereiche elektromagnetische Strahlung (die meisten Prozesse setzen erst bei Energien oberhalb von 6–8 MeV ein);

2) durch sehr energiereiche geladene Teilchen (z. B. Deuteronen, Protonen, α-Teilchen und schwerer Atomkerne);

3) durch Neutronen.

1.3.2.1. Kernumwandlung und induzierte Radioaktivität

Wie erwähnt, können sehr energiereiche Photonen, wenn sie im Atomkern absorbiert werden, ein Neutron oder Proton herausschlagen. Es entsteht ein Isotop des gleichen oder eines anderen Elements, das meist radioaktiv ist. Der dafür aufgewandte Teil der Energie einer Photonenstrahlung ist relativ gering; so wird auch bei Photonenenergien von 20 MeV erst 1% der absorbierten Energie für Kernprozesse verwandt.

Durch Beschuß von Stickstoff mit α-Teilchen des Radiums konnte Rutherford 1919 ein Sauerstoffisotop erzeugen, wobei gleichzeitig ein Proton emittiert wurde (Abb. 1.12.). Analog werden auch andere Elemente durch Teilchenbeschuß umgewandelt, zum Teil auch unter Emission eines γ-Quants. Bei der biologischen Wirkung von α-Teilchen spielt dieser Effekt gegenüber ihrer ionisierenden Wirkung eine geringe Rolle.

Auch andere sehr energiereiche geladene Kernteilchen, wie Protonen, können in den Atomkern eindringen und zu einer Kernumwandlung führen, wie z. B. bei der Reaktion

$$^{31}_{15}P\ (p,n)\ ^{31}_{16}S.$$

(p,n) bedeutet, daß der Kern ein Proton (p) aufnimmt und ein Neutron (n) abgibt.

Vor allem langsame Neutronen können mit hoher Ausbeute Kernumwandlungen hervorrufen.

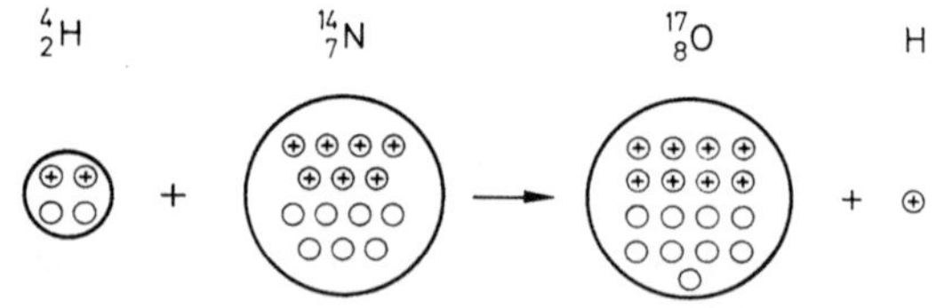

Abb. 1.12. Kernumwandlung von Stickstoff in Sauerstoff bei Beschuß mit α-Teilchen

Besondere Bedeutung hat die sogenannte *Neutronenaktivierungsanalyse* zur Messung kleinster Konzentrationen von Spurenelementen in Materialproben oder im Organismus selbst gewonnen. Wird eine Materialprobe dem Beschuß langsamer Neutronen unterworfen, so werden Spurenelemente in Radionuklide umgewandelt, die sich durch das Energiespektrum der emittierten Strahlung identifizieren lassen.

Bei einer Neutronenexposition von Menschen, z. B. infolge eines Unfalls an einem Kernreaktor, kann nachträglich die Höhe der Neutronenbestrahlung durch Messung der induzierten Radioaktivität abgeschätzt werden, so z. B. durch Messung des Natrium-24, das unter Neutroneneinwirkung auf das stabile Natrium-23 des Organismus entsteht.

1.3.2.2. Kernspaltung, Kernzertrümmerung

Bei zahlreichen Nukliden, deren Massenzahl über 220 liegt, führt die Instabilität des Atomkerns nicht nur zum radioaktiven Zerfall, sondern äußert sich auch darin, daß sich ein bestimmter Anteil der Atome spontan in zwei leichtere Atomkerne spaltet. Dabei werden Neutronen freigesetzt, und ein Teil der Kernbindungsenergie wird in Form von Quantenstrahlung abgegeben. So ist Californium-252 ein α-strahlendes Radionuklid mit einer Halbwertszeit von 2,6 Jahren. Ein Teil seiner Atomkerne zerfällt jedoch nach Art dieser spontanen Kernspaltung. Das Nuklid wird bereits versuchsweise zur Tumortherapie mit Neutronen eingesetzt, indem es in Form geeigneter Präparate so in den Körper implantiert wird, daß die emittierten Neutronen auf den Tumor einwirken können.

Kernspaltungen können auch künstlich vor allem durch Neutronen hervorgerufen werden.

Der Einfang eines langsamen Neutrons führt in einigen schweren Elementen zur Spaltung des Kerns in zwei annähernd gleich große Bruchstücke unter gleichzeitiger Aussendung von Neutronen. So spaltet sich das Uranisotop ^{235}U in je zwei Atomkerne z. B. von Krypton und Barium:

$$n + {}^{235}_{92}U \rightarrow {}^{89}_{36}Kr + {}^{144}_{56}Ba + 3n$$

Ein Teil der Bindungsenergie des Atomkerns – ca. 200 MeV für jedes gespaltene Uran-Atom – wird als kinetische Energie der Bruchstücke und der Neutronen sowie als Photonenstrahlung freigesetzt. Jedes der freigesetzten Neutronen kann, wenn es auf thermische Geschwindigkeit abgebremst ist, wiederum eine Kernspaltung auslösen, und so kommt es zu einer *atomaren Kettenreaktion.* Wenn genügend spaltbares Material, die sogenannte kritische Masse, in geeigneter räumlicher Anordnung vorhanden ist, läuft die Kettenreaktion mit ungeheurer Geschwindigkeit ab, es erfolgt eine Explosion. Auf diesem Prinzip der Kernspaltung beruhen die sogenannten Atombomben, während bei Wasserstoffbomben die Energie ausgenützt wird, die bei einer Fusion leichter Atomkerne freigesetzt wird. Eine Kernspaltungskettenreaktion kann dadurch unter Kontrolle gebracht werden, daß geeignete Neutronenabsorber zwischen dem spaltbaren Material den Fluß der Neutronen konstant auf einer geeigneten Höhe halten. Dies wird in Kernreaktoren zur Energiegewinnung, zur Erzeugung von Neutronen und γ-Strahlen und zur Herstellung künstlicher Radionuklide ausgenutzt. Die Spaltprodukte sind radioaktiv, senden β-Strahlen und zum Teil auch γ-Strahlen aus, haben extrem unterschiedliche Halbwertszeiten und sind oft Anfangsglied einer radioaktiven Reihe, die so lange weiterverläuft, bis eine stabile Kernkonfiguration, ein inaktives Nuklid, gebildet ist. Die freigesetzten, nicht für weitere Kernspaltungen verbrauchten Neutronen können ferner nach Abbremsung in beliebigen Elementen Radioaktivität induzieren.

Bei einer Kernwaffenexplosion wird im Augenblick des Atomblitzes eine ungeheure Energie freigesetzt (die Stärke von Atombomben wird angegeben in Äquivalenten von Tonnen Trinitrotoluol, TNT), die als sichtbares Licht, als Wärmestrahlung und als energiereiche γ- und Neutronenstrahlung ausgesandt wird. Gleichzeitig ist die Explosion naturgemäß mit mechanischen Druckwellen verbunden. Die gewaltigen Mengen erzeugter radioaktiver Substanzen, nämlich die radioaktiven Spaltprodukte und die induzierte Radioaktivität, führen zu einer zunächst lokalen, schließlich zu einer weltweiten Kontamination. Unter den radioaktiven Spaltprodukten sind – da sie ein besonders hohes gesundheitliches Risiko darstellen – zu nennen: Strontium-90-Yttrium-90, Jod-131, andere radioaktive Isotope des Jod, Barium-140-Lanthan-140 und Caesium-137.

Da ein erheblicher Teil dieser radioaktiven Substanzen eine sehr kurze Lebensdauer hat, folgt der unmittelbaren Energiefreisetzung eine zunächst sehr intensive radioaktive Strahlung, die rasch auf ein niedrigeres Niveau absinkt, das gegeben ist durch die langlebigen Radionuklide. Diese schlagen sich nicht nur in der unmittelbaren Umgebung der Kernexplosion nieder, sondern werden durch die Explosionswelle in die Stratosphäre geschleudert, breiten sich dort weltweit aus und kehren erst im Laufe vieler Jahre allmählich wieder in die Atmosphäre zurück, von der sie als „fall-out" mit den Niederschlägen auf den Erdboden gelangen. Sie führen zu einer γ- oder β-Bestrahlung des Organismus von außen, können aber auch – und das ist die größte Gefahr – mit dem Trinkwasser oder über die Nahrungskette Pflanze–Tier in den menschlichen Organismus gelangen.

In Kernreaktoren stellen die radioaktiven Spaltprodukte und die induzierte Radioaktivität, welche beide sich mit der Betriebsdauer anreichern, eine erhebliche potentielle Gefahrenquelle dar. Die in Reaktoren bei der Kernspaltung freigesetzte und von den angereicherten radioaktiven Substanzen emittierte Strahlung muß abgeschirmt werden; andererseits kann sie in Bestrahlungskammern oder herausgeführten Strahlrohren genutzt werden. Beim Betrieb eines Kernreaktors können radioaktive Substanzen mit der Abluft und zum Teil mit dem Abwasser in die Umgebung austreten, so daß sorgfältigste Überwachungs- und Sicherheitsmaßnahmen notwendig sind.

Durch Beschuß mit sehr energiereichen Teilchen, vor allem schweren Atomkernen, wie sie in der kosmischen Strahlung auftreten, kann es zu einer *Kernexplosion*, d. h. einer Zerlegung des Atomkernes in seine Bestandteile kommen. Von einer *Kernzertrümmerung* spricht man, wenn der Kern dabei nicht radikal in seine Elementarteilchen aufgelöst, sondern in zahlreiche größere Bruchstücke zerlegt wird (Abb. 1.17. d).

1.4. Strahlenquellen

1.4.1. Natürliche Strahlenquellen

Strahlung ist ein natürlicher Umweltfaktor dieses Planeten und setzt sich aus einem kosmischen und einem terrestrischen Anteil zusammen.

1.4.1.1. Die kosmische Strahlung

Die kosmische Strahlung stammt teils von der Sonne und wird bei den Kernfusionsprozessen, welche die Quelle der Sonnenenergie sind, ausgesandt, und teils aus dem Weltraum, vorwiegend aus unserem galaktischen System. Die Sonne sendet eine relativ weiche Röntgenstrahlung mit Wellenlängen von 10 bis 100 Ångström aus, die offenbar von der inneren Korona ausgeht. Diese Strahlung sehr geringer Intensität wird nahezu völlig in der Atmosphäre absorbiert. Die primäre kosmische Strahlung besteht hauptsächlich aus extrem energiereichen Protonen und schwereren Atomkernen. In den obersten Luftschichten (15 bis 20 km über dem Meeresspiegel) treten diese in Wechselwirkung mit der Atmosphäre, vor allem mit Stickstoff- und Sauerstoffatomen, wobei energiereiche Sekundärteilchen und Photonen entstehen, die ihrerseits wieder in Zusammenstößen umgewandelt werden oder ihre Energie abgeben, so daß sich das Spektrum ionisierender Strahlen mit der Annäherung an die Erdoberfläche ständig ändert, und gleichzeitig die Intensität der gesamten kosmischen Strahlung abnimmt. Der extrem harte Anteil der kosmischen Strahlung, bestehend aus sehr energiereichen Mesonen, kann bis in tiefe Erdschichten eindringen, der sogenannte weiche Anteil – Elektronen, Positronen und β-Strahlen – wird in der Lufthülle absorbiert und damit geschwächt. Da die primäre Korpuskularstrahlung im Magnetfeld der Erde abgelenkt wird, hängt die Intensität der kosmischen Strahlung von der geographischen Breite ab und nimmt gegen die Pole hin zu. Beim Düsenflugverkehr in großen Höhen und bei der Weltraumfahrt kann die Intensität der kosmischen Strahlung kritische Werte erreichen.

Bei den durch die kosmische Strahlung ausgelösten Kernreaktionen entstehen Neutronen und werden radioaktive Nuklide gebildet, so vor allem aus dem stabilen Stickstoff ^{14}N der radioaktive Kohlenstoff ^{14}C mit einer Halbwertszeit von 5570 Jahren und aus dem stabilen Wasserstoff das radioaktive Tritium ^{3}H mit einer Halbwertszeit von 12,3 Jahren. Infolge der kontinuierlichen Neubildung dieser Radionuklide und ihres radioaktiven Zerfalls besteht vermutlich seit vielen Millionen Jahren ein Gleichgewicht der spezifischen Aktivität dieser Nuklide in der Biosphäre.

Darauf beruht die Radiokohlenstoffmethode zur Altersbestimmung organischen Materials. Weil der Austausch des Kohlenstoffs mit der Atmosphäre bei einem Lebewesen mit dessen Tod beendet ist, nimmt infolge des radioaktiven

Zerfalls das Verhältnis von ^{14}C zum Gesamtkohlenstoffgehalt des organischen Materials mit der Zeit ab.

1.4.1.2. Die terrestrische Strahlung

Außer den durch die kosmische Strahlung erzeugten Radionukliden, wie ^{14}C und ^{3}H, gibt es auf der Erde andere natürliche radioaktive Nuklide. Das irdische Gestein enthält vor allem Uran-238 mit einer Halbwertszeit von $4{,}5 \times 10^9$ Jahren und Thorium-232 mit einer Halbwertszeit von $1{,}4 \times 10^{10}$ Jahren sowie deren radioaktive Folgeprodukte. Im natürlichen Kalium ist immer auch sein Radioisotop ^{40}K enthalten. Diese natürlichen Radionuklide werden schon intrauterin über den mütterlichen Organismus und während des ganzen weiteren Lebens durch die Atmung, mit dem Trinkwasser und den Nahrungsmitteln in den Körper aufgenommen und bedingen eine natürliche Strahlenbelastung.

Geologische Verhältnisse führen dazu, daß erhebliche regionale Schwankungen in der natürlichen Radioaktivität des Gesteins, der Gewässer und schließlich auch der Luft bestehen.

1.4.2. Die medizinische Verwendung von Radionukliden

Durch die Entwicklung der modernen Strahlen- und Kernphysik, vor allem der Entdeckung der Röntgenstrahlen, 1895, der natürlichen Radioaktivität durch H. Bequerel im gleichen Jahr und durch M. u. P. Curie, 1896, der Kernumwandlung durch E. Rutherford, 1929, der künstlichen Radioaktivität durch J. Curie und P. Joliot, 1934, und der Kernspaltung durch O. Hahn und F. Strassmann, 1938, wurde es möglich, Strahlenquellen zu schaffen, die aus der Wissenschaft und Technik unserer Zeit und vor allem aus der modernen Medizin nicht mehr wegzudenken sind, die zugleich aber eine Gefahr darstellen, die beherrscht werden muß.

Radium wird in Form umschlossener Präparate nach wie vor erfolgreich, vor allem in der gynäkologischen Radiologie verwendet.

Außerordentliche Bedeutung haben die künstlichen radioaktiven Strahlenquellen gewonnen, da die Vielfalt der radioaktiven Isotope der verschiedenartigen Elemente mit unterschiedlichen Halbwertszeiten, Strahlenarten und chemischen Eigenschaften eine breite Auswahl für bestimmte Zwecke erlaubt. So hat sich innerhalb der klinischen Radiologie die *Nuklearmedizin* zu einem besonderen Fachgebiet entwickelt.

Radioaktive Indikatoren werden in der biologischen und medizinischen Forschung und zur Diagnostik verwandt. Für therapeutische Bestrahlung von außen werden starke γ-strahlende Präparate von Tausenden von Curie, vor allem das Kobalt-60 mit einer γ-Strahlung von 1,17 MeV und 1,33 MeV und das Caesium-137 mit einer γ-Energie von 0,66 MeV verwendet (sogen. Tele-Curie-Therapie). Zur Bestrahlung oberflächlicher Körperschichten, vor allem in der Dermatologie und Ophthalmologie eignen sich reine β-Strahler wie Strontium-90 mit 0,54 MeV, Schwefel-35 mit 0,168 MeV, Phosphor-32 mit 1,71 MeV, da die kleine Reichweite ihrer β-Strahlen eine selektive Bestrahlung oberflächlicher Schichten unter Schonung des tiefer liegenden Gewebes erlaubt.

Die innerliche Zufuhr von Radionukliden für therapeutische Zwecke ist dann erfolgversprechend, wenn diese oder ihre chemischen Verbindungen so stark im Krankheitsherd angereichert werden, daß dieser wesentlich stärker bestrahlt wird als strahlenempfindliche gesunde Gewebe.

1.4.3. Anlagen zur Erzeugung ionisierender Strahlen

Im Rahmen dieses Buches können die verschiedenartigen Geräte zur Erzeugung ionisierender Strahlen von der Röntgenröhre bis zu den Beschleunigern zur Erzeugung von Elektronen, Protonen und anderen Teilchen mit Energie im MeV- und sogar GeV-Bereich nicht erschöpfend beschrieben, sondern nur in ihren Prinzipien geschildert werden.

1.4.3.1. Die Röntgenröhre

Die Geräte zur Erzeugung von Röntgenstrahlen beruhen auf der Tatsache, daß schnelle Elektronen beim Aufprall auf eine Materieschicht abgebremst werden, und ihre kinetische Energie zum Teil in Photonen (Bremsstrahlung) umgewandelt wird. Abb. 1.13. zeigt schematisch den Bau einer Röntgenröhre, wobei die freien Elektronen durch „Glühelektrodenemission“ erzeugt werden.

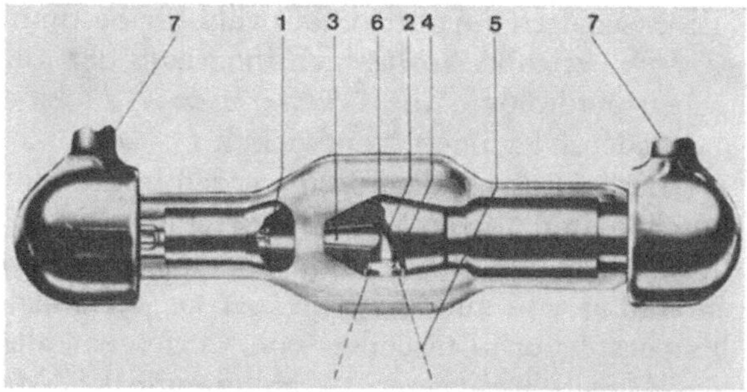

Abb. 1.13. Eine Röntgentherapieröhre mit Glühkathode (Elektroden teilweise angeschnitten). 1 Kathode, 2 Antikathode (Anode), 3 Kanal für die Elektronen, 4 Austrittsfenster, 5 Strahlenkegel, 6 Abschirmung, 7 Hochspannungsanschlüsse (Bild der Firma Siemens)

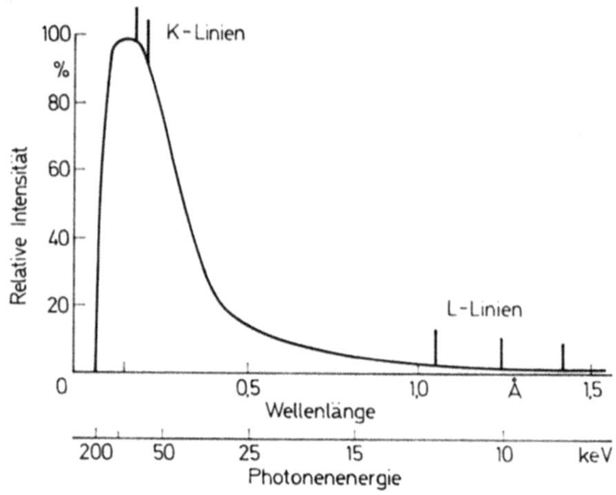

Abb. 1.14. Energiespektrum der Strahlung einer bestimmten Röntgenröhre mit einer Erzeugungsspannung von 200 kV. Die schematisch angedeuteten diskreten Linien stammen von der charakteristischen K- und L-Strahlung des Anodenmaterials (Wolfram). (Nach Oliver, A. 35)

In einem evakuierten Glasgefäß sind zwei Elektroden eingeschmolzen, die mit dem Hochspannungsgenerator verbunden sind. Die mit dem negativen Pol verbundene Kathode besteht aus einem dünnen Metalldraht (z. B. Wolfram), der durch den Heizstrom zum Glühen gebracht wird, und die Elektronen liefert. Mit der Heiztemperatur steigt die Zahl der emittierten Elektronen und damit – bei gleicher Röhrenspannung – die Leistung der Röhre. Die Anode besteht aus einer Platte aus Wolfram oder einem anderen schweratomigen Metall. Die aus der Kathode austretenden Elektronen werden im elektrischen Feld zur Anode hin beschleunigt. Beim Abbremsen der Elektronen im Anodenmaterial entstehen Röntgenstrahlen (Bremsstrahlen). Nur ein Bruchteil der Elektronenenergie, so bei 100 kV etwa 1 Prozent, wird als Röntgenstrahlung frei, die übrige in Wärme umgesetzt. Die Röntgenstrahlen treten durch die Glaswand der Röhre oder ein dünnes Fenster aus.

Die Photonenenergie der Röntgenstrahlung zeigt eine jeweils charakteristische spektrale Verteilung (Abb. 1.14.), wobei das Maximum der Energie, die „Grenzenergie“, gegeben ist durch die Erzeugungsspannung, die üblicherweise in Kilo-Volt (kV) angegeben wird. Die effektive Photonenenergie des ganzen Spektrums beträgt bei der üblichen Filterung etwa ein Drittel der Grenzenergie. An bestimmten Stellen des Röntgenspektrums treten scharf begrenzte Maxima von Photonen bestimmter Energie auf. Es handelt sich um die charakteristische Röntgenstrahlung des Anodenmaterials (in Abb. 1.14. des Wolframs). Sie kommt dadurch zustande, daß bei der Ablösung eines Elektrons aus einer inneren Schale das Atom in einen angeregten Zustand gerät. Durch Elektronen aus weiter außen liegenden Schalen wird die betreffende Elektronenschale wieder aufgefüllt, und dabei wird überschüssige Energie jeweils als Röntgenquant abgegeben. Die Energie dieser Photonen hängt von der Bindungsenergie der Elektronen ab, und diese ist gegeben durch die Kernladung des Atoms und die Schale, auf der sich das Elektron befindet. Die höchste Bindungsenergie besitzen die Elektronen der innersten oder K-Schale; sie beträgt bei Wolfram 69,5 keV. Die Bindungsenergien der L-, M- und N-Schale sind wesentlich geringer. Diese charakteristische Eigenstrahlung der Elemente wird in der Forschung ausgenützt, wenn Untersuchungen mit monoenergetischen Röntgenstrahlen durchgeführt werden sollen.

Die Leistung N der Röntgenröhre ist gegeben durch die Röhrenstromstärke I, d. h. durch die Zahl der Elektronen, die pro Zeiteinheit auf den „Brennfleck“ der Anode einfallen und die Anodenspannung U:

$$N = I \cdot U \tag{1.9.}$$

Die Stromstärke wird reguliert durch den Heizstrom der Kathode.

Durch Filter aus geeigneten Metallschichten, wie z. B. Kupfer oder Aluminium, in welchen die weichere Komponente der Strahlung absorbiert wird, läßt sich die Röntgenstrahlung aufhärten: die effektive Photonenenergie wird unter Verschmälerung des Spektrums größer.

Eine Beschreibung der Bestrahlungsbedingungen hat demnach stets folgende Angaben zu enthalten: Erzeugungsspannung, Röhrenstrom, Fokusobjektabstand und Härte der Strahlung, z. B. durch Angabe der 1. und 2. Halbwertsschicht in Kupfer oder Aluminium. Dazu kommt die Angabe der Dosisleistung und der Dosis (s. 1.5.), die zu diesen Größen in Beziehung stehen.

Für die verschiedenen technischen und medizinischen Zwecke, wie z. B. Röntgenkristallographie, Röntgendiagnostik, Oberflächen- und Tiefentherapie, wurden verschiedenartige Röntgenröhren und -geräte entwickelt, auf deren Beschreibung hier verzichtet werden muß.

1.4.3.2. Geräte zur Erzeugung hochenergetischer Strahlen

Das Prinzip der Röntgenröhre, nämlich die Beschleunigung von Teilchen in einem elektrischen Feld und die Erzeugung von Röntgenstrahlen, liegt auch den vielen komplizierten und aufwendigen Geräten zugrunde, die heute in der Medizin als Quellen besonders energiereicher Strahlung verwendet werden. Dabei werden entweder die beschleunigten Teilchen verschiedener Art direkt genutzt oder die durch sie erzeugte Röntgen- oder Neutronenstrahlung. Man unterscheidet Einfach-Beschleuniger, bei denen die Teilchen, wie bei einer Röntgenröhre, beim einmaligen Durchlaufen einer Potentialdifferenz auf ihre Endenergie gebracht werden, und Mehrfachbeschleuniger, bei denen die Teilchen mehrfach hintereinander die gleichen, relativ geringen Potentialdifferenzen durchlaufen.

Einfach-Beschleuniger

Beim *Van-de-Graff-Generator* wird die Beschleunigungsspannung von einem elektrostatischen Hochspannungsgenerator erzeugt. Elektronen, Protonen und Deuteronen können linear bis zu Energien von einigen MeV beschleunigt werden. Zur Erzeugung von Neutronenstrahlen werden besondere Auffänger (Targets) verwendet, in denen es unter Teilchenbeschuß zu einer Kernumwandlung mit Freisetzung von Neutronen kommt.

Andere Typen von Einfachbeschleunigern wie der *Kaskadenbeschleuniger* nach Cockroft und Walton unterscheiden sich nur durch die Art der Hochspannungserzeugung.

Mehrfachbeschleuniger

Das *Betatron* (Kreisbeschleuniger) hat unter den verschiedenen Beschleunigertypen die weiteste Anwendung in der Medizin gefunden. In einer ringförmigen Vakuum-Röhre werden Elektronen durch ein elektrisches Wirbelfeld auf einer kreisförmigen Bahn so lange beschleunigt, bis sie die gewünschte Energie erreicht haben. Dann werden sie aus der „Sollkreisbahn" abgezogen und entweder direkt als Elektronenstrahlung genutzt oder auf ein metallisches Auffangschild gelenkt, in dem sie Röntgenstrahlen entsprechend hoher Energie erzeugen.

Weitere Mehrfachbeschleuniger, die zum Teil schon in der Medizin Anwendung finden, sind der *Linearbeschleuniger*, das *Zyklotron* und das *Synchrotron*. Ausführliche Darstellungen ihrer Funktionsweisen finden sich u. a. bei Glocker (A. 30.).

Die medizinische Bedeutung dieser verschiedenen Beschleuniger beruht vor allem darauf, daß durch die Wahl der verschiedenen Strahlenarten und -qualitäten unter Ausnützung ihrer Durchdringungsfähigkeit bzw. Reichweite und der besonderen geometrischen Anordnung des Strahlenbündels, ein günstiges Verhältnis zwischen der Strahlenbelastung des Krankheitsherdes und der des gesunden Gewebes zu erzielen ist.

Bei 1 MeV beträgt die max. Reichweite der Elektronen ca. 0,4, bei 35 MeV ca. 15 bis 20 cm in Gewebe der Dichte 1, so daß auch tief im Körper gelegene Krankheitsherde gezielt behandelt werden können.

Röntgenstrahlung dieser Energien hat den Vorteil einer besonderen Tiefendosisverteilung (Abb. 1.16.), indem nicht wie bei niedrigen Energien das Maximum der Strahlendosis an der Oberfläche des Körpers liegt, sondern je nach Energie in tiefere Schichten des Körpers verlagert ist, so daß ein Tumor im Körperinnern unter Schonung der Haut und der anderen Gewebe bestrahlt werden kann. Ein weiterer Vorteil der ultraharten Röntgenstrahlung ist es, daß die Absorptionsunterschiede zwischen Weichteilen und Knochen geringer sind als bei weicherer Strahlung und somit die im Strahlenbündel liegenden Skeletteile weniger durch lokale Dosisüberhöhungen gefährdet sind (Abb. 1.15.).

Die Wahl des Strahlungsgerätes – klassisches Röntgengerät, radioaktive γ- oder β-Strahler oder eines der vielen Megavoltgeräte zur Erzeugung von Elektronen- oder Röntgenstrahlung – ist primär durch dieses Ziel der optimalen Dosisverteilung bestimmt, sowie durch eine Reihe von technischen Vorteilen, z. B. der besonders hohen Intensität verschiedener Strahlenquellen.

Darüber hinaus kann man von der direkten Bestrahlung mit manchen Arten hochenergetischer Teilchen, z. B. Neutronen, Protonen, schweren Ionen oder Mesonen, infolge ihrer höheren relativen biologischen Wirksamkeit (s. 3.) Vorteile für die Tumortherapie erwarten.

1.5. Die Strahlendosis und verwandte Begriffe

Nur die in einem Körper absorbierte Strahlenenergie kann wirksam werden, wobei im allgemeinen – unter sonst gleichen Bedingungen – die Wirkung mit dem Betrag der absorbierten Energie zunimmt. Quantitativen Betrachtungen über die bei einer Strahlenexposition zu erwartenden Wirkungen muß also ein physikalisches Maß der Energieabsorption zugrundegelegt werden. Bei der Definition der Strahlendosis geht man nicht von der im ganzen Körper, sondern von der pro Masseneinheit absorbierten Energie aus.

Man beachte, daß der Begriff „Dosis" somit in der Radiologie eine engere und strengere Bedeutung hat als in der Pharmakologie und Toxikologie. Bei Zufuhr eines chemischen Agens bezeichnet man als Dosis die dem Organismus zugeführte Menge eines chemischen Agens. Eine gewisse Annäherung an den radiologischen Dosisbegriff ist gegeben, wenn unter Dosis das Verhältnis der zugeführten Menge eines Pharmakons zum Körpergewicht verstanden wird.

1.5.1. Die Energiedosis und die Einheit „Rad"

Die Dosis der Strahlung oder „*Energiedosis*" (englisch: „*absorbed dose*"), ist gegeben durch die pro Masseneinheit absorbierte Strahlenenergie. Eine strengere Definition der Dosis findet sich in 1.5.10.2.

Die spezielle Einheit der Energiedosis ist das Rad. Die offizielle Kurzbezeichnung nach DIN 6814 (B.28.) ist „rd". In diesem Buch wird, wie bisher noch allgemein üblich, „rad" gebraucht.

1 rad $= 10^{-2}$ Joule/kg $= 100$ erg/g $= 2{,}36 \cdot 10^{-6}$ cal/g $= 1{,}02 \cdot 10^{-6}$ Meterkilopond $= 6{,}25 \cdot 10^{7}$ MeV/g. Die mit 1 rad verbundene Energieübertragung entspricht somit etwa der Erwärmung von Wasser um 2,5 Millionstel Grad Celsius oder der potentiellen Energie, die ein Körper bei Anhebung um 1 mm aufnimmt. Das ist, verglichen mit der Einwirkung anderer Formen physikalischer Energie auf Lebewesen in unserer Umwelt ein sehr kleiner Betrag, und eines der Probleme, die uns beschäftigen werden, ist es, wie dieser dennoch bereits beträchtliche biologische Wirkungen hervorrufen kann.

Einer gegebenen Dosis entspricht, da die Energie vorwiegend in Form von Ionisationen und Anregungen abgegeben wird, eine bestimmte Zahl solcher Ereignisse pro Masseneinheit oder – wenn man ein Material der Dichte 1, wie Weichteil-Gewebe, annimmt – pro Volumeneinheit. Es dient der Anschaulichkeit, sich zu vergegenwärtigen, daß bei einer Dosis von 1 rad pro μm^3 Wasser oder Weichteil-Gewebe ca. 1,8 Ionenpaare und in einer Zelle von etwa 10 μm Durchmesser ca. 1800 Ionenpaare erzeugt werden. Pro Ionisation werden etwa 3 bis 4 weitere Atome oder Moleküle angeregt.

Der mittlere pro Ionisation abgegebene Energiebetrag, der mit E_i bezeichnet wird, liegt bei leichtatomigem Material, wie Luft, um 34 eV. Man nimmt für das Gewebe ein E_i von 33,7 eV an. Davon wird ein Teil für die Ablösung des Elektrons vom Atom aufgewendet, der bei niederatomar zusammengesetzten Substanzen, wie dem Gewebe, ca. 11 eV beträgt, ein Teil ist als kinetische Energie auf die erzeugten Ionen verteilt und ein Teil wird für die gleichzeitig erfolgenden Anregungen verbraucht.

1.5.2. Die Ionendosis und die Einheit „Röntgen" (R)

Die ältere, schon seit 1924 gebrauchte Einheit der Dosis ist das „Röntgen". Sie ist die Einheit der Ionendosis. Diese Dosisgröße beruht auf einem besonderen Meßvorgang, der in der klinischen Dosimetrie im Vordergrund steht, nämlich der Messung der Ionisation in Luft. Sie ist definiert durch die elektrische Ladung in Luft, die an einer bestimmten Stelle, z. B. im Gewebe oder in einem gewebeähnlichen Phantom, gemessen wird. Die Ionendosis 1 R ist gegeben, wenn in 1 ccm Luft unter Normalbedingungen (0° C, 760 Torr Luftdruck) $2{,}1 \cdot 10^{9}$ Ionenpaare durch Strahlung erzeugt werden. 1 R ist demnach gleich $258 \cdot 10^{-6}$ Coulomb/kg.

1.5.3. Beziehung zwischen Ionendosis und Energiedosis

Die Ionendosis kann in einfacher Weise in die Energiedosis im bestrahlten Material an der betreffenden Stelle umgerechnet werden, wenn bei ihrer Messung bestimmte Bedingungen eingehalten werden. Bis 3 MeV Photonenenergie kann man „Sekundärelektronengleichgewicht" (s. 1.6.2.1.) erreichen, man mißt dann die „Gleichgewicht-Ionendosis". Oberhalb von 3 MeV Photonenenergie und bei Korpuskularstrahlung muß man die sog. „Bragg-Gray-Bedingungen" einhalten, man mißt dann die „Hohlraum-Ionendosis". Diese Größen sind mit einem entsprechenden Faktor, dem Dosisumrechnungsfaktor, zu multiplizieren, wenn man die Energiedosis im bestrahlten Material errechnen will. Abb. 1.15 zeigt für Photonenstrahlen die

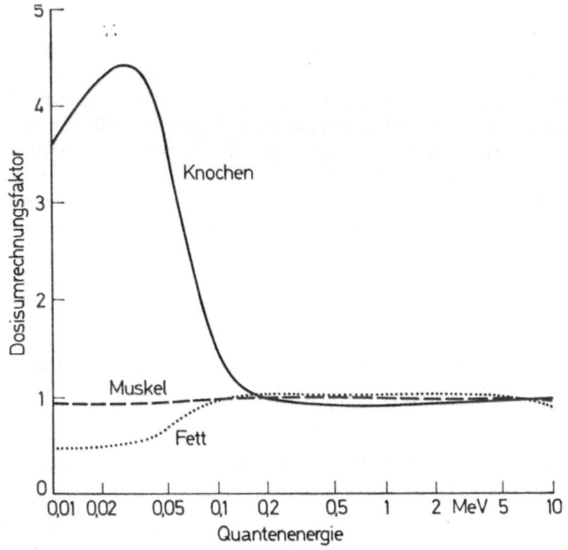

Abb. 1.15. Faktor zur Umrechnung der Ionendosis in die Energiedosis für verschiedene Gewebe in Abhängigkeit von der Härte der Röntgenstrahlung. (Nach Glocker, A. 30.)

Abhängigkeit dieses Faktors von der Photonenenergie für verschiedene Gewebe. Für Luft hat der Faktor gemäß der Definition der Ionendosis bei allen Energien den konstanten Wert 0,87 rad/R; für Weichteilgewebe liegt er – je nach der Energie der Strahlung – zwischen 0,93 und 1,00 rad/R. Somit kann für praktische Zwecke die Energiedosis in rad zahlenmäßig ungefähr gleichgesetzt werden der Ionendosis in Röntgen.

Die Messung der Ionendosis ist in 1.6.2.1. beschrieben.

1.5.4. Die Dosisleistung

Unter Dosisleistung wird die Dosis je Zeiteinheit verstanden. Sie wird als Ionendosisleistung oder Energiedosisleistung in R bzw. rad pro Zeiteinheit (sec, min, etc.) angegeben. 1 R/sec = 258 · 10^{-6} Ampere/kg; 1 rad/sec = 0,01 Watt/kg. Im folgenden wird die Dosisleistung durch einen Punkt über dem Symbol der Dosis gekennzeichnet (mathematische Bezeichnungsweise für die Ableitung nach der Zeit): $\dot{D}$.

Auf die Unterschiede der Begriffe Dosisleistung und Intensität muß in diesem Zusammenhang mit aller Deutlichkeit hingewiesen werden. Die Intensität ist eine ausschließlich von der Strahlung abhängige Größe, welche die gesamte pro Zeiteinheit durch die Flächeneinheit hindurchgehende Strahlenenergie, z. B. in Watt pro cm^2, angibt. Die Intensität eines Strahlenfeldes kann somit nur durch Messung der gesamten auf der Flächeneinheit pro Zeiteinheit einfallenden Energie, z. B. kalorimetrisch, gemessen werden. Die Dosisleistung dagegen hängt außer von der Intensität der Strahlen von dem Absorptionskoeffizienten des bestrahlten Materials gegenüber der betreffenden Strahlenart ab.

1.5.5. Mittlere Dosis und Integraldosis

Die Dosis in einem bestrahlten Bereich kann streng genommen nur dann durch *einen* Wert angegeben werden, wenn die Energieabsorption im bestrahlten Bereich homogen ist. Auf die Probleme, die sich dadurch ergeben, daß auch in einem homogenen Strahlungsfeld die Energieverteilung in mikroskopischen Bereichen zufällig und inhomogen ist, wird in späteren Abschnitten eingegangen. Aber auch makroskopisch gesehen ist eine homogene Energieabsorption praktisch nie gegeben.

Häufig wird man dann die mittlere Dosis $\bar{D}$ in dem bestrahlten Körperbereich bestimmen wollen. Zu diesem Zwecke teilt man die Masse M des Körpers in kleinere Bereiche m_i und ermittelt deren jeweilige Dosis D_i. Dann multipliziert man die Dosen D_i mit dem jeweiligen Quotienten m_i/M und addiert die Produkte:

$$\bar{D} = \Sigma D_i \cdot m_i/M \qquad (1.10.)$$

Beim Übergang zu infinitesimalen Bereichen ergibt sich:

$$\bar{D} = \int_0^M D d\left(\frac{m}{M}\right) = \frac{1}{M} \int_0^M D dm \qquad (1.11.)$$

Gelegentlich ist man auch an der insgesamt in einem Körperbereich absorbierten Energie oder an der auf den gesamten Körper übertragenen Energie W_D interessiert. Sie ergibt sich durch Multiplikation der mittleren Dosis $\bar{D}$ mit der Masse M des Körperbereichs:

$$W_D = \bar{D} \cdot M \qquad (1.12.)$$

und wird auch als „Integraldosis" oder „integrale Energiedosis" bezeichnet. Sie kann natürlich auch unmittelbar durch Integration gewonnen werden:

$$W_D = \int_0^M D dm \qquad (1.13.)$$

Die Einheit dieser Größe ist das Joule; es wird aber auch „rad-Kilogramm" oder „Grammrad" verwendet. Im medizinischen Sprachgebrauch wird diese Größe leider oft unkorrekt auch „Volumendosis" oder „Raumdosis" genannt, wobei gemäß dem Zusammenhang zwischen Masse M und Volumen $V (M = \rho \cdot V)$ die Dichte ρ einfach mit 1 g/cm³ vorausgesetzt wird.

1.5.6. Die makroskopisch-räumlichen Dosisverhältnisse bei Photonenbestrahlung

Infolge Abnahme der Strahlenintensität nach dem Abstandsgesetz und der Schwächung der Strahlung durch die Absorption im durchstrahlten Material ergeben sich bei Bestrahlung eines Körpers je nach den geometrischen Beziehungen des Strahlenbündels zum Körper, je nach der Strahlenqualität und den Absorptionseigenschaften des Körpers, charakteristische räumliche Dosisverhältnisse.

Abb. 1.16. zeigt, wie bei Röntgen- oder γ-Strahlen verschiedener Qualität die Dosis mit der Gewebstiefe abnimmt.

In Abb. 1.15. ist die unterschiedliche Absorption von Röntgen- und γ-Strahlen in Weichteilen und Knochen dargestellt. Daraus geht hervor, daß die erhöhte Strahlenbelastung der Knochen, die bei konventionellen Röntgenstrahlen störend sein kann, bei energiereicheren Strahlen geringer ist.

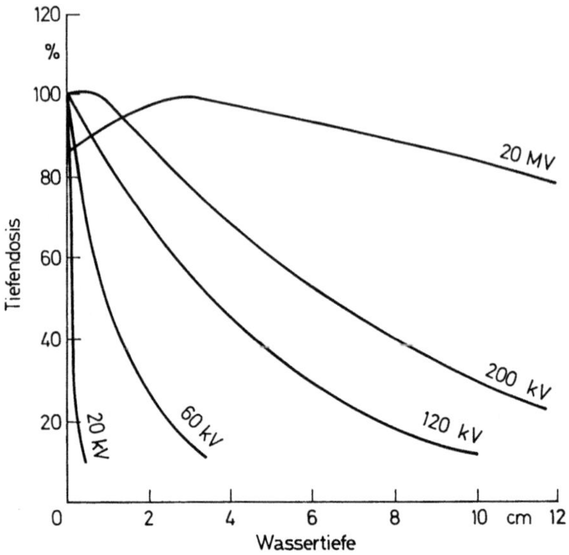

Abb. 1.16. Die Änderung der Dosis mit der Tiefe eines Wasserphantoms in Abhängigkeit von der Erzeugungsspannung der Röntgenstrahlung. Die maximal erreichte Dosis ist mit 100% angegeben. Beachte, daß die Dosis umso steiler abfällt, je geringer die Erzeugungsspannung ist, und daß bei sehr energiereichen Röntgenstrahlen (und γ-Strahlen) das Maximum erst in einer bestimmten Schichttiefe erreicht wird. (Zusammengestellt nach Glocker, A. 30.)

1.5.7. Die Dosis in der Umgebung einer γ-Strahlenquelle

Jedes γ-strahlende Radionuklid ist hinsichtlich der von ihm ausgehenden Strahlung charakterisiert durch eine besondere Größe, die früher als „Dosiskonstante" oder „Dosisleistungskonstante" und heute als „spezifische γ-Strahlenkonstante" bezeichnet wird. Sie gibt die Ionendosisleistung an, die in Luft in einem bestimmten Abstand von einer als punktförmig angenommenen γ-Strahlenquelle besteht. Sie beträgt für ^{60}Co in 1 m Abstand 1,32 R/h · Ci. Daraus läßt sich unter Vernachlässigung der Absorption der Strahlung in Luft gemäß dem Abstandsgesetz die Dosisleistung in einem beliebigen anderen Abstand bestimmen. Dies hat Bedeutung für den Strahlenschutz, aber auch für die Bestimmung der Dosisleistung in der Umgebung von interstitiell eingebrachten, umschlossenen, radioaktiven Präparaten (z. B. ^{226}Ra, ^{198}Au).

1.5.8. Die Dosis in der Umgebung einer Quelle von Teilchenstrahlung

Ein annähernd punktförmiges Depot eines α- oder β-Strahlers bestrahlt ein Volumen, dessen Radius der maximalen Reichweite der Teilchen entspricht. Da die Teilchen radial nach allen Seiten ausstrahlen, nimmt innerhalb ihrer Reichweite die Teilchenflußdichte (Teilchenzahl pro Zeit- und Flächenanteil) mit dem Quadrat des Abstandes (im Vakuum) ab. Bei radioaktiven Strahlenquellen bestimmter Form und Größe bedarf die Ermittlung der Strahlendosis in ihrer Umgebung einer besonderen Analyse.

Dies ist auch bei den im folgenden besprochenen Dosisverhältnissen bei Inkorporation radioaktiver Nuklide zu berücksichtigen.

1.5.9. Berechnung der Dosis bei Inkorporation radioaktiver Nuklide

Die Strahlenbelastung des Körpers und seiner Teile bei Zufuhr radioaktiver Substanzen hängt von deren Aktivität, der Art und Energie der von ihnen emittierten Strahlung, aber auch von ihren chemischen und physikochemischen Eigenschaften ab; denn letztere bestimmen bei den verschiedenen Formen der Zufuhr, wie oral, durch Inhalation, Injektion, perkutan oder durch Wunden die Resorption, Verteilung und Ausscheidung der Nuklide. Radioaktive Stoffe verhalten sich im Körper – abgesehen von dem biologisch meist geringfügigen „Isotopie-Effekt“ – wie chemisch identische Elemente und Verbindungen.

Der „Isotopie-Effekt“ beruht darauf, daß sich die Isotope eines Elementes infolge ihrer unterschiedlichen Massenzahl in chemischen Reaktionen verschieden verhalten.

Die Besonderheiten der Isotopeninkorporation und ihrer Wirkungen bleiben, soweit sie bei medizinischer Anwendung und für den Strahlenschutz wichtig sind, speziellen Abhandlungen der Nuklearmedizin und des Strahlenschutzes vorbehalten. Hier wird nur die Berechnung der Strahlendosen bei einer bestimmten Konzentration von Radionukliden im Gewebe im Prinzip skizziert. Die Dosen sind für jedes Nuklid und für jede der von ihm emittierten Strahlenarten (α, β oder γ) gesondert zu berechnen und zu addieren.

1.5.9.1. Die Dosis bei Inkorporation von α- und β-Strahlern

Das Prinzip dieser Berechnungen ist einfach, seine Anwendung jedoch umso komplizierter, je inhomogener und unübersichtlicher das räumliche und zeitliche Verteilungsmuster der inkorporierten Radionuklide ist.

Ein Organ sei homogen von einer radioaktiven Substanz durchsetzt. Seine Abmessungen seien groß gegenüber der Reichweite der emittierten Teilchen (α oder β). Bis auf eine Randzone, deren Breite der Reichweite der Teilchen entspricht, erfährt das Organ dann eine gleichmäßige Strahlenbelastung. Zu deren Berechnung bestimmt man zunächst die Dosisleistung, die bei einer spezifischen Aktivität A_0 zum Zeitpunkt t_0 besteht.

Wenn A_0 in μ Ci/g angegeben wird, so ist die Zahl der Zerfälle pro Gramm Gewebe und pro Sekunde $3{,}7 \cdot 10^4 \cdot A_0$ erhalten.

Multipliziert man diesen Wert mit der Energie E der einzelnen beim Zerfall emittierten Teilchen (in MeV), so erhält man die insgesamt emittierte und absorbierte Energie pro Gramm in der gewählten Zeiteinheit. Ein weiterer Faktor von $1{,}6 \cdot 10^{-8}$ dient der Umrechnung von MeV/g in rad. Die initiale Dosisleistung $\dot{D}_0$ ergibt sich also aus der Gleichung

$$\dot{D}_0 = 5{,}93 \cdot 10^{-4} \cdot E \cdot A_0 \qquad (1.14.)$$

Bei der Berechnung der *Dosis*, die bis zu einem bestimmten Zeitpunkt im Gewebe zustande kommt, ist die Abnahme der Aktivität im Gewebe

a) infolge des radioaktiven Zerfalls und

b) infolge der Elimination der radioaktiven Substanz aus dem Organ

zu berücksichtigen.

Der exponentiell verlaufende radioaktive Zerfall ist durch die physikalische Zerfallskonstante λ_p bzw. die physikalische Halbwertszeit T_p gegeben. Die Elimination der radioaktiven Substanz hängt von ihren chemischen und physikalisch-chemischen Eigenschaften und komplizierten Stoffwechsel-, Diffusions- und Ausscheidungsprozessen ab. In vielen Fällen kann jedoch auch die biologisch bedingte Abnahme der Radioaktivität vereinfacht durch eine Exponentialfunktion mit der Konstanten λ_b und einer entsprechenden Halbwertszeit T_b beschrieben werden.

Aus der Überlagerung beider ergibt sich eine *effektive* Abnahme der Radioaktivität mit der Konstanten $\lambda_e = \lambda_p + \lambda_b$ und der Halbwertszeit T_e nach der Gleichung:

$$T_e = \frac{T_p \cdot T_b}{T_p + T_b} \qquad (1.15.)$$

Insgesamt nimmt also die Aktivität A nach folgender Gleichung ab:

$$A = A_0 \cdot e^{-\lambda_e \cdot t} = A_0 \cdot e^{-\frac{0{,}693}{T_e} \cdot t} \qquad (1.16.)$$

Die Dosis D_T bis zum Zeitpunkt T errechnet sich als Integral über die zeitlich sich ändernde Aktivität A des Gewebes:

$$D_T = 5 \cdot 93 \cdot 10^{-4}\, E \cdot A_0 \int_0^T e^{-\lambda_e \cdot t}\, dt \qquad (1.17.)$$

wobei D_T in rad, E in MeV und A_0 in µ Ci/g ausgedrückt ist.

Dieses generelle Schema der Dosisberechnung gilt, wie gesagt, nur dann, wenn in dem betrachteten Gewebsvolumen die Bilanz zwischen der in ihm selbst freigesetzten und absorbierten Energie ausgeglichen ist.

Bei seiner Anwendung im speziellen Fall müssen die Besonderheiten berücksichtigt werden, die sich auf Grund der jeweils emittierten Strahlenart, der Geometrie und der Absorptionsverhältnisse im Gewebe ergeben.

Bei den Dosisberechnungen für β-strahlende Substanzen ist folgendes zu beachten:

1) Da die β-Strahlung im Gegensatz zu α-Strahlen stets eine spektrale Verteilung der Korpuskelenergie aufweist, ist in die Gleichungen die mittlere Energie $\bar{E}$ einzusetzen; sie beträgt etwa $^1/_5$ bis $^2/_5$ der für das einzelne Nuklid charakteristischen maximalen β-Energie E_{max}.

2) Wegen der größeren Reichweite der β-Strahlen im Gewebe (mm bis cm) fallen bei der Dosisberechnung meist geometrische Faktoren stärker ins Gewicht als bei α-Strahlung. So fällt in einem Randstreifen des Organs, der etwa der Reichweite der β-Strahlen entspricht, die Dosis ab, weil ein Teil der Strahlung nach außen tritt. Umgekehrt wird dadurch auch ein entsprechend breiter Streifen der (inaktiven) Umgebung mitbestrahlt.

1.5.9.2. Die Dosis bei Inkorporation γ-strahlender Nuklide

Wichtiger als bei α- und β-Strahlern sind die geometrischen Verhältnisse bei Inkorporation γ-strahlender Nuklide. Infolge des hohen Durchdringungsvermögens energiereicher γ-Quanten wird nur ein geringer Teil der insgesamt emittierten Energie im Depot selbst absorbiert, dafür aber erleiden auch die übrigen (inaktiven) Teile des Körpers (und selbst dessen Umgebung) eine mehr oder weniger starke Strahlenbelastung. Den Dosisberechnungen wird die spezifische γ-Strahlenkonstante (s. S. 20) zugrundegelegt.

Befindet sich im Körper ein kleines (noch als punktförmig zu betrachtendes) γ-strahlendes Depot, so nimmt die Dosisleistung infolge des quadratischen Abstandsgesetzes und zusätzlich infolge der Absorption im Gewebe mit der Entfernung ab.

Andere geometrische Verhältnisse in der Verteilung der radioaktiven Substanz erfordern eine jeweils besondere Analyse, können aber in Annäherung durch Einführung von Geometriefaktoren berücksichtigt werden. Entsprechende Rechenbeispiele finden sich in Spezialbüchern, z. B. von Aglinzew (A. 28.) und von Jaeger (A. 32.).

1.5.9.3. Die Dosis bei inhomogener Verteilung von Radionukliden im Körper

Die Strahlenbelastung des Körpers und seiner einzelnen Organe bei Inkorporation von ^{131}J soll zur Veranschaulichung der Dosisverhältnisse dienen, die bei inhomogener Verteilung einer radioaktiven Substanz mit besonderer Anreicherung in einem Organ bestehen. Dieses Radionuklid sendet sowohl β-Strahlen wie γ-Strahlen aus. Durch selektive Anreicherung in der Schilddrüse wird diese zu einer inneren Strahlenquelle. Die Dosis in der Schilddrüse selbst ist natürlich am höchsten und wird zu 90% durch die β-Strahlung und nur zu 10% durch die im Organ selbst absorbierte γ-Strahlenenergie hervorgerufen. Der übrige Körper dagegen wird nur durch die γ-Strahlung aus der radioaktiven Schilddrüse belastet. Eine weitere Ganzkörperbestrahlung mit β- und γ-Strahlen erfolgt jedoch dadurch, daß das zugeführte Radiojod vor seiner Anreicherung in der Schilddrüse im Blut zirkuliert, und daß andererseits die in der Schilddrüse unter Einbau von ^{131}J gebildeten Hormone im Körper verteilt werden.

Insgesamt ergibt sich pro zugeführtem μCi ^{131}J mit erheblichen individuellen Schwankungen – auch schon bei Personen mit normaler Schilddrüsenfunktion – eine Schilddrüsendosis von 1 rad und eine mittlere Dosis des übrigen Körpers von 1 mrad.

Zu beachten ist, daß durch solche Berechnungen immer nur die mittleren Dosen in relativ großen Gewebevolumina ermittelt werden. Je inhomogener aber die mikroskopische Verteilung der radioaktiven Substanz im Gewebe und je kleiner die Reichweite der emittierten Strahlung ist, um so stärker weicht die wahre Strahlenbelastung der verschiedenen Gewebsanteile von der mittleren Dosis ab.

Radiophosphor reichert sich wegen des Einbaus in die Nukleinsäuren bevorzugt in den Kernen proliferierender Zellen an. Die Radionuklide von Kalzium und anderen Erdalkalien werden z. T. herdförmig im mineralischen Knochen abgelagert, während andere Elemente die Oberflächen der Knochenstrukturen bevorzugen. Kolloidale und feste radioaktive Partikel bestimmter Größe werden aus dem Blutstrom bevorzugt vom retikulo-endothelialen System (RES) aufgenommen. Bei der Einatmung radioaktiver Staube und Aerosole können einzelne Teilchen mit besonders hoher Aktivität im Atemtrakt abgelagert werden. In solchen und zahlreichen anderen Fällen bilden sich „heiße Flecken“ mit besonders hoher lokaler Strahlendosis.

So können mikroskopisch kleine Gewebsareale, einzelne Zellen und sogar einzelne Zellelemente wesentlich stärker exponiert werden, als auf Grund der mittleren Gewebsdosis bei einer angenommenen homogenen Verteilung der radioaktiven Substanz in dem Gewebe zu erwarten ist.

Besonders gilt dies für Radionuklide, die eine Strahlung geringer Reichweite emittieren, wie α-Strahlen oder energiearme β-Strahlen. Eindrucksvoll veranschaulichen das Autoradiographien nach Zufuhr von Thymidin, das mit Tritum markiert ist (Abb. 1.24 a). Dessen β-Strahlen haben im Gewebe eine Reichweite von weniger als 1 μ. Als Baustein der Desoxyribonukleinsäure wird Thymidin fast ausschließlich in den Zellkern eingebaut und fast die gesamte emittierte β-Strahlenenergie wird in diesem absorbiert. Die Wirkung einer solchen Art innerer Bestrahlung kann, verglichen auf der Basis der mittleren Gewebsdosis, quantitativ und qualitativ ganz erheblich von einer äußeren Bestrahlung abweichen.

Zur Abschätzung des Strahlenrisikos bei Inkorporation radioaktiver Nuklide auf Grund der mittleren Dosis hat man deshalb einen Verteilungsfaktor zu berücksichtigen (s. 3.5.).

In diesem Zusammenhang sei kurz darauf hingewiesen, daß sich die Wirkung inkorporierter radioaktiver Substanzen zwar zum größten Teil, aber nicht ausschließlich aus der Absorption der emittierten Strahlung ergibt. Zwei Vorgänge können zusätzlich zu biologischen Wirkungen führen, und zwar der nach *Scillard* und *Chalmers* benannte Rückstoßeffekt und die Transmutation. Beim radioaktiven Zerfall wird ein Teil der freigesetzten Energie als kinetische Energie auf das emittierende Atom übertragen. Durch diesen Rückstoß kann es aus dem Molekülverband geschlagen werden. Unter Transmutation versteht man folgenden Vorgang: Beim radioaktiven Zerfall entsteht ein Atom eines anderen Elementes, z. B. aus ^{32}P- ein ^{32}S-Atom. Das bedeutet eine Störung in der atomaren Zusammensetzung des betreffenden organischen Moleküls und dies kann biologische Folgen haben. Diese atomare Transmutation im physikalischen Sinne kann so z. B. Ursache einer Mutation im biologischen Sinne sein, wenn das betreffende radioaktive Atom Bestandteil eines DNA-Moleküls ist.

1.5.10. Das mikrogeometrische Muster der Energiedeposition

1.5.10.1. Ionisationsdichte und linearer Energietransfer (LET)

Obwohl die biologischen Wirkungen ionisierender Strahlen – wie eingangs ausgeführt – im Prinzip alle auf den gleichen Primärvorgängen, der Ionisation und Anregung der Atome und Moleküle, beruhen, bestehen beträchtliche quantitative und zum Teil qualitative Wirkungsunterschiede zwischen den verschiedenen Strahlenarten und -qualitäten (s. 3.).

Dies beruht zum überwiegenden Teil auf der unterschiedlichen räumlichen Anordnung der Energiedepots im durchstrahlten Volumen. Diese kann u. a. in einer Wilson-Nebelkammer sichtbar gemacht werden. In einem mit Wasserdampf gesättigten Gas wird durch plötzliche Expansion

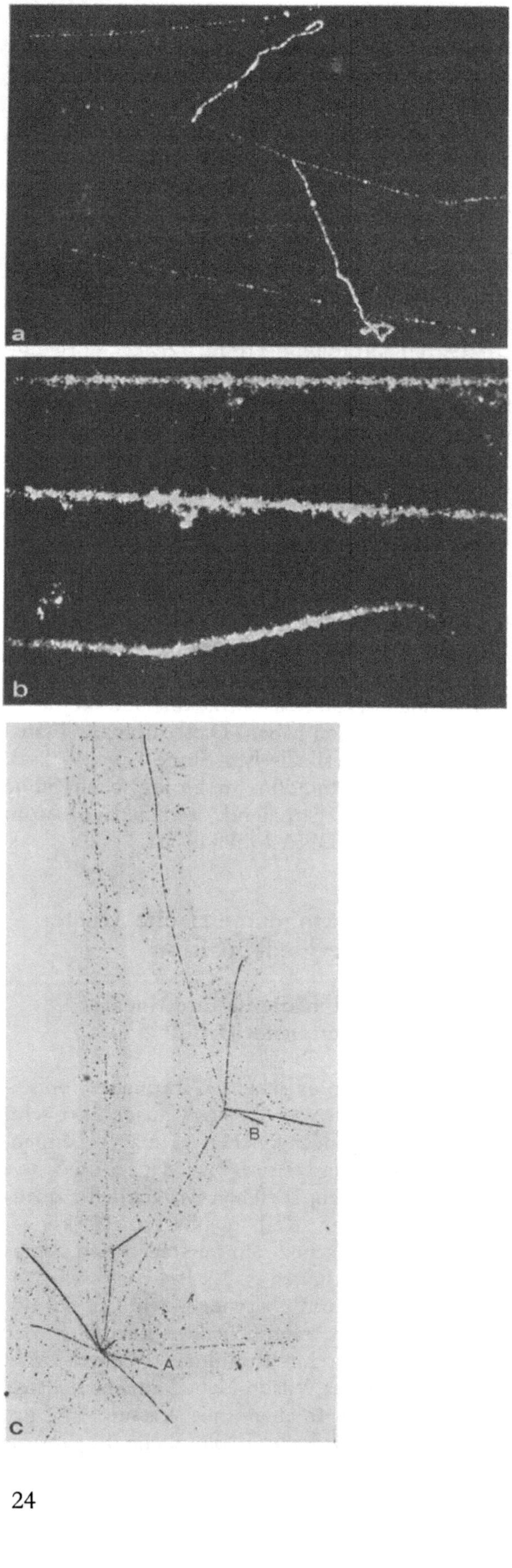

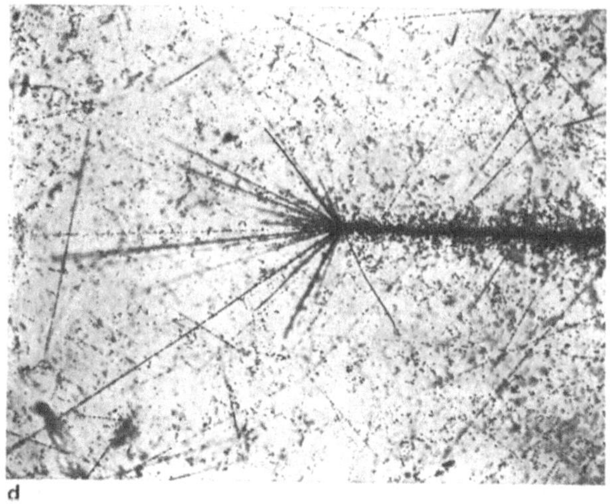

Abb. 1.17. a) und b) Nebelkammeraufnahmen. a) Bahnabschnitte der β-Teilchen eines ^{90}Sr–^{90}Y-Präparates mit zwei δ-Teilchen. Wahrer Abstand der Abzweigungen der δ-Teilchen 9 mm. (Photo von D. Harder). b) Ausschnitt aus der Bahn eines α-Teilchens. (Aus Gentner, W. et al., ed. An atlas of typical expansion chambers photographs. London: Pergamon Press 1954) c) Eine der ersten Beobachtungen der Entstehung und Wirkung eines π-Mesons durch C. F. Powell, P. H. Fowler und O. H. Perkins, 1947. Das π-Meson entsteht bei A durch einen Kernprozeß und ruft bei B den Zerfall eines leichten Atomkerns hervor. Dabei entstehen außer schweren dichtionisierenden Bruchstücken zwei Wasserstoffkerne, deren Spuren im Bild nach oben verlaufen. Die Aufnahme wurde freundlicherweise von P. H. Fowler zur Verfügung gestellt. d) Bahnspuren kosmischer Strahlung in einer Photoemulsion bei Exposition in einem Ballon in 4.000 km Höhe. Neben zahlreichen Spuren von Protonen solaren Ursprungs eine Kernzertrümmerung, hervorgerufen durch ein schweres, hochenergetisches Teilchen (vermutlich Eisenatomkern). An seiner sehr breiten Bahn zahlreiche δ-Teilchen. Die Kerntrümmer bestehen aus zahlreichen Protonen, α-Teilchen und 2 schwereren Kernen. Photo freundlicherweise von H. Schaefer, Pensacola, zur Verfügung gestellt

ein übersättigter Zustand hergestellt. So wie bei besonderen Wetterlagen die Bahn eines Flugzeuges durch einen Kondensstreifen markiert wird, lassen sich die Bahnen schneller geladener Teilchen in der Nebelkammer erkennen. Die von der Strahlung erzeugten Ionen wirken als Kondensationskeime und führen zur Ausbildung kleiner Nebeltröpfchen. Diese sind unterschiedlich dicht aneinandergereiht, je nach der Art und Energie des Teilchens (Abb. 1.17.). Ähnliche Bilder lassen sich mit der „Blasenkammer" gewinnen, in deren Flüssigkeit sich kleine Gasbläschen im Bereich der einzelnen Energiedepots bilden. Die Wechselwirkung ionisierender Teilchen mit dem Atom hängt, wie in 1.3.1.1. erläutert, von der Ladung und Geschwindigkeit der Teilchen ab. Je größer die Ladung eines solchen Teilchens ist, und je langsamer es das Coulombfeld des Atoms passiert, um so größer ist der Energiebetrag, den es pro Längeneinheit seines Weges abgibt (Abb. 1.18.).

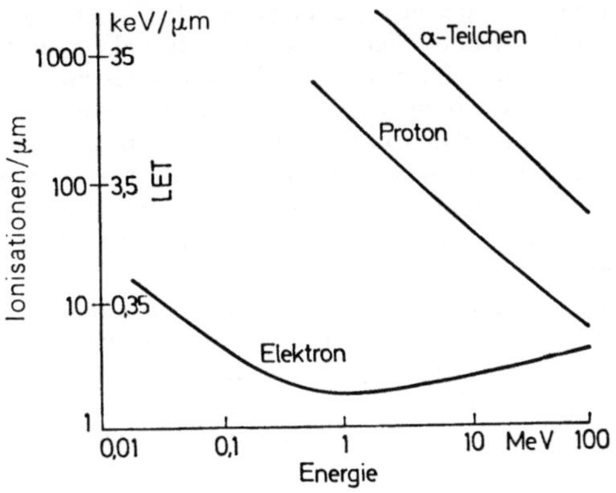

Abb. 1.18. Ionisationsdichte und LET verschiedener geladener Teilchen in Abhängigkeit von ihrer kinetischen Energie

Unter Bezug auf den Ionisationsvorgang kann man den Grad der Energieabgabe längs der Bahn eines ionisierenden Teilchens durch seine „*Ionisationsdichte*" oder „*spezifische Ionisation*", meist ausgedrückt in Ionenpaaren pro μm Weglänge, angeben.

Zur weiteren Charakterisierung der Energiedeposition hat man den Begriff der *linearen Energieabgabe* (engl.: Linear Energy Transfer, LET) eingeführt.

Unter LET versteht man – vereinfacht gesagt – das Verhältnis der Energie, die von einem geladenen Teilchen längs eines Elements seiner Bahnspur abgegeben wird, zur Länge dieses Elements. Er wird meist in der Einheit keV/μm angegeben.

Im Hinblick auf die biologische Wirkung der verschiedenen Strahlenarten bezieht man bei der Berechnung oft nur diejenigen δ-Teilchen ein, deren Energie einen bestimmten Wert z. B. 100 eV, nicht überschreitet und erhält somit einen reduzierten LET-Wert (L_{red}, z. B.: L_{100}).

Für praktische Zwecke wird den verschiedenen Strahlenarten entsprechend der Geschwindigkeit und der Ladung ihrer Teilchen ein mittlerer LET in Wasser bzw. in Weichteilgeweben zugeordnet, wobei weiter unten noch erläutert wird, welche begrenzte Bedeutung dieser Begriff hat.

In Tab. 1.2. ist der mittlere LET für einige auch in der radiologischen Praxis wichtige Strahlenarten angegeben.

Tab. 1.2.

Strahlenart	L_{100} in keV/μm
^{60}Co-γ-Strahlen	6,9
22 MeV-Röntgenstrahlen	6,0
2 MeV-Elektronen	6,1
200 kV-Röntgenstrahlen	9,4
^{3}H-β-Strahlen	11,5
50 kV-Röntgenstrahlen	13,1
5,3 MeV-α-Strahlen	63

Der mittlere Energietransfer verschiedener Strahlenarten und -qualitäten. Bei der Berechnung der Werte sind nur δ-Strahlen bis zu einer Energie von 100 eV einbezogen. Die Mittelung erfolgte über die Dosis (s. S. 27). (Aus A. 42.)

Als Strahlen mit niedrigem LET oder locker ionisierende Strahlen werden solche bis ca. 10 keV/μm bzw. ca. 300 Ionenpaaren/μm bezeichnet. Dazu gehören also Röntgenstrahlen ab ca. 100 kV Erzeugungsspannung und γ-Strahlen sowie Elektronen- und β-Strahlen entsprechender Teilchenenergie.

Protonen, α-Strahlen und schwerere Teilchen rechnen zu den dicht ionisierenden Strahlen.

Genauere Erläuterung des Linearen Energietransfers

Wenn man eine Strahlenart durch ihren mittleren LET kennzeichnet, so stellt das eine extreme Vereinfachung dar, die nur einen begrenzten Hinweis auf die wahren räumlichen Verhältnisse der Energiedeposition gibt, und zwar aus folgenden Gründen:

1) Jedes primäre ionisierende Teilchen erzeugt zusammen mit den von ihm ausgelösten Sekundärteilchen eine mehr oder weniger stark verästelte und gekrümmte Bahnspur.

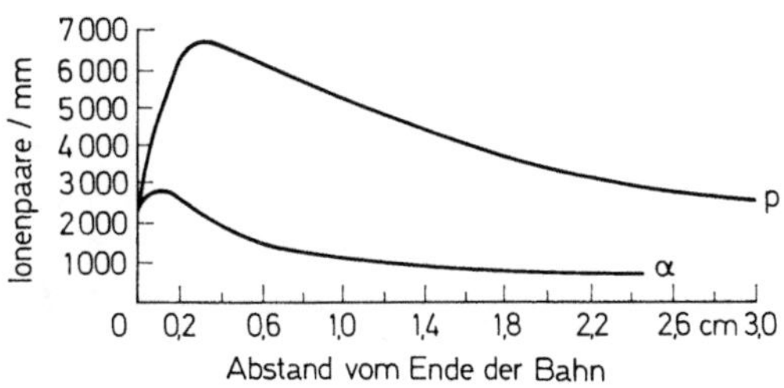

Abb. 1.19. Zunahme der Ionisationsdichte eines α-Teilchens und eines Protons (p) gegen Ende ihrer Bahn in Luft. Nach S. V. Starodubtsec u. A. M. Romanov

2) Mit der Abbremsung der Teilchen wächst der LET, so daß auch Teilchen mit kleinerem mittlerem LET gegen Ende ihrer Bahn sehr dicht ionisieren können. Bei manchen Teilchen, z. B. α-Teilchen und Protonen, führt dies zu einem sehr starken Anstieg der Energieabgabe am Ende der Spur, dem sog. *Bragg*-peak (Abb. 1.19.), wobei gleichzeitig die Dosis und die Wirksamkeit pro Dosiseinheit (s. Kap. 3.) in diesem Bereich zunimmt.

3) Die von einem primären Teilchen ausgelösten Sekundärelektronen (δ-Strahlen) haben eine wesentlich geringere Geschwindigkeit und können deshalb einen höheren LET als die Primärstrahlung haben. Somit hat jede locker ionisierende Strahlung auch eine dicht ionisierende Komponente, was von biologischer Bedeutung ist.

4) Vor allem aber ist zu berücksichtigen, daß auch innerhalb eines Stückes der Bahnspur, innerhalb dessen die Änderung der Teilchengeschwindigkeit vernachlässigbar klein ist, aufgrund der Zufälligkeit der Energiedeposition die Abstände und die räumliche Anordnung der Ionisationen und Anregungen statistischen Schwankungen unterworfen sind. So wechseln in Abb. 1.17.a Häufchen von Ionen und Einzelionisationen in unregelmäßigen Abständen ab.

Der lineare Energietransfer wird definiert als der Mittelwert des Verhältnisses $\Delta E/\Delta l$, wobei ΔE der kleine Energiebetrag ist, der von einem geladenen Teilchen beim Durchqueren der dünnen Schicht Δl abgegeben wird. Δl ist dabei so zu wählen, daß das Stück der Bahnspur senkrecht zur Einfallfläche verlaufend und geradlinig gedacht werden kann. Der Wert $\Delta E/\Delta l$ ist entlang der Bahn des primären Teilchens statistisch verteilt (Abb. 1.20.).

Unter LET_∞ versteht man das Verhältnis der insgesamt auf der Strecke Δl durch das primäre und die sekundären Teilchen freigesetzten Energie zu Δl: Unberücksichtigt bleibt dabei die Energie, die auf dieser Wegstrecke in Form von Photonen (Bremsstrahlung) freigesetzt wird. LET_∞ unterscheidet sich somit vom „totalen Bremsvermögen" eines Materials dadurch, daß bei diesem auch die als Bremsstrahlung angegebene Energie einbezogen wird.

Da es im Hinblick auf die biologischen Strahlenwirkungen interessiert, wie die absorbierte Energie sich um die Bahn eines primären Teilchens herum konzentriert, wird häufig auch ein „reduzierter LET" berechnet, und zwar auf zweierlei Weise. Entweder bezieht man nur den Energiebetrag ein, der von δ-Teilchen bis zu einer ausgewählten Maximalenergie, z. B. 100 eV, deponiert wird, L_Δ, oder nur den Energiebetrag, der bis zu einem Abstand r von der primären Bahnspur abgegeben wird, L_r. L_Δ ist leichter zu berechnen, L_r dagegen von größerer Bedeutung, wenn man die Beziehung zur biologischen Wirkung betrachtet.

Der letztgenannte Fall ist in der Abb. 1.20.b dadurch veranschaulicht, daß um die Spur des primären Teilchens als Achse ein Zylinder vom Radius r gelegt ist, und die innerhalb des Zylinders verlaufenden Teile der Bahnspur von Teilchen, die auf der Strecke Δl freigesetzt wurden, stark ausgezeichnet sind.

Somit ist eine Strahlenart durch ein ganzes Spektrum des LET charakterisiert.

Diese Spektren kann man auf zweierlei Art darstellen, wie das in Abb. 1.21. für 3,7 MeV-Neutronen veranschaulicht ist:

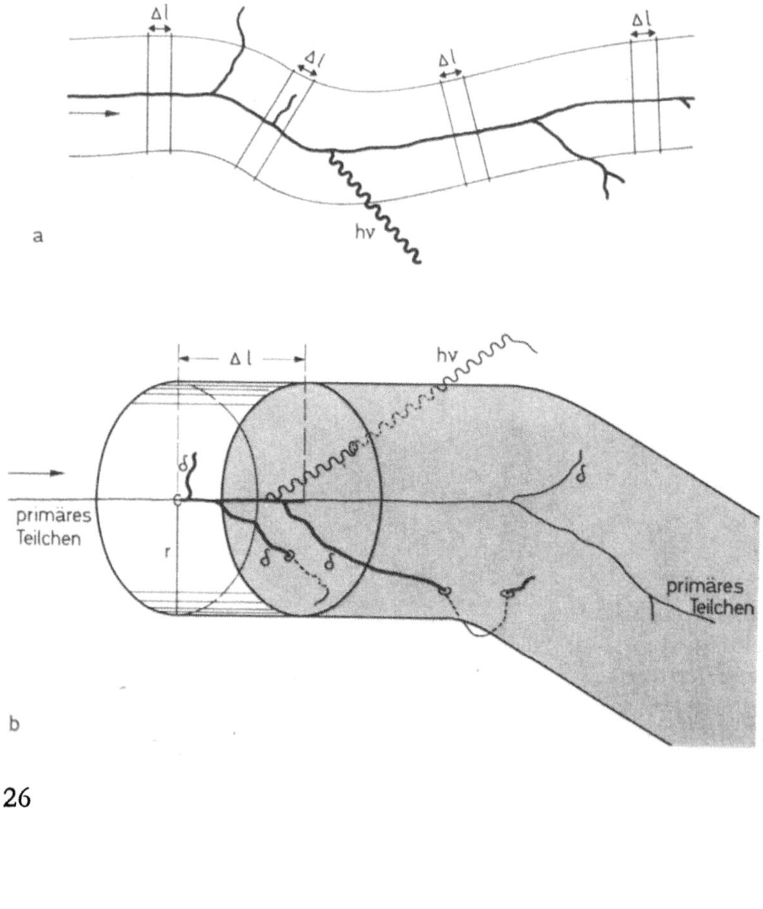

Abb. 1.20. Veranschaulichung des Begriffs LET. Unter linearem Energietransfer versteht man das Verhältnis der gesamten beim Durchqueren einer kleinen Schicht Δl durch das primäre Teilchen und die sekundären Teilchen abgegebenen Energie ΔE zu ΔL. Bei einem reduzierten LET werden entweder nur δ-Teilchen bis zu einer bestimmten Energie mitgezählt oder, wie in dem Schema veranschaulicht, nur die innerhalb eines bestimmten Abstandes r von Primär-Teilchen deponierte Energie. Auf der Wegstrecke Δl (durch Bremsstrahlung) freigesetzte Quantenenergie (hν) wird nicht berücksichtigt. a) Übersichtsbild, das veranschaulicht, daß die längs der Bahn eines Teilchens deponierte Energie zufällig verteilt ist. b) Vergrößerter Ausschnitt aus der Bahnspur. Diejenigen Bahnspuren, deren Energieabgabe bei der Berechnung des LET einbezogen werden, sind dick ausgezogen

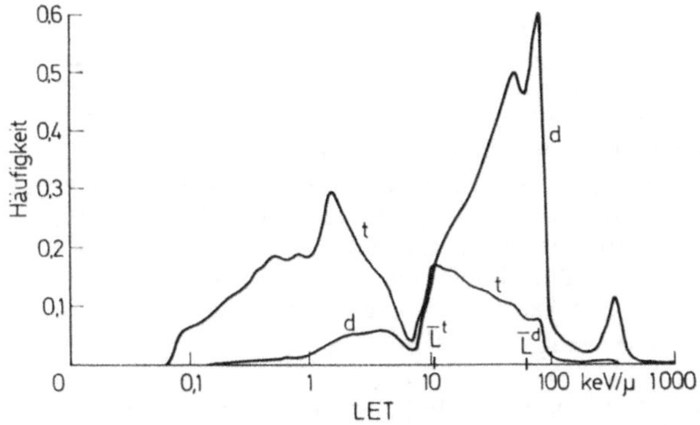

Abb. 1.21. Spektrale Verteilung des LET für 3,7 MeV-Neutronen. Kurve t gibt den Anteil der Bahnlänge (track) pro logarithmischem Intervall wieder, der einen bestimmten LET-Wert aufweist, und Kurve d den Anteil der Dosis, der mit einem bestimmten LET deponiert wird. $\bar{L}^t$ und $\bar{L}^d$ sind die jeweiligen Mittelwerte beider Verteilungsfunktionen. (Nach A. Kellerer)

a) Man bestimmt den Anteil der Bahnlängen der durch die Neutronen ausgelösten ionisierenden Teilchen, die gerade einen bestimmten LET (genauer gesagt, das kleine LET-Intervall L + dL) aufweisen (Kurve t).
b) Man bestimmt den Anteil der Gesamtdosis, der mit einem bestimmten LET deponiert wird (Kurve d).

Dementsprechend erhält man zwei Mittelwerte des LET:

$\bar{L}_t$ ergibt sich durch Mittelung über die Bahnlängen,

$\bar{L}_d$ durch Mittelung über die Dosis.

Die üblichen Angaben eines mittleren LET für die verschiedenen Strahlenarten, wie sie z. B. Tab. 1.2. wiedergibt, sind durch eine Mittelung über die Dosis gewonnen.

Diese Erläuterungen der LET-Spektren sind nötig, um zu zeigen, daß zwischen dem mittleren LET einer Strahlenart und der Besonderheit ihrer biologischen Wirkung nur eine recht ungenaue Beziehung besteht.

So können bei gleicher mittlerer LET die Spektren zweier Strahlenarten und damit ihre biologische Wirkung durchaus verschieden sein.

Je weiter die Forschung in die Analyse der molekularen und zellulären Strahlenwirkungen vordringt, umso dringlicher wird aber das Bedürfnis, sich ein möglichst vollständiges Bild des räumlichen Musters der Energiedeposition zu schaffen. Das führte zur Entwicklung eines neuen Forschungsgebietes, das mit dem vorläufigen Begriff der Mikrodosimetrie umrissen wird.

1.5.10.2. Die „spezifische Energie"; Mikrodosimetrie

Die Mikrodosimetrie bemüht sich darum, für die verschiedenen Strahlenarten und -qualitäten bei verschiedenen Dosen die Energiebeträge zu ermitteln, die in jeweils interessierenden kleinen Volumina abgegeben werden. Das Verhältnis der deponierten Energie zur Masse dieser kleinen Volumina, etwa von der Größe einer Zelle bis herab zu der Ausdehnung von Molekülen, wird als „spezifische Energie", z, bezeichnet. Die Größe z weist eine Zufallsverteilung um den durch die Energiedosis gegebenen Mittelwert auf. Die relativen Abweichungen vom Mittelwert sind umso größer, je kleiner das gewählte Volumen, je kleiner die Dosis und je dichter ionisierend die Strahlung ist. Die spezifische Energie z kann ebenso wie die Dosis in rad ausgedrückt werden. Die Wahrscheinlichkeitsverteilungen der spezifischen Energie lassen sich aus bekannten physi-

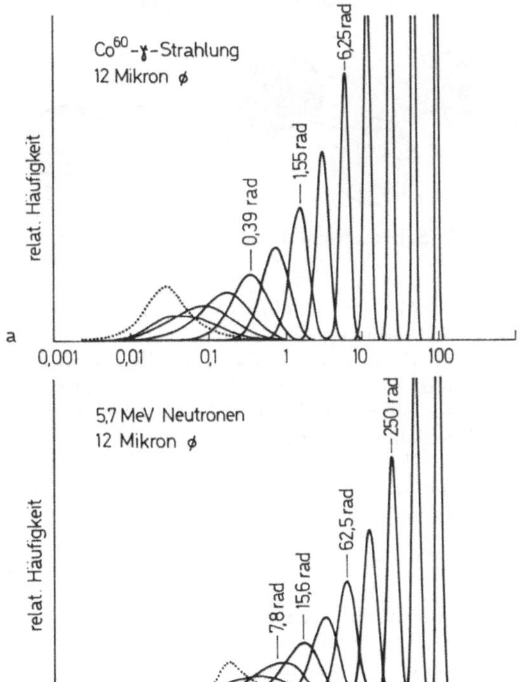

Abb. 1.22. Wahrscheinlichkeitsdichten der spezifischen Energie z in einem Kugelvolumen von 12 μm Durchmesser: a) für ^{60}Co-γ-Strahlung, b) für 5,7 MeV-Neutronen bei verschiedenen Dosen. Die gestrichelten Kurven gelten für z_1, d. h. die beim Durchgang nur eines ionisierenden Teilchens in dem Volumen absorbierte Energie. (Kellerer, B. 64.)

kalischen Daten über Wechselwirkungen zwischen Strahlung und Materie in komplizierten Rechenverfahren ermitteln. Bis zu einem gewissen Grad von Genauigkeit können sie bereits mittels besonders entwickelter Mikrodosimeter gemessen werden. Ein Vergleich der Energiedichteverteilung von γ-Strahlen und Neutronen gibt Abb. 1.22.

Die Bedeutung der Größe „spezifische Energie" sei unter Verzicht auf den an sich notwendigen mathematischen Aufwand anhand des stark vereinfachten Schemas der Abb. 1.23. veranschaulicht, das von einem genaueren Modell von Kellerer (B. 63.) abgeleitet ist, in dieser Vereinfachung aber eher einem Konzept von Lea (in A. 24.) entspricht.

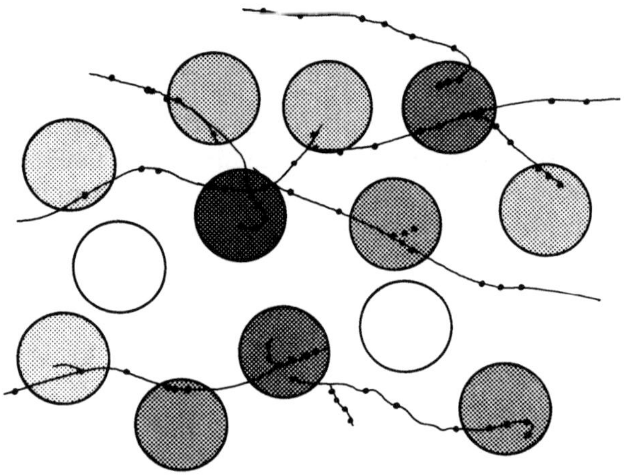

Abb. 1.23. Schematische Veranschaulichung von z

Man denke sich in einem Gewebe die jeweils interessierenden mikroskopisch kleinen Volumina bestimmter Größe und Form mit der Masse m, die als Kugeln dargestellt sind, zufällig verteilt. Das Gewebe wird von den Spuren ionisierender Teilchen und der zugehörigen Sekundärteilchen durchquert.

Wenn ΔE der kleine deponierte Energiebetrag ist, und Δm die Masse des kleinen Volumens, so ist die spezifische Energie

$$z = \frac{\Delta E}{\Delta m} \qquad (1.18.)$$

z ist eine zufällige, ein stochastische Größe. Sie hängt ab von a) dem zufälligen Verlauf der Teilchenbahnen, b) den Weglängen innerhalb des Volumens, c) der Zufälligkeit der Kollisionsereignisse und d) der Energieabgabe pro Kollision.

In Abb. 1.23. werden einige Kugeln von mehreren Teilchen und den Verästelungen ihrer Bahnspuren durchquert, die somit zu deren spezifischer Energie beitragen. Der unterschiedliche Betrag von z ist durch verschieden starke Schattierung angedeutet. Für besondere Zwecke interessiert nun die spezifische Energie, die durch die Passage nur eines einzigen Teilchens hervorgerufen wird (untere Kugeln). Diese Größe sei z_1 genannt. Auch sie weist statistische Schwankungen auf. Die Zufallsverteilung von z_1 ist unabhängig von der Dosis und charakterisiert die jeweilige Strahlenart. Ihr Mittelwert $\bar{z}_1$ ist das Analogon zum mittleren LET ($\bar{L}$), nur daß er besser als dieser das dreidimensionale Muster der Energiedeposition beschreibt. So wie der mittlere LET läßt sich der Mittelwert $\bar{z}_1$ auf zwei Arten bestimmen. Man kann bestimmen

a) die relative Häufigkeit der Volumina, die zu einem gegebenen z, gerade eine zusätzliche spezifische Energie dz_1 erhalten und

b) den Anteil d der Dosis (D), der mit einer bestimmten spezifischen Energie $z_1 + dz_1$ deponiert wird.

Die entsprechenden Verteilungsfunktionen für die Methoden a) und b) sind auch bei gleichem gewähltem Volumen und gleicher Strahlenart verschieden. Der Mittelwert $\bar{z}_{1f}$, den man in Fall a) erhält, ist stets kleiner als der Mittelwert $\bar{z}_{1d}$, den man im Fall b) erhält.

Wenn man die statistischen Schwankungen der Energieabgabe längs der Bahnspur eines Teilchens sowie die räumliche Ausdehnung der Ionisationsspuren vernachlässigt, so stehen die Mittelwerte $\bar{z}_{1f}$ und $\bar{z}_{1d}$ zu den analogen Mittelwerten des LET, $\bar{L}_t$ und $\bar{L}_D$ in folgender Beziehung:

$$\bar{z}_{1f} = \frac{20{,}4\,\bar{L}_t}{(2r)^2} \text{ und } \bar{z}_{1d} = \frac{22{,}9\,\bar{L}_d}{(2r)^2} \qquad (1.19.)$$

wobei r der Radius der gedachten Kugeln in μm ist. Die spezifische Energie ist in der Einheit rad und LET in keV/μm ausgedrückt.

$\bar{z}_{1d}$ wird häufig mit ζ bezeichnet, und ist, um es zu wiederholen, der über die Dosis gemittelte Mittelwert des Energiebetrages, der in einem bestimmten Volumen bei der Passage von nur einem Teilchen deponiert wird.

Eine strengere Definition einiger in diesem Abschnitt erläuterten Einheiten und vor allem der Zusammenhänge zwischen der spezifischen Energie z und der Energiedosis D wird im Hinblick darauf, daß sie in Zukunft auch in der Strahlenbiologie eine wachsende Anwendung finden werden, in der folgenden Einfügung gegeben.

Anhang

Die folgenden Definitionen von Begriffen und Einheiten sind dem Report 19 der „International Commission on Radiation Units and Measurements" (A. 43.) entnommen.

1) Dem von uns gebrauchten Begriff „Absorptionsereignis" entspricht im Englischen "energy deposition event". Er bezeichnet die Energiedeposition, die durch zusammengehörige ionisierende Teilchen in der jeweils interessierenden Masse erfolgt. Unter zusammengehörig (correlated) werden dabei Teilchen verstanden, die eine statistische Abhängigkeit voneinander haben, wie z. B. α-Strahlen und die von ihnen ausgelösten δ-Teilchen. Aber auch die beiden bei der Paarbildung entstehenden Teilchen und alle bei *einem* Kernzerfall entstehenden Teilchen (und ihre Sekundärteilchen) werden als zum selben Absorptionsereignis gehörig betrachtet.

Bei der Energiedeposition bzw. -absorption werden stochastische (zufällige) Größen, also solche, die auch unter makrophysikalisch identischen Bedingungen eine statistische Streuung aufweisen, und nicht stochastische Größen unterscheiden.

a) Eine stochastische Größe ist die *deponierte Energie* ε (energy imparted). Sie ergibt sich aus:

$$\varepsilon = \Sigma\,\varepsilon_{in} - \Sigma\,\varepsilon_{ex} + \Sigma\,Q \qquad (1.20.)$$

Dabei ist

$\Sigma\ \varepsilon_{in}$ die Summe der Energien der in das betreffende Volumen eintretenden direkt oder indirekt ionisierenden Korpuskel und Quanten,

$\Sigma\ \varepsilon_{ex}$ die Summe der Energien aller aus dem Volumen austretenden ionisierenden Korpuskel und Quanten und

Σ Q die Summe aller bei Umwandlungen von Atomkernen und Elementarteilchen in dem Volumen freigesetzten (und in ihm verbleibenden) Energie.
ΣQ kann demnach entfallen, wenn die betreffende Strahlung keine Kernumwandlungen oder Prozesse wie Paarbildung und Vernichtungsstrahlung auslöst.

Die im Mittel deponierte Energie $\bar{\varepsilon}$ ist der Erwartungswert von ε und wird auch als Integraldosis bezeichnet.

b) Die zweite stochastische Größe ist die spezifische Energie z, die sich durch Division von ε mit der Masse m des betrachteten Volumens ergibt

$$z = \frac{\varepsilon}{m} \qquad (1.21.)$$

Da z eine stochastische Größe ist, hat sie eine von der Größe des gewählten Volumens abhängige Wahrscheinlichkeitsverteilung, die mit F (z) bezeichnet wird.

Der Wert F(z) ist gegeben durch die Wahrscheinlichkeit P, daß die spezifische Energie z' gleich oder weniger als z ist

$$F(z) = P(z' \leq z) \qquad (1.22.)$$

Die erste Ableitung dieser Gleichung ergibt die Wahrscheinlichkeitsdichte f(z)

$$f(z) = \frac{dF(z)}{dz} \qquad (1.23.)$$

wie sie z. B. in Abb. 1.22. graphisch dargestellt ist.

Es interessiert nun besonders, welche Werte z annehmen kann, wenn das bestrahlte Volumen jeweils von einem einzigen ionisierenden Teilchen durchquert wird. Die entsprechende Wahrscheinlichkeitsfunktion $F_1(z)$ und ihre Wahrscheinlichkeitsdichte $f_1(z)$ sind für jede Strahlenart charakteristisch.

Der Mittelwert der spezifischen Energie $\bar{z}$ ist keine stochastische Größe, sondern gibt den Erwartungswert z bei einer gegebenen Dosis bezogen auf ein bestimmtes Volumen an und ist daher gleich der Dosis in diesem Bereich.

$$\bar{z} = \int_0^\infty z\, f(z)\, dz \qquad (1.24.)$$

Die Energiedosis D läßt sich also in doppelter, aber letzten Endes identischer Weise definieren.

Sie ist gleich dem Differentialquotienten aus der mittleren deponierten Energie und der Masse:

$$D = \frac{d\bar{\varepsilon}}{dm} \qquad (1.25.)$$

Ebenso gut läßt sie sich definieren als der Mittelwert der spezifischen Energie:

$$D = \bar{z} \qquad (1.26.)$$

1.6. Messungen der Radioaktivität und der Dosis

Aus den vorhergehenden Kapiteln ergibt sich, daß streng zu unterscheiden ist zwischen Messungen der Zahl von Teilchen, die von einer Strahlenquelle, also einem Strahlengerät oder einer radioaktiven Substanz, ausgesandt werden oder ein Volumen durchqueren, und Messungen der pro Masseneinheit absorbierten Energie, der Dosis.

1.6.1. Geräte zur Messung der Radioaktivität

Zur Bestimmung der Radioaktivität einer Substanz, also der Zahl der Zerfälle pro Zeiteinheit, genügt eine Anordnung, mit der die ausgesandten Teilchen unabhängig von ihrer Energie gezählt werden.

a) Das Geiger-Müller-Zählrohr ist eine Art von Ionisationskammer (s. 1.6.2.1.), in der jedoch ein Bereich so hoher elektrischer Feldstärke besteht, daß die von einem ionisierenden Teilchen im Gasraum gebildeten Elektronen eine weitere Kaskade von Ionisationen auslösen, so daß es zu einer sich selbst verstärkenden Gasentladung kommt. Diese erzeugt einen Stromstoß, der dann verstärkt und registriert wird. Ohne weitere Zusatzeinrichtungen zählt also das Zählrohr nur die einfallenden ionisierenden Teilchen ohne Rücksicht auf ihre Art und Energie. Unter Berücksichtigung der Ansprechwahrscheinlichkeit des Gerätes, geometrischer Faktoren und der Selbstabsorption der Teilchen im Präparat kann der Absolutwert der Aktivität der Probe ermittelt werden.

b) Szintillationszähler: Photonen und ionisierende Teilchen lösen in Leuchtstoffen beim Durchgang Lichtblitze aus, die übrigens vom gut adaptierten Auge einzeln wahrgenommen werden können. Für quantitative Messungen dieser Lumineszenz werden besondere Kristalle wie Natrium-Jodid, aber auch leuchtfähige organische Substanzen in fester Form oder in Lösung verwendet. Mittels eines Sekundär-Elektronenvervielfachers (Photomultiplier) werden die Lichtblitze gezählt und registriert. Die Stärke des Lichtblitzes hängt von der insgesamt in Licht umgesetzten kinetischen Energie der Teilchen ab, und diese ist weitgehend proportional der insgesamt absorbierten Energie. Pulshöhenanalysatoren erlauben es, die Lichtblitze nach ihrer Intensität zu unterscheiden. Damit kann man das Energiespektrum einer Strahlung aufnehmen und Strahlenart und -qualität erkennen. Es gibt besondere elektrische Geräte für die Spektrometrie von α-, β- und γ-Strahlern. Da die erzeugte Lichtmenge innerhalb eines weiten Bereiches der insgesamt absorbierten Energie proportional ist, können geeignete „gewebsäquivalente" Szintillatoren auch zur Dosimetrie verwendet werden.

Mit Szintillationszählern kann auch ein räumliches Bild der Radioaktivitätsverteilung in einem Körper in Form von Szintigrammen gewonnen werden. Mit einem vorgeschalteten Kollimator wird der Szintillationszähler in einer Ebene über dem Körper automatisch verschoben und die Radioaktivität rasterförmig abgetastet (scanning).

1.6.2. Dosimetrie und Dosimeter

Bei der Dosismessung werden bestimmte physikalische oder chemische Strahlenwirkungen ausgenützt, die über einen möglichst weiten Bereich dosisproportional und möglichst unabhängig von der Strahlenqualität sind. Da sich die Strahlenabsorption mit der Kernladungszahl der Atome ändert, sind am geeignetsten Materialien, deren mittlere Kernladungszahl der von Weichteilgeweben entspricht, die also in dieser Hinsicht gewebsäquivalent sind.

1.6.2.1. Die Ionisationsmethode

Die in der Praxis gebräuchlichste dosimetrische Methode ist die Messung der Ionendosis mit einer Ionisationskammer. Als Strahlungsdetektor dient die Luft des Meßvolumens. Mit einer mittleren Ordnungszahl von 7,7 kann die Luft als annähernd gewebsäquivalent bezeichnet werden, nur daß entsprechend der etwa 800 mal geringeren Dichte (bei atmosphärischem Druck) gegenüber Wasser und Gewebe die in einem gegebenen Volumen absorbierte Energie um diesen Faktor kleiner ist.

Die im Meßvolumen erzeugten Ionisationen werden dadurch gemessen, daß die entstehenden negativen und positiven Ionen bei genügend hoher Gleichspannung an den Elektroden jeweils zur entgegengesetzt geladenen Elektrode hingezogen werden und so einen elektrischen Strom bilden, der proportional der Zahl der Ionisationen und damit der im Volumen absorbierten Energie pro Zeiteinheit ist. Voraussetzung für eine einwandfreie Messung ist es, daß alle im Meßvolumen erzeugten Ionisationen gemessen werden, und zwar auch die der Sekundärteilchen. Da aber unvermeidlicherweise ein Teil der im Meßvolumen erzeugten Sekundärteilchen aus diesem austritt und andererseits Sekundärelektronen, die außerhalb des Volumens erzeugt wurden, in dieses eintreten, muß gefordert werden, daß sich dabei Verlust und Zuschuß ausgleichen, sodaß sogenanntes Elektronengleichgewicht besteht. Diese Voraussetzung ist erfüllt, wenn durch geeignete Elektrodenanordnung ein „wandloses Meßvolumen" aus einem sehr viel größeren Luftvolumen „herausgeschnitten" ist.

Darauf beruht das Prinzip der „Freiluftkammer" oder „Faßkammer" nach Holthusen. Derartige Kammern werden als „Primärstandardkammern" zur Absolutmessung der Ionendosis und zur Kalibrierung von Sekundärstandardkammern benutzt, teilweise auch zur Kalibrierung von klinischen Dosimetern, wie sie in der Praxis verwendet werden. Diese haben als Strahlungsdetektoren meist sog. Kompaktkammern, das sind Ionisationskammern mit relativ dicken Wänden, die so beschaffen sind, daß auch hierbei annähernd Sekundärelektronengleichgewicht besteht, und damit innerhalb möglichst weiter Grenzen Unabhängigkeit der Anzeige von der Strahlenqualität erreicht wird. Dazu muß das Wandmaterial möglichst luft- bzw. gewebsäquivalent sein, was seine Wechselwirkung mit den zu messenden Strahlen anbetrifft.

Für die verschiedensten Zwecke der medizinischen Radiologie und des Strahlenschutzes stehen mannigfaltige Formen von Dosimetern zur Verfügung.

1.6.2.2. Photographische und chemische Dosimetrie

Eine der ältesten und auch heute noch bedeutsamen Methoden ist die photographische Dosimetrie. Ionisierende Strahlen rufen – wie sichtbares Licht und UV-Licht – in einer photographischen Schicht Schwärzung hervor. Die Schwärzung kann photometrisch gemessen werden. Da die silberhaltige Emulsion nicht gewebsäquivalent ist, und damit die Schwärzung anders als die Gewebsdosis von der Wellenlänge der Photonenstrahlung bzw. der Teilchenenergie abhängt, ist eine Kalibrierung jeweils nur für einen relativ schmalen Energiebereich möglich. Photodosimeter werden heute vor allem im Strahlenschutz in Form von Filmplaketten zur Überwachung der Personendosis verwendet. Außerdem wird die Film-Dosimetrie in Diagnostik und Therapie zur Ermittlung von räumlichen Dosisverteilungen eingesetzt.

Der Nachteil der starken Wellenlängenabhängigkeit setzt der photographischen Methode eine Grenze. So wurden zahlreiche strahleninduzierte chemische Reaktionen für die Dosimetrie entwickelt, die eine bessere Ermittlung der absorbierten Dosis auf Grund des chemischen Umsatzes erlauben. Die bekannteste Methode ist die sogenannte Fricke-Dosimetrie (s. S. 70).

Wie bei diesem wird bei zahlreichen anderen chemischen Dosimetern der dosisproportionale molekulare Umsatz dadurch erfaßt, daß eine mit ihm verbundene Verfärbung oder die Reaktion eines strahlenchemischen Produktes mit einem Farbstoff photometriert werden.

1.6.2.3. Thermolumineszenzdosimetrie

Manche kristalline Substanzen können Energie – auch Strahlenenergie – speichern und beim Erhitzen als Lichtquanten abgeben. Das beruht darauf, daß Elektronen der äußeren Schale der Atome in das Leitfähigkeitsband des Kristalls angehoben und dann in einer „Energiefalle“ eingefangen werden. Beim Erhitzen kann das Elektron dieser Falle entweichen und in den energieärmeren Zustand zurückkehren; die dabei freiwerdende Energie wird als Photon ausgesandt. Nach Eichung mit anderen Dosimetern kann somit die absorbierte Dosis gemessen werden. Besonders geeignet erwies sich die Thermolumineszenzdosimetrie mit Lithiumfluorid wegen dessen niedriger Kernladungszahl und angenäherter Gewebsäquivalenz, der linearen Dosisbeziehung seiner Lumineszenz über einen weiten Bereich und der zumindest über Wochen geringfügigen Abnahme der gespeicherten Energie. Als kristallines Pulver läßt es sich in Glas- und Kunststoffbehältern beliebiger Form und Größe oder in Kunststoff eingebettet auch zur Dosisbestimmung im Körperinnern verwenden.

1.6.2.4. Halbleiter-Dosimeter

Auch Halbleiter, wie Silizium – oder Germaniumkristalle, können zur Teilchenzählung und Dosimetrie verwendet werden, da die Änderung ihrer Leitfähigkeit durch Bestrahlung von der Dosis abhängt.

1.6.2.5. „Biologische Dosimetrie“

Vor der Entwicklung geeigneter physikalischer und chemischer Methoden begnügte man sich häufig mit einer Art biologischer Dosimetrie. Während man heute bemüht ist, den biologischen Effekt auf die physikalische Größe der absorbierten Energie zu beziehen, so versuchte man damals aus dem Grad eines biologischen Effektes umgekehrt auf die absorbierte Strahlenmenge zu schließen. Gebräuchlich war lange Zeit die sogenannte Hauteinheitsdosis (HED), d. h. diejenige Dosis, die, kurzzeitig verabreicht, imstande ist, einen bestimmten Rötungsgrad der Haut zu erzielen. Eine HED entsprach etwa 600 rad Oberflächendosis.

1.7. Zur Methode der Autoradiographie

Die photographische Schwärzung wird in der Autoradiographie (die an sich keine dosimetrische Methode ist) zur optischen Darstellung der räumlichen Verteilung radioaktiver Substanzen in einem Material, z. B. an Schnittflächen von Organen oder histologischen Gewebschnitten verwendet. Bei der Mikroautoradiographie werden histologische Schnitte nach üblicher Präparation mit einer photographischen Emulsion überzogen. Nach einer von der spezifischen Aktivität, der Empfindlichkeit der Emulsion und dem gewünschten Grade der Schwärzung abhängigen Expositionszeit kann die Emulsion entwickelt und der histologische Schnitt in üblicher Weise gefärbt werden. Somit stellt sich das Schwärzungsmuster unmittelbar über dem Gewebeschnitt dar. Verteilung und Grad der Schwärzung über den Orten radioaktiver Depots geben ein Bild der Verteilung des radioaktiven Materials im Gewebe. Durch Schwärzungsmessungen können Relativwerte der Dosis ermittelt werden. Besondere Emulsionen sind zur Darstellung von α- oder

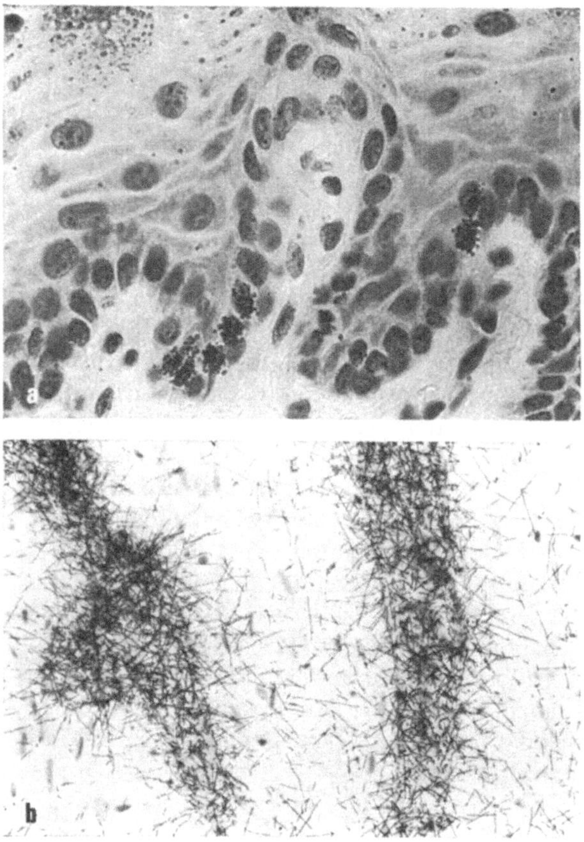

β-Bahnspuren entwickelt worden, die ausgezählt werden können (Abb. 1.24.b).

Besondere Bedeutung hat die Autoradiographie von Geweben nach vorheriger Einbringung ^{3}H-markierter Verbindungen gewonnen. Die sehr kurze Reichweite der β-Strahlen erlaubt im Autoradiogramm eine strenge Lokalisation der eingebauten Substanzen, und so kann z. B. mit ^{3}H-Thymidin, das ausschließlich in die DNA eingebaut wird, die Zahl der zum Zeitpunkt der Markierung proliferierenden Zellen, die DNA-Syntheserate und sogar die zeitliche Abfolge der DNA-Synthese innerhalb einzelner Chromosomen verfolgt werden (Abb. 1.24.a).

Abb. 1.24.a) Autoradiographie eines histologischen Schnitts der Zunge der Maus 1 h nach Injektion von ^{3}H-Thymidin. Zellkerne der Basalschicht des Epithels, die sich während des ^{3}H-Thymidinangebots in der DNA-Synthese befanden, sind dicht von Silberkörnern überlagert (Präparat und Photo von J. Kummermehr).
b) α-Autoradiographie eines Dünnschnittes der metaphysären Spongiosa der Tibia einer Maus, 8 Tage nach intraperitonialer Injektion von ^{224}Ra. Die Bahnspuren der α-Teilchen gehen bevorzugt von den Knochenbälkchen aus. (Präparat und Photo von W. Gössner u. A. Luz)

2. Dosiswirkungsbeziehungen

Strahlenwirkungen nehmen im allgemeinen mit der Dosis zu, zeigen aber dabei recht unterschiedliche Abhängigkeiten von der Dosis. Kenntnis und Verständnis der Dosiswirkungsbeziehungen haben nicht nur praktische Bedeutung, sondern tragen auch zur Aufklärung der verschiedenen Wirkungsmechanismen bei, auf denen die Strahlenreaktionen beruhen.

Im folgenden verstehen wir unter Dosis stets die Energiedosis, gemessen in rad, und gebrauchen die Ionendosis und ihre Einheit, das Röntgen (R), nur dann, wenn sie in einer zitierten Originalarbeit angegeben sind.

Auch der Begriff „Wirkung" bedarf einer Erläuterung. Graduelle Effekte, wie das mit der Dosis zunehmende Hauterythem, die akute Strahlenkrankheit, Linsentrübungen des Auges oder auch Änderungen des Elektropotentials der Zelle unter Bestrahlung sind zu unterscheiden von „Alles oder Nichts"-Effekten, also quantalen Effekten, wie der Inaktivierung von Molekülen und Zellen oder dem Strahlentod höherer Organismen. Dabei können graduelle Effekte auf der Inaktivierung entsprechend hoher Anteile molekularer oder zellulärer Einheiten beruhen und umgekehrt kann zum Beispiel eine zelluläre Schädigung graduell mit der Dosis zunehmen, bis die kritische Schwelle erreicht ist, bei der die Zelle zusammenbricht. Im folgenden werden wir uns ausschließlich mit quantalen Effekten befassen.

Es geht hierbei darum, in Gruppen von Molekülen, Viren, Zellen oder höheren Organismen, die mit verschieden hohen Dosen bestrahlt wurden, die Zahl oder den Bruchteil der Einheiten zu bestimmen, welche die betreffenden Testreaktionen zeigen oder nicht zeigen. Den Anteil der jeweils noch intakten Einheiten oder „Überlebenden", wie wir in folgendem häufig sagen werden, bezeichnen wir mit S.

$$S = \frac{\text{Zahl der „überlebenden" Einheiten}}{\text{Zahl der ursprünglich vorhandenen Einheiten}}$$

Durch Multiplikation mit 100 ergibt sich aus diesem Bruch der prozentuale Anteil der Überlebenden. Der Anteil der den Effekt zeigenden „inaktivierten" Einheiten sei E. Beide Größen sind von der Dosis D abhängig, was durch die Ausdrücke S(D) bzw. E(D) gekennzeichnet wird. Da sich beide Größen zu 1 (bzw. zu 100%) ergänzen, ist

$$E(D) = 1 - S(D) \qquad (2.1.)$$

S(D) kann auch als die zwischen 0 und 1 liegende Wahrscheinlichkeit angesehen werden, daß ein Individuum der bestrahlten Population die Dosis D überlebt; entsprechend ist E(D) die dazu komplementäre Wahrscheinlichkeit für die Inaktivierung des Individuums durch die Dosis D.

Zur graphischen Darstellung der Dosiswirkungsbeziehungen werden je nach Bedarf und Zweckmäßigkeit, vor allem um auf einfache Weise zu prüfen, wie sich die Dosiswirkungsbeziehungen mathematisch beschreiben lassen, verschiedene Koordinatensysteme gewählt.

In der *linearen* Darstellung werden der Anteil der Überlebenden oder der Inaktivierten auf der Ordinate, die Dosis auf der Abszisse linear aufgetragen. Eine *halblogarithmische* Darstellung, bei der die Ordinate logarithmisch, die Abszisse linear unterteilt sind, erlaubt oft gewisse mathematische Funktionen, denen die Dosiswirkungsbeziehung gehorcht, besser zu erkennen. In manchen Fällen, z. B. bei der graphischen Wiedergabe der Effekte im kleinen Dosisbereich empfiehlt sich eine *logarithmische* Darstellung, d. h. eine logarithmische Unterteilung beider Achsen.

2.1. Verschiedene Formen von Dosiswirkungsbeziehungen

Wie der Pharmakologe und Toxikologe die Wirkung eines chemischen Stoffes, so prüft der Strahlenbiologe die Wirkung ionisierender Strahlen dadurch, daß er die Versuchsobjekte (Moleküle, Zellen, Versuchstiere) in Proben oder Gruppen von Individuen einteilt, denen verschieden hohe Dosen des beeinflussenden Agens zugeführt werden, und dann in jeder Gruppe den Bruchteil der Einheiten, E, bestimmt, der die Testreaktion zeigt, also z. B. in einer bestimmten Zeit abstirbt. Trägt man dann E gegen die Dosis auf, so erhält man die Dosiseffektkurve. Ebenso kann man die Kurve der „Überlebenden", S, aufzeichnen; beide Kurvenverläufe sind komplementär.

Hätten wir es in der Biologie mit Populationen zu tun, die aus völlig gleichartig reagierenden Einheiten bestehen, erhielte jede Einheit genau die gleiche Dosis und bestünde eine streng determinierte Kausalbeziehung zwischen Einwirkung einer Noxe und dem Grade der biologischen Schädigung, so würde der quantale Effekt in allen Einheiten der Population bei Erreichen einer ganz bestimmten Dosis ausgelöst. Wir hätten es mit einer Stufenfunktion zu tun, wie sie in Abb. 2.1., gestrichelte Kurve, dargestellt ist. In der Praxis ist eine solche Situation nie gegeben: die experimentell ermittelten Dosiswirkungskurven weichen immer mehr oder weniger stark von einer Stufenfunktion ab (Kurven a, b und c der Abb. 2.1). Dabei kann nicht nur der Grad der Verschleifung, sondern auch die Form der Kurven variieren, was theoretische und praktische Bedeutung hat.

Bevor wir im einzelnen die wichtigsten Dosiswirkungsbeziehungen besprechen, seien einige generelle Begriffe und Beziehungen anhand einer

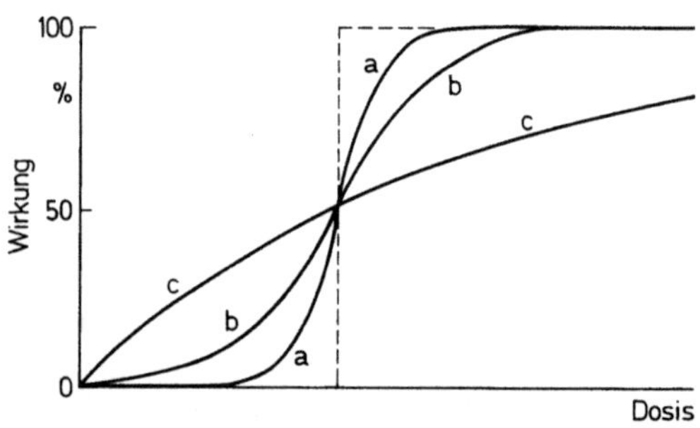

Abb. 2.1. Schematische Darstellung praktisch wichtiger Formen von Dosiswirkungskurven. Gestrichelte Linie: Hypothetische Stufenfunktion. a) Symmetrische, Sigmoide Dosiswirkungskurve, wobei erst nach Überschreiten eines Schwellenbereiches der Dosis ein Effekt eintritt. b) Sigmoide Kurve, nach der schon bei kleinsten Dosen ein gewisser Effekt beobachtet wird, und die Wirksamkeit pro Dosiseinheit im weiteren Verlauf zunimmt. c) Exponentielle Dosiswirkungskurve

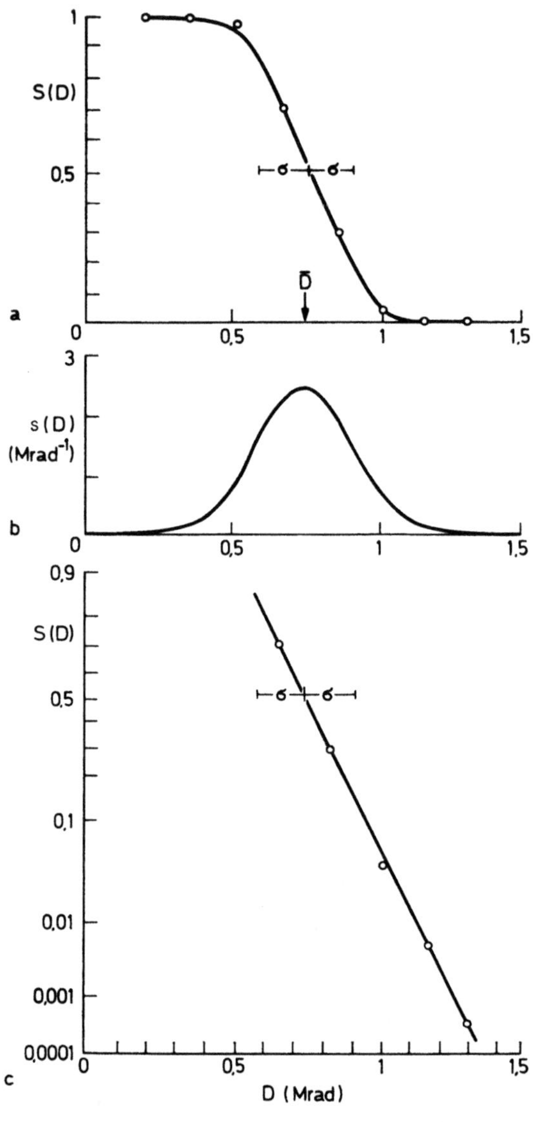

Abb. 2.2. Die Inaktivierung von Micrococcus radiodurans (Nach Daten von Dean et al., B. 26.) als Beispiel für die Beschreibung von Dosiswirkungskurven. a) Der Anteil der Überlebenden S(D) als Funktion der Dosis D. b) Die Ableitung der Kurve a: Der Wert s(D) gibt an, um wieviel sich die Überlebenden bei Zufuhr eines zusätzlichen kleinen Dosisbetrages verringern. c) Die Überlebenskurve a in „Probit"-Darstellung. Wenn die Kurven a und b symmetrisch sind, ergibt sich dabei eine Gerade. $\bar{D}$ Mittelwert der Inaktivierungsdosis, σ Standard-Abweichung

relativ einfachen Dosiswirkungskurve erläutert, die zwar nur gelegentlich nach Bestrahlung beobachtet wird, dem Mediziner aber aus der Pharmakologie und Toxikologie geläufig ist (Abb. 2.2). Das Bakterium *Mikrococcus radiodurans* ist, wie schon der Beiname sagt, besonders strahlenresistent und zeigt erst nach einigen Millionen rad eine merkliche Abnahme der Überlebensfähigkeit. Die Dosiswirkungskurve beginnt horizontal und verläuft dann in Form einer symmetrischen Schleife um den Punkt, der angibt, bei welcher Dosis 50% (oder der Bruchteil 0,5) der Bakterien überleben (Kurve a). Es ist dies die LD_{50} oder D_{50}. Bei solchen symmetrischen Dosiswirkungskurven ist die D_{50} gleich der mittleren Letaldosis, $\bar{D}$, deren Berechnung und Bedeutung erst in 2.3.4. erläutert werden. Der Grad der Verschleifung der Kurve wird angegeben durch die Standardabweichung, σ, von diesem Mittelwert, $\bar{D}$.

Symmetrische Dosiswirkungskurven, wie die in Abb. 2.2 stellen Gausssche Normalverteilungen dar und werden gewöhnlich darauf zurückgeführt, daß die Empfindlichkeit gegenüber der Noxe innerhalb der Population entsprechend variiert, also wie viele andere vitale Eigenschaften nach einer Gaussschen Glockenkurve verteilt ist (Kurve b). Ob eine Dosiswirkungskurve einer Normalverteilung entspricht, läßt sich durch eine Probitanalyse prüfen. Bei Eintragung der Versuchspunkte auf sogenanntem Wahrscheinlichkeitspapier ergibt sich eine Gerade (Kurve c). Da die Variabilität der Empfindlichkeit ein etwas vager Begriff und keineswegs der einzige Faktor ist, der den Verlauf einer Dosiswirkungskurve bestimmt, wird in folgendem versucht, ihn durch eine mathematische Formulierung zu ersetzen, die uns bei der späteren Interpretation anderer Formen von Dosiswirkungsbeziehungen von Nutzen sein wird: Die Neigung der Kurve Abb. 2.2 a an jedem Kurvenpunkt besagt, daß sich der Anteil der Einheiten S(D), die die Dosis D überlebt haben, um den kleinen Betrag ΔS vermindert, wenn eine zusätzliche kleine Dosis ΔD gegeben wird. Zu den infinitesimalen Größen dS und dD übergehend, erhält man den negativen Differentialquotienten, $-\frac{dS}{dD}$, der in folgendem mit einem kleinen s gekennzeichnet ist. Er entspricht der Neigung der Dosiswirkungskurve in linearer Darstellung und ändert sich mit der Dosis:

$$s(D) = -\frac{d\,S(D)}{d\,D} \qquad (2.2.)$$

Analog ist

$$e(D) = \frac{d\,E(D)}{d\,D}$$

der Differentialquotient von E(D).

Da bei einer gegebenen Dosis die Neigung der Überlebenskurve und der Inaktivierungskurve gleich sind, gilt

$$s(D) = e(D) \qquad (2.3.)$$

Mathematisch werden s(D) und e(D) als Wahrscheinlichkeitsdichten bezeichnet, denn sie geben an, wie sich die Wahrscheinlichkeit eines Individuums der Population für das Überleben bzw. für das Absterben mit der Dosis ändert. Kurve 2.2. b stellt somit die Ableitung der Dosiswirkungskurve 2.2. a dar, und umgekehrt wird diese durch Integration aus jener gewonnen.

In der Strahlenbiologie folgen nur einige Strahlenwirkungen, wie der akute Strahlentod höherer Organismen oder auch die Inaktivierung besonders strahlenresistenter Einzeller sigmoidförmigen Dosiswirkungskurven, die einer Gaussschen Normalverteilung entsprechen. Für die meisten molekularen und zellulären Strahlenreaktionen aber, sowie für Effekte höherer Organismen, die sich unmittelbar aus solchen zellulären Veränderungen ableiten lassen, wie Mutationen oder auch gewisse Strahlenspätschäden, weichen die Kurven erheblich von dieser Form der Dosiswirkungsbeziehungen und der Wahrscheinlichkeitsdichten ab. Somit ist es nötig, generelle Beschreibungen von Dosiswirkungsbeziehungen auszuarbeiten, wie das in folgendem versucht wird. Dabei werden die bisher eingeführten Größen S(D), E(D), s(D), e(D), D_{50} bzw. $\bar{D}$ und σ weiterhin im gleichen Sinne verwendet.

Wie erwähnt wird die Form der Dosiswirkungskurven durch Zufallsfaktoren bestimmt, die teils durch die Verteilung der Noxe auf die Individuen der Population und deren physikalische Wirkungsweise, teils durch das indeterminierte Verhalten der vitalen Objekte gegeben sind.

Bei der Strahlenwirkung ist ein besonders wichtiger Zufallsfaktor die quantenhafte Art der Energiedeposition. Deren Rolle bei den Dosiswirkungsbeziehungen erkannt zu haben, ist das Verdienst der Treffertheorie.

2.2. Grundlagen der Treffertheorie

Die Treffertheorie wurde von F. Dessauer (s. A. 22.) begründet, von seinen Mitarbeitern M. Blau und K. Altenburger (B. 12.) mathematisch ausgebaut und ganz unabhängig von diesen deutschen Wissenschaftlern auch von I. A. Crowther (B. 22.) und D. E. Lea (A. 24.) in England entwickelt. Obwohl sie zwangsläufig gewisse vereinfachende Annahmen machte und zum Teil zu Schlußfolgerungen kam, die sich mit unseren heutigen experimentellen Erfahrungen nicht mehr decken, seien aus historischen und didaktischen Gründen ihre wichtigsten Grundprinzipien einer generellen Interpretation der Dosiswirkungsbeziehungen vorangestellt.

Die Treffertheorie stellt eine geniale Synopsis mehrerer Entdeckungen und Theorien dar, die um die Wende vom 19. zum 20. Jahrhundert unser naturwissenschaftliches Weltbild entscheidend gewandelt haben. Im Jahre 1900, also fünf Jahre nach der Entdeckung der Röntgenstrahlen, begründete Max Planck die Quantenphysik, aus der sich die heutigen Vorstellungen über die Natur elektromagnetischer Strahlung entwickelte: Licht wird diskontinuierlich in diskreten Einheiten, Quanten, emittiert und absorbiert. Die Lichtteilchen und, wie sich später zeigte, auch energiereichere elektromagnetische Strahlung und Korpuskelstrahlen gehorchen nicht den deterministischen Gesetzen der klassischen Mechanik, sondern ihr Verhalten ist nach W. Heisenberg mit einer Unbestimmtheit prinzipieller Art behaftet. Im gleichen Jahr lag die Wiederentdekkung der bis dahin vergessenen und verkannten Mendelschen Gesetze durch C. Correns, E. H. Tschermak und H. de Vries. Die statistische Verteilung von Erbeigenschaften auf die Nachkommenschaft ist seitdem durch die diskrete Natur der Gene, die Zufälligkeit im Auftreten von Mutationen und in der Verteilung der Chromosomen und Gene auf die Tochterzellen erklärt. Außerdem lag um die Jahrhundertwende auch die Entdeckung der Nukleinsäuren, die sich später als materielle Träger der Erbeigenschaften erwiesen, so daß die ursprünglich noch hypothetische Vorstellung der Gene in der Molekularbiologie der letzten Jahrzehnte eine bewundernswerte Bestätigung fand.

Der Grundgedanke der Treffertheorie bestand darin, auch die Strahlenwirkung auf die lebende Substanz als ein quantenhaftes Ereignis anzusehen, und die Zufälligkeit der beobachteten makroskopischen Wirkungen, z. B. den Zelltod oder Erbänderungen, auf Zufälligkeiten der Mikrophysik zurückzuführen.

2.2.1. Eintreffermechanismen

Strahlenchemische Reaktionen anorganischer und organischer Moleküle, sowie die Inaktivierung von Enzymen und Viren verlaufen meistens exponentiell mit der Dosis. Unter besonderen Umständen gilt dies auch für die Abtötung von Bakterien und anderen Zellen. Eine exponentielle Dosiswirkungskurve ist dadurch charakterisiert, daß pro Dosiseinheit stets der gleiche Prozentsatz der jeweils noch Überlebenden inaktiviert wird (Abb. 2.3. a). Die Zahl der Überlebenden geht

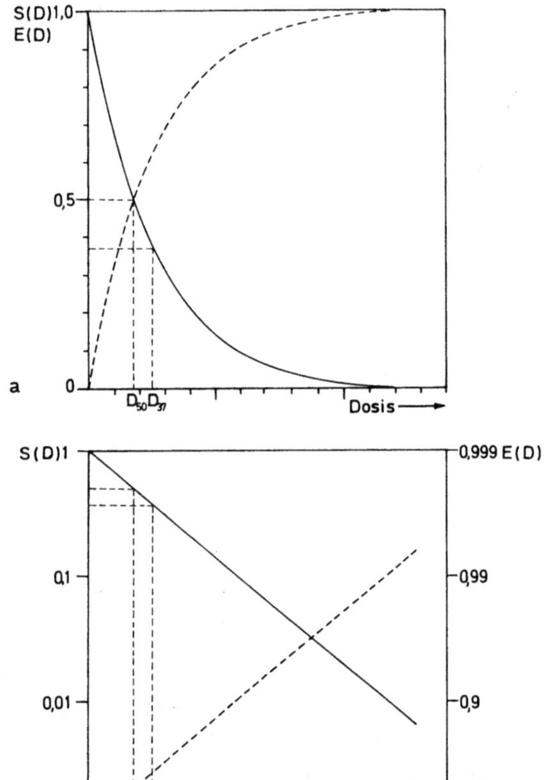

Abb. 2.3. Exponentielle Dosiswirkungskurve für die überlebenden Einheiten S(D) und spiegelbildlich dazu für die inaktivierten Einheiten E(D): a) in linearer, b) in halblogarithmischer Darstellung. Die Dosen, bei denen 50% bzw. 37% der Einheiten überleben, sind mit D_{50} bzw. D_{37} angegeben. Die Neigung der Geraden in b entspricht der Reaktivität R

asymptotisch gegen 0, d. h. daß auch bei extrem hohen Dosen eine gewisse, wenn auch noch so geringe Wahrscheinlichkeit für das Überleben einzelner Einheiten besteht. Die exponentielle Abhängigkeit der Überlebenden S(D) von der Dosis wird durch folgende Gleichung beschrieben:

$$S(D) = e^{-RD} \tag{2.4.}$$

Der Anteil der inaktivierten Einheiten E(D) ist dann, da Gl. (2.1.) gilt:

$$E(D) = 1 - e^{-RD} \tag{2.5.}$$

Dabei ist e die Basis der natürlichen Logarithmen und R eine Konstante. (In den meisten treffertheoretischen Abhandlungen wird diese Konstante mit α bezeichnet; zur Vereinheitlichung der Schreibweise in diesem Buch muß jedoch davon abgewichen werden.)

Bei halblogarithmischer Darstellung, also wenn man den Logarithmus der Überlebenden gegen die Dosis (in linearem Maßstab) aufträgt, stellt sich eine Exponentialfunktion als Gerade dar (Abb. 2.3. b). Die Neigung dieser Geraden ist durch R gegeben.

Somit ist eine exponentielle Dosiswirkungskurve durch die Angabe von R hinreichend definiert. Stattdessen kann man auch die Halbwertsdosis, D_{50}, angeben, die wir auf Seite 35 bereits kennengelernt haben und zu R in folgender Beziehung steht:

$$D_{50} = \frac{0,693}{R} \tag{2.6.}$$

(Vergl. Berechnung von HWZ S. 6 u. HWS S. 11).

Oft wird auch die Dosis angegeben, durch welche die Zahl der Überlebenden auf $1/e \approx 37\%$ reduziert wird (D_{37}). Bei dieser Dosis erhalten alle Einheiten *im Mittel* den zur Auslösung des Effektes benötigten Energiebetrag; infolge der Zufallsverteilung der Energieabgabe erhalten aber de facto nur 63% diesen Betrag oder mehr und 37% einen unterschwelligen Betrag. D_{37} ist der reziproke Wert von R:

$$D_{37} = \frac{1}{R} \tag{2.7.}$$

Die treffertheoretische Interpretation einer solchen exponentiellen Dosiswirkungskurve ist die, daß zur Inaktivierung der betreffenden Einheit nur ein einzelnes schädigendes Ereignis, ein Treffer, innerhalb eines bestimmten empfindlichen Bereiches, z. B. einer Molekel oder einer Zelle nötig ist, der nach einem Alles- oder Nichtsgesetz zur Inaktivierung führt. Voraussetzung für eine exponentielle Dosiswirkungskurve ist, daß die Treffer zufällig auf die empfindlichen Bereiche verteilt sind, und daß das Schicksal der einzelnen Einheiten unabhängig vom Zustand der anderen ist.

Wir haben es also ebenso mit unabhängigen Ereignissen zu tun wie beim radioaktiven Zerfall, der ebenfalls eine Exponentialfunktion, und zwar der Zeit, ist (s. 1.2.1.), und wobei der Zerfall des einzelnen Atoms unabhängig vom Zustand der anderen Atome eintritt.

Bei der Absorption ionisierender Strahlen sind die Energiedepositionen (Ionisationen und Anregungen), die durch ein geladenes Teilchen und alle von ihm ausgelösten Teilchen (z. B. δ-Teilchen) erfolgen, als ein einziges Ereignis zu betrachten. Wir nennen das ein Absorptionsereignis (s. S. 28). Nur diese Absorptionsereignisse sind statistisch voneinander unabhängig, während dies nicht gilt für die Ionisationen und Anregungen, die innerhalb eines Absorptionsereignisses (praktisch gleichzeitig) auftreten.

Über die Natur des wirksamen Ereignisses herrschten verschiedene Vorstellungen. Dessauer hat ursprünglich angenommen, daß es die Punktwärme sei, die am Ort der Quantenabsorption zu einer Denaturierung des Eiweißes führe. Crowther hat eine einzelne Ionisation als das Trefferereignis angesehen.

Aus dieser Vorstellung ergab sich der Begriff des „empfindlichen Bereichs". Nur Treffer innerhalb dieses Bereichs lösen den Effekt aus; unter dieser Voraussetzung entspricht die Neigung der exponentiellen Dosiswirkungskurve in halblogarithmischer Darstellung, also die Größe R, dem Treffvolumen.

Geht man von der Annahme aus, daß jede Ionisation im empfindlichen Volumen V (angegeben in μm^3) zur Inaktivierung führt, so läßt sich V direkt aus R berechnen: In 1 μm^3 des Gewebes werden pro rad ca. 1,8 Ionisationen erzeugt. Somit ist, wenn man die Einheiten μm^3 und rad verwendet,

$$R = 1{,}8 \cdot V \text{ und } V = 0{,}55\, R. \tag{2.8.}$$

Wenn jedoch nicht jede Ionisation im empfindlichen Bereich zur Inaktivierung führt – und wir kennen zahlreiche Vorgänge in der lebenden Zelle, die das verhindern –, so ergibt die obige Berechnung ein zu kleines Treffvolumen. Es ist deshalb besser, R als „formales Treffvolumen" zu bezeichnen.

Bei der Inaktivierung sehr kleiner Einheiten – Makromoleküle oder Viren – im trockenen Zustand, konnte aber tatsächlich eine gute Übereinstimmung zwischen dem radiologisch ermittelten Treffvolumen und dem Molekulargewicht der Substanzen gefunden werden (s. S. 78). Daraus ist zu folgern, daß in diesen Fällen jede Ionisation innerhalb des Moleküls zur Inaktivierung führt.

Bei einzelligen Organismen, aber auch bei Drosophila, wurde häufig beobachtet, daß auch Punktmutationen, die ja nach unseren Vorstellungen auf Veränderungen in der molekularen Struktur der DNA beruhen, eine exponentielle Dosisabhängigkeit aufweisen. Das kann jedoch nicht mehr als allgemein gültig angesehen werden.

Eintreffermechanismen sind die naheliegendste Erklärung für exponentielle Dosiswirkungsbeziehungen, die für die zellulären Wirkungen *dichtionisierender* Strahlen nicht nur bei Bakterien, sondern auch bei anderen Einzellern und Zellen höherer Organismen bestehen. Hier kann es wahrscheinlich gemacht werden, daß jeder Durchgang eines solchen Teilchens durch die Zelle oder einen empfindlichen Bereich der Zelle, z. B. den Zellkern, den Effekt herbeiführt.

Wir halten fest: Exponentielle Dosiswirkungsbeziehungen sind zu erwarten, wenn der Effekt Folge eines einzelnen statistisch unabhängigen Ereignisses, also eines einzelnen Absorptionsereignisses ist. Dabei kann wie im Falle der Inaktivierung von Viren oder Fermenten eine einzelne Ionisation oder im Falle anderer zellulärer Strahlenwirkung der Durchgang eines dicht ionisierenden Teilchens durch ein empfindlicheres Volumen ausreichen. Umgekehrt aber kann nicht zwangsläufig aus dem Vorliegen einer exponentiellen Dosiswirkungsbeziehung auf einen Eintreffermechanismus geschlossen werden, weil sich eine solche auch bei locker ionisierenden Strahlen unter bestimmten Voraussetzungen ergeben kann (s. Abb. 4.4.).

2.2.2. Mehrtreffer- und Mehrbereichsmechanismen

Bei manchen Einzellern, vor allem aber bei Zellen höherer Organismen erfolgt die Inaktivierung unter Einwirkung locker ionisierender Strahlen meist nicht nach einer Exponentialfunktion, sondern nach sigmoiden Dosiswirkungskurven, deren Form jedoch auch beträchtlich von denen abweichen, die auf einer Gaussschen Normalverteilung beruhen und bereits auf S. 34 beschrieben sind. Die Treffertheorie versuchte, diese sigmoiden Kurvenformen zu erklären, indem sie auch hier von der quantenhaften Natur der Energieabsorption ausging und annahm, daß mehrere Absorptionsereignisse zusammenwirken müssen, um den Effekt hervorzurufen, und zwar entweder indem in *einem* empfindlichen Bereich *mehrere* Treffer erfolgen müssen (Mehrtreffermechanismen) oder daß die Einheit *mehrere* empfindliche Bereiche enthält, von denen jeder eine bestimmte Zahl von Treffern erhalten muß (Mehrbereichsmechanismen). Die Form von Mehrtrefferkurven (Abb. 2.4. a) und Mehrbereichskurven (Abb. 2.4. b) hängt von der Zahl der benötigten Treffer bzw. von der Zahl der vorhandenen empfindlichen Bereiche ab. In den letzten Jahrzehnten hat sich mehr und mehr gezeigt, daß diese Vorstellungen auf allzu vereinfachten Annahmen beruhen, daß alleine die Ungenauigkeit der experimentellen Daten keine eindeutige Interpretation gemäß der Theorie erlaubt, und daß vor allem viele andere Prozesse die Form der Dosiswirkungskurven beeinflussen. Aus diesen Gründen hat die Anwendung des mathematischen Formalismus hier kaum mehr eine praktische Bedeutung.

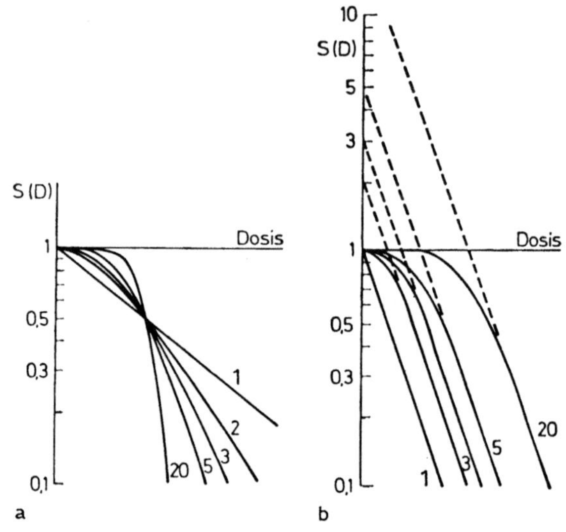

Abb. 2.4. a) Mehrtrefferkurven, b) Mehrbereichskurven in halblogarithmischer Darstellung. Die Zahlen an den Kurven kennzeichnen bei a) die Anzahl der zur Inaktivierung benötigten Treffereignisse, bei b) die Anzahl der empfindlichen Bereiche, die durch je ein Ereignis getroffen werden müssen. Verlängert man den geraden Teil der Mehrbereichskurven (punktierte Linien) so ergibt ihr Schnittpunkt mit der Ordinate die Extrapolationszahl n

Da aber die mathematische Behandlung der Treffertheorie von einer Basis ausgeht, die grundsätzlich auch für jede andere Analyse der Dosiswirkungsbeziehungen von Bedeutung ist, ohne daß deswegen die hypothetischen Annahmen der Treffertheorie übernommen werden müssen, sei ihr Prinzip in Kürze dargestellt.

Die Wahrscheinlichkeit, mit der sich zufällige Ereignisse auf ein bestimmtes Volumen statistisch verteilen, wird nach Poisson berechnet. Grundlegende Voraussetzung ist – und das muß erneut betont werden –, daß eine statistische Unabhängigkeit der zu betrachtenden Ereignisse der Energiedeposition besteht.

Wenn diejenigen Einheiten, die mindestens n Treffer erhalten, inaktiviert werden, so berechnet man den Anteil der Überlebenden folgendermaßen:

Bei einer gegebenen Dosis treten in einem empfindlichen Bereich im Mittel $\bar{\nu}$ Treffereignisse auf, oder mit anderen Worten: der Erwartungswert der Ereigniszahl ist $\bar{\nu}$. Dann besteht eine Wahrscheinlichkeit p (ν), daß in einer Zelle genau ν solche Ereignisse eintreten. Die Größe ν weist eine erhebliche Streuung um den Erwartungswert $\bar{\nu}$ auf. Es gilt:

$$p(\nu) = e^{-\bar{\nu}} \cdot \frac{\bar{\nu}^{\nu}}{\nu!} \qquad (2.9.)$$

ν! (sprich: ny Fakultät) ist die Abkürzung für das Produkt:

$$\nu! = 1 \cdot 2 \cdot 3 \; . \; . \; . \cdot \nu$$

Wenn man nach dieser Gleichung jeweils die Wahrscheinlichkeiten p (0), p (1), p (2) bis p (n–1) berechnet, daß die Zellen keinen (ν = 0) oder 1,2 bis n–1 Treffer erhalten, und man diese Werte summiert, so ergibt sich der Anteil der Überlebenden nach der Gleichung:

$$S(D) = \sum_{\nu=0}^{n-1} e^{-RD} \cdot \frac{(R\,D)^{\nu}}{\nu!} \qquad (2.10.)$$

denn statt $\bar{\nu}$ kann R D eingesetzt werden, da dieses Produkt die mittlere Anzahl der Treffereignisse angibt, die bei der Dosis D im empfindlichen Bereich zu erwarten sind.

Der einfachste Fall eines Mehrbereichsmechanismus ist gegeben, wenn jeder von m empfindlichen Bereichen in einer Einheit wenigstens einen Treffer erhalten muß. Jeder einzelne dieser Bereiche wird nach einem Eintreffervorgang, also mit der Wahrscheinlichkeit

$$p(D) = 1 - e^{-RD} \qquad (2.11.)$$

getroffen.

Die Wahrscheinlichkeit für das Überleben der ganzen Einheit ergibt sich somit aus:

$$S(D) = 1 - p(D)^m = 1 - (1 - e^{-RD})^m \qquad (2.12.)$$

Sowohl Mehrtrefferkurven als auch Mehrbereichskurven verlaufen in halblogarithmischer Darstellung (Abb. 2.4.), am Anfang horizontal, beide werden mit zunehmender Dosis steiler und streben asymptotisch einem Endwert zu; nur Mehrbereichskurven gehen in eine Gerade über. Je höher die Zahl der nötigen Treffer oder der Treffbereiche ist, umso mehr nähern sich die Kurven einer Stufenfunktion, das heißt, daß die statistische Streuung um den Mittelwert der Inaktivierungsdosis immer geringer wird.

Handelt es sich um Kurven, die auf reinen Mehrbereichsmechanismen beruhen, so kann die Zahl der Treffbereiche graphisch dadurch bestimmt werden, daß man den gradlinigen Kurventeil verlängert, bis er die halblogarithmisch unterteilte Ordinate schneidet. Der Schnittpunkt gibt die Zahl der Treffbereiche an (s. Abb. 2.4.a). Wie wir später sehen werden, wird heute dieser Ordinatenwert nicht mehr als Treffbereichszahl, sondern unprätentiöser als Extrapolationszahl n bezeichnet.

2.3. Allgemeine Stochastik der Strahlenwirkung

Es ist erstaunlich, daß die Treffertheorie, welche die Zufälligkeit der Quantenphysik in die Biologie eingeführt hat, alle an die Energieabsorption sich anschließenden Folgen weiterhin streng deterministisch behandelte. Nachdem die neuere Forschung mehr und mehr Zufallsfaktoren aufgedeckt hat, die in die Kausalkette zwischen Energieabsorption und Ausbildung des manifesten Schadens eingreifen, war es an der Zeit, eine generelle Theorie der Strahlenwirkung zu entwickeln und auf die Analyse der Dosiswirkungsbeziehungen anzuwenden.

Wir sprechen von einer Stochastik der Strahlenwirkung (stochos, grch.: das „Ziel“, aber auch die „Mutmaßung“) und können physikalisch bedingte und im biologischen Objekt begründete stochastische Faktoren unterscheiden.

Die Treffertheorie hat sich fast ausschließlich mit den *physikalischen Zufallsfaktoren* befaßt. Ziel der modernen Mikrodosimetrie (s. 1.5.10.2.) ist es, das vereinfachte Modell von Treffern durch eine differenzierte Betrachtung der mikroskopischen Energiedeposition zu ersetzen und die Dosiswirkungskurven mit der Zufallsverteilung der „spezifischen Energie“ (1.5.10.2.) in Beziehung zu setzen.

Unter *biologischer Stochastik* verstehen wir alle Zufälligkeiten, die nach der Energieabsorption und den strahleninduzierten molekularen Veränderungen in die Wirkungskette bis hin zur Manifestation der Strahlenschäden eingreifen. Die moderne molekularbiologische und zytologische Forschung hat eine Reihe von Mechanismen aufgedeckt, die sowohl an der Ausbildung des Strahlenschadens beteiligt sind, als auch zu seiner Reparation führen können. Alle diese Prozesse laufen nicht streng deterministisch ab, sondern nach statistischen Regeln. Dafür einige Beispiele:

Seit langem weiß man, daß Mutationen meist nicht auf einem einzigen irreversiblen Schritt beruhen, sondern daß zunächst eine prämutative Schädigung der DNA erfolgt, die erst nach einer gewissen Zeit entweder restituiert wird oder endgültig in eine Mutation übergehen kann. Bei diesem Übergang spielen Zufallsprozesse eine Rolle.

Auch bei der Entscheidung über Leben und Tod einer geschädigten Zelle spielt der Zufall mit. Man kann sich vorstellen, daß Strahlung, ohne daß sie direkt ein lebenswichtiges Zentrum der Zelle ausschaltet, zu einer dispersen Schädigung, einer Art zellulärer Strahlenkrankheit, führt, zu einem labilen Zustand, in dem die Wahrscheinlichkeit einer Entgleisung erhöht ist. Der Schaden wird insbesondere bei komplizierten Leistungen – wie etwa der Zellteilung – zum Zusammenbruch führen. In 9.3.3. wird gezeigt werden, daß der Zelltod keineswegs immer unmittelbar nach der Bestrahlung einsetzt, sondern daß es häufig im Zusammenhang mit einer der folgenden Zellteilungen zum Versagen kommt. Es ist eine Frage des Zufalls, ob alle Nachkommen der bestrahlten Zelle in dieser Krise zugrunde gehen, oder wenigstens einer ihrer Nachkommen überlebt und imstande ist, zum Wachstum der Zellpopulation beizutragen.

Dem Mediziner mag ein anderes Beispiel die Rolle von Zufälligkeiten im Lebensablauf, bei Krankheit und Tod veranschaulichen. Die durchschnittliche Lebenserwartung von Patienten mit einem gewissen Grad von Herzinsuffizienz ist, wie sich statistisch zeigen läßt, verringert. Im Einzelfall jedoch ist es nicht vorhersehbar, ob der Patient morgen oder in einigen Jahren stirbt oder ob er das Erwartungsalter seiner Altersklasse erreicht.

Von der molekularen bis zur höchsten Ebene der Organismen spielt das stochastische Element eine weitaus größere Rolle als wir uns, erzogen in einer deterministischen Betrachtungsweise, im allgemeinen vorstellen. Dies gilt im besonderen für die Folgen einer Strahlenbelastung. Alle diese Zufallsfaktoren bedingen, wie gesagt, eine Abweichung der Dosiswirkungskurven von der Stufenfunktion und bestimmen deren Formen. Somit können die Kurven nur bedingt treffertheoretisch interpretiert werden und bedürfen einer unvoreingenommenen generellen mathematischen Beschreibung.

2.3.1. Generelle Beschreibung von Dosiswirkungskurven

Bei den meisten Strahlenwirkungen ergeben sich sigmoide Kurven, die von den bisher beschriebenen mathematischen Modellen abweichen. Dies gilt vor allem für die Inaktivierung von Säugetierzellen durch locker ionisierende Strahlen, wobei meist asymmetrische sigmoide Dosiswirkungskurven gewonnen werden, die im wesentlichen dem Beispiel in Abb. 2.5 entsprechen. Die zugehörige Wahrscheinlichkeitsdichte s(D) entspricht nicht wie in Abb. 2.2 einer Gaussschen Glockenkurve, sondern ist ebenfalls asymmetrisch. Aus solchen Kurven lassen sich der Mittelwert $\bar{D}$ der Inaktivierungsdosis und deren mittlere Streuung σ bestimmen.

Alle bisher besprochenen Dosiswirkungsbeziehungen, wie symmetrische sigmaförmige Dosiswirkungskurven, exponentielle Dosiswirkungskurven, Mehrtreffer- oder Mehrbereichskurven, stellen Sonderfälle dar, die nur unter ganz besonderen Voraussetzungen beobachtet und in der vorgelegten Weise interpretiert werden können.

Werden sigmoidförmige Dosiswirkungskurven halblogarithmisch dargestellt, so ergeben sich Kurven, die im Gegensatz zu einer exponentiellen Kurve mit einer „Schulter" beginnen (Kurve b der Abb. 2.5.).

Für eine generelle Beschreibung beliebiger Formen von Dosiswirkungskurven empfiehlt es sich, von der „Reaktivität" auszugehen, die wir bei Beschreibung der Eintreffer-Kurven kennengelernt haben. Nur bei einer Exponentialfunktion ist diese Größe über den ganzen Dosisbereich hinweg konstant. In allen anderen Fällen ist die Reaktivität R eine Funktion der Dosis:

$$R(D) = -\frac{d \ln S(D)}{dD} \qquad (2.13.)$$

Die mannigfaltigen Formen sigmoider Dosiswirkungskurven unterscheiden sich nur durch die Art, wie sich die Reaktivität mit der Dosis ändert.

Die experimentell gewonnenen Dosiswirkungskurven lassen sich in einige wichtige Typen unterteilen, die sich durch folgendes unterschied-

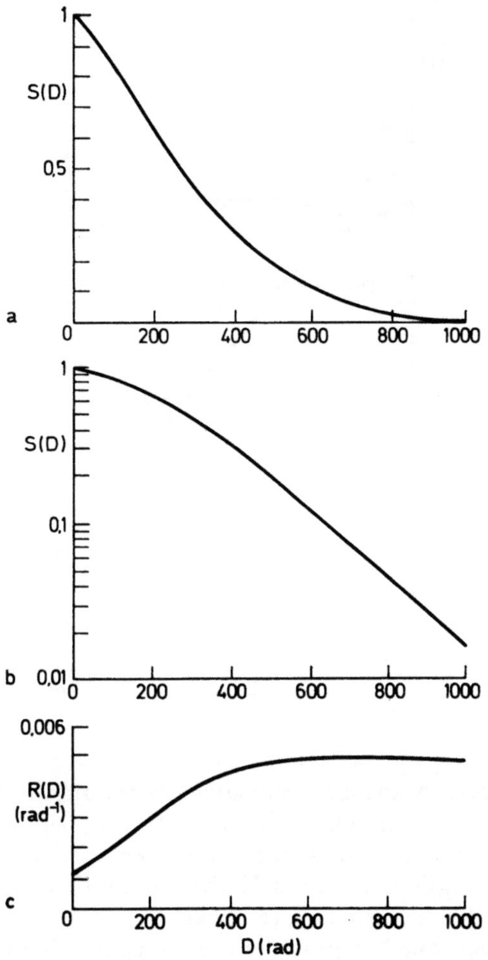

Abb. 2.5. Häufig, besonders bei Säugetierzellen, beobachtete Form der Dosiswirkungskurve: a) asymmetrische sigmoide Kurve in linearer Darstellung, b) die gleiche Kurve in halblogarithmischer Darstellung, sog. Schulterkurve, c) aus b) abgeleiteter Verlauf der Reaktivität R(D)

liches Verhalten der Reaktivität bei steigender Dosis unterscheiden:

Bei einer exponentiellen Dosiswirkungskurve ist die Reaktivität über den ganzen Dosisbereich hin konstant (Abb. 2.6., Kurve a). Schon der kleinste Dosisbetrag hat einen gewissen, wenn auch entsprechend kleinen Effekt; von einer unwirksamen Dosis kann nicht gesprochen werden.

Die Reaktivität R(D) ist im kleinen Dosisbereich 0, d. h. die Dosiswirkungskurve beginnt horizontal (Kurve c). Erst von einem bestimmten Dosisbereich ab wird eine Abnahme der Zahl vorhandener und eine Zunahme der inaktivierten Einheiten bemerkbar. Die Reaktivität nimmt bei weiterer Erhöhung der Dosis zu. In diesem Falle

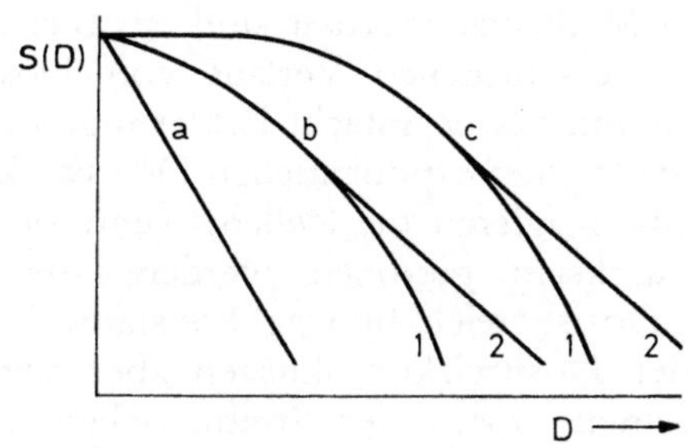

Abb. 2.6. Verschiedene Formen von „Schulterkurven“, verglichen mit einer exponentiellen Dosiswirkungskurve. Erläuterungen im Text

spricht man gelegentlich von einem Schwellenbereich der wirksamen Dosis.

Schon bei kleinsten Strahlendosen besteht eine gewisse Wirksamkeit; die anfangs kleine Reaktivität nimmt jedoch mit steigender Dosis zu (Kurve b).

Die Kurven sowohl des Typs b, wie die des Typs c können immer steiler werden, d. h. die Reaktivität steigt auf beliebig hohe Werte an oder strebt einem Endwert zu (Kurven b 1 und c 1)
Ein Sonderfall ist es, daß die halblogarithmische Dosiswirkungskurve in eine Gerade übergeht (Kurven b 2 und c 2).

Mehrtreffer und Mehrbereichskurven sind Spezialfälle dieser mannigfaltigen Möglichkeiten von Kurvenformen. Bei den Kurvenformen vom Typ der Abb. 2.5. b, wie er besonders häufig bei Säugetierzellen beobachtet wird, wird vor allem, wenn man von treffertheoretischen Vorstellungen ausgeht, vermutet, daß es sich um eine Überlagerung eines Mehrtreffer – oder Mehrbereichsmechanismus durch einn Eintrefferreaktion handelt; denn reine Mehrbereichs- und Mehrtrefferkurven müßten mit einer Reaktivität 0, d. h. horizontal, beginnen. Diese Vorstellung hat insofern eine gewisse Berechtigung als auch bei locker ionisierenden Strahlen ein gewisser Anteil der Energie in Form von dicht ionisierenden δ-Strahlen abgegeben wird, die wie primär dicht ionisierende Teilchen wirken können.

2.3.2. Einfachste Deutung der Dosiswirkungsbeziehungen

Verzichtet man auf alle mathematische Akribie und vor allem auf Unterstellungen treffertheoretischer Art und geht man von Vorstellungen aus, die dem Mediziner vertraut sind, so bieten sich für den verschiedenen Verlauf von Dosiswirkungskurven relativ einfache Erklärungen an.

Im Falle einer exponentiellen Dosiswirkungsbeziehung reagieren die Zellen, wenn sie überhaupt wirksam getroffen werden, über den ganzen Dosisbereich hinweg konstant. Im Fall sigmoider Dosiswirkungskurven aber wird bei sehr kleinen Dosen der Strahlenschaden ganz oder teilweise kompensiert. Mit zunehmender Dosis erlahmt diese Kompensationsfähigkeit und kann schließlich erlöschen. Unterschiede in der Form der Kurven von Abb. 2.6. sind dadurch gegeben, daß die Kompensationsfähigkeit in unterschiedlicher Weise mit der Dosis ab – und die Reaktivität R dementsprechend zunimmt. So lassen sich typische Zellinaktivierungskurven hinreichend und vorbehaltloser als mit Hilfe treffertheoretischer Mechanismen dadurch simulieren, daß man annimmt, die Kompensationsfähigkeit nehme exponentiell ab und die Reaktivität nähere sich exponentiell einem Endwert (Abb. 2.5. c).

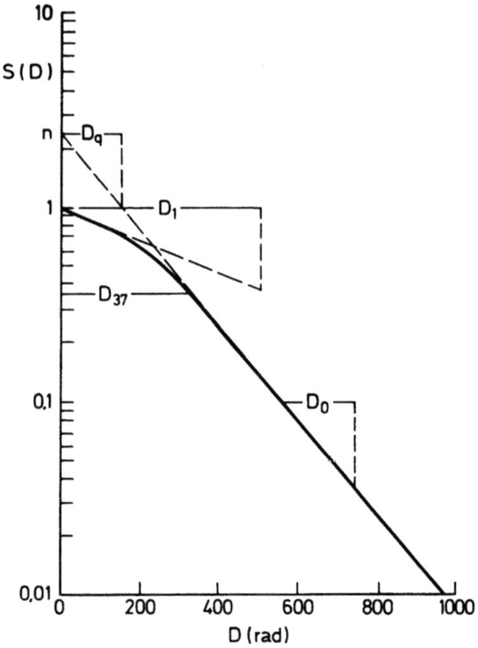

Abb. 2.7. Graphische Darstellung der gebräuchlichen Kenngrößen von Dosiswirkungskurven. Erläuterungen im Text

2.3.3. Gebräuchliche Kenngrößen von Dosiswirkungsbeziehungen

Zur quantitativen Bestimmung der Strahlenempfindlichkeit eines Objektes unter den verschiedensten Versuchsbedingungen oder zum Vergleich der Strahlenempfindlichkeit verschiedener Objekte benötigt man möglichst einfache Kenngrößen, die sich aus den Dosiswirkungskurven ablesen lassen. Sie werden im folgenden, soweit sie bereits besprochen sind, noch einmal zusammengestellt und durch weitere neu zu definierende ergänzt.

Eine Exponentialfunktion ist hinreichend definiert durch die Reaktivität (R = konstant), die D_{50} oder D_{37}.

Zur Kennzeichnung der sigmoiden Dosiswirkungskurven, die in halblogarithmischer Darstellung sogenannte Schulterkurven ergeben, haben sich folgende, in Abb. 2.7. eingezeichnete Parameter eingebürgert:

D_1: Legt man bei einer Schulterkurve, die mit einer endlichen Neigung beginnt, die Tangente an den Anfang, so ergibt deren Schnittpunkt mit dem 0,37- bzw. 37%-Wert der Ordinate die D_1. Sie ist also ein Maß für die Empfindlichkeit der Population im Bereich sehr kleiner Strahlendosen.

D_{37}: Man gibt ferner auch bei Schulterkurven oft die D_{37} an, muß sich aber klar sein, daß damit nur der *erste* Dosisbetrag angegeben wird, der die ursprüngliche Zahl der Einheiten auf den Bruchteil 0,37 bzw. auf 37% reduziert.

D_0: Die Neigung der Schulterkurve in ihrem geraden, d. h. exponentiellen Teil, in den Kurven vom Typ b_2 und c_2 der Abb. 2.6. übergehen, wird charakterisiert durch die sogenannte D_0. Das ist diejenige Dosis, die längs dieses geraden Kurventeils die jeweils noch vorhandene Zahl der Einheiten auf 37% reduziert.

Bei Kurven, die nicht in eine Gerade übergehen, ist D_0 nicht bestimmbar.

n: Ein weiterer gebräuchlicher Parameter ist die Extrapolationszahl n. Verlängert man den geraden Teil der halblogarithmischen Schulterkurve bis zum Schnittpunkt mit der Ordinate, so entspricht dieser der Extrapolationszahl. Bei reinen Mehrbereichskurven entspricht n der Zahl der empfindlichen Bereiche. Bei Kurven, die nicht in eine Gerade übergehen, kann die Extrapolationszahl nicht bestimmt werden.

Dq: Gelegentlich wird eine weitere Größe, Dq, verwendet, die sich aus D_0 und n ergibt und als „Quasi-Schwellen-Dosis" bezeichnet werden kann, denn bis zu dieser Dosis, hat die Reaktivität noch annähernd den kleinen initialen Wert.

Es läßt sich zeigen, daß bei Schulterkurven D_1 immer größer als D_{37} und dieser Wert stets größer als D_0 ist.

Diese gebräuchlichen Kenngrößen von Dosiswirkungskurven haben ihre Mängel. Der wichtigste ist der, daß D_1 primär bestimmt wird von den empfindlichsten und D_0 und n von den unempfindlichsten Fraktionen der Population und deshalb diese Werte nicht als repräsentativ für das Verhalten der Population im ganzen angesehen werden können. Da es sich bei der Bestimmung von D_1 um Messung eines sehr kleinen Strahleneffektes und bei der Bestimmung von D_0 und n um das Überleben sehr weniger Einheiten handelt, sind alle diese Größen mit großen Ungenauigkeiten behaftet. Im übrigen läßt sich u. a. zeigen, daß sich hinter gleichem n und D_0 sehr verschiedene Kurventypen verbergen können.

Der Wert dieser Größen wird insbesondere dadurch eingeschränkt, daß wir es in der Strahlenbiologie praktisch nie mit völlig homogenen Populationen zu tun haben, sondern mit Untergruppen verschiedener Strahlensensibilität. Die empfindlichsten und die unempfindlichsten Untergruppen sind dann bestimmend für die genannten Größen. Prinzipiell sei an dieser Stelle gesagt, daß sich die oben aufgeführten Größen nicht ohne weiteres additiv aus den entsprechenden Größen der einzelnen Untergruppen der Population ergeben.

2.3.4. Weitere empfohlene Kenngrößen der Dosiswirkungskurven

Aus den bereits genannten Gründen empfiehlt es sich, Bestimmungsgrößen der Dosiswirkungsbeziehungen zu wählen, die besser als die bisher behandelten Parameter ein Maß für das Verhalten der Population im ganzen abgeben. Wie bereits erläutert, ist eine von einer hypothetischen Stufenfunktion abweichende Dosiswirkungsbeziehung ein Ausdruck dafür, daß die Inaktivierungsdosis entsprechend dem Grade der Verschleifung dieser Kurve streut.

Da, wie bereits erwähnt, S(D) die Überlebenswahrscheinlichkeit und s(D) der differentielle Anteil der Population ist, der durch ein zusätzliches Dosisinkrement inaktiviert wird, kann die Dosiswirkungskurve als die Summenfunktion der Inaktivierungsdosis und die dazugehörige Wahrscheinlichkeitsdichte als differentielle Verteilung der Inaktivierungsdosis bezeichnet werden.

Für solche Verteilungen kann mathematisch der Mittelwert bestimmt werden, der in diesem Falle der mittleren Inaktivierungsdosis $\bar{D}$ entspricht. Für die mittlere Inaktivierungsdosis gilt die Gleichung:

$$\bar{D} = \int_0^\infty D \frac{d\,S(D)}{d\,D}\, d\,D = \int_0^\infty D s(D)\, d\,D \qquad (2.14.)$$

Durch partielle Integration ergibt sich:

$$\bar{D} = \int_0^\infty S(D)\, d\,D \qquad (2.15.)$$

Diese mittlere Inaktivierungsdosis $\bar{D}$ ist also gleich der Fläche unter der Überlebenskurve in linearer Darstellung, z. B. in Abb. 2.5.a.

Bei exponentiellen Dosiswirkungsbeziehungen ist $\bar{D} = D_{37}$. Bei einer völlig symmetrischen Dosiswirkungskurve, die auf einer Gaussschen Normalverteilung beruht (s. Abb. 2.2.) entspricht $\bar{D}$ genau dem Wert der D_{50}. Bei asymmetrischen Dosiswirkungskurven, wie z. B. den sogenannten Schulterkurven von Säugetierzellen weicht $\bar{D}$ mehr oder weniger stark von der D_{50} ab, gibt aber das Verhalten der Population im ganzen richtiger wieder als diese.

Die Streuung der Strahlenempfindlichkeit bzw. der Inaktivierungsdosis kann dadurch charakterisiert werden, daß man die mittlere quadratische Abweichung der Inaktivierungsdosis von ihrem Mittelwert $\bar{D}$ bestimmt. In den Abb. 2.2. ist die Standardabweichung σ vom Mittelwert eingezeichnet. In analoger Weise kann die Standardabweichung bei jeder beliebigen Form von Dosiswirkungskurven bestimmt werden. Das mittlere Quadrat der Abweichung, σ^2, wird Varianz genannt.

Deren Wert wird nach der folgenden Gleichung bestimmt:

$$\sigma^2 = \int_0^\infty D^2 s(D)\, d\,D - \bar{D}^2 \qquad (2.16.)$$

Auch diese Gleichung vereinfacht sich durch partielle Integration

$$\sigma^2 = 2 \int_0^\infty D\, S(D)\, d\,D - \bar{D}^2 \qquad (2.17.)$$

Aus dieser Varianz leitet sich eine rechnerisch brauchbare (dimensionslose) Größe, die relative Varianz V, ab.

$$V = \frac{\sigma^2}{\bar{D}^2} \qquad (2.18.)$$

Ferner kann auch eine andere dimensionslose Größe verwendet werden, die relative Steilheit $\mathfrak{S}$

$$\mathfrak{S} = \frac{1}{V} = \frac{\bar{D}^2}{\sigma^2} \qquad (2.19.)$$

Für eine hypothetische Stufenfunktion wäre die relative Steilheit unendlich groß. Eine expositionelle Dosiswirkungskurve hat eine relative Steilheit von 1. Die relative Steilheit einer Schulterkurve liegt zwischen ∞ und 1.

Bei Kurven, deren Form ausschließlich durch Mehrtreffermechanismen bestimmt würden, entspräche $\mathfrak{S}$ der Trefferzahl n. Bei Mehrbereichskurven, die der Gl. (2.12.) folgen, ist $\mathfrak{S}$ stets kleiner als die Zahl der Treffbereiche.

Abschließend kann festgestellt werden, daß die mittlere Inaktivierungsdosis $\bar{D}$ und die relative Varianz V oder die relative Steilheit $\mathfrak{S}$ Kennwerte der Dosiswirkungsbeziehung sind, die besser als die Werte D_0 und n die Reaktion einer Population über den ganzen Dosisbereich hinweg charakterisieren. Sie können ergänzt werden durch die Angabe der D_1, wenn man besonders an dem Kurvenverlauf im sehr kleinen Dosisbereich interessiert ist. Wie sich die gebräuchlichen Kennwerte zu den neu empfohlenen verhalten, wird an Beispielen in Tabelle 2.1. gezeigt.

Tabelle 2.1. Charakteristische Größen für einige an Säugetierzellen ermittelte Dosiswirkungskurven (bei den Experimenten a, b, c, d, e wurde Röntgenstrahlung, beim Experiment f Co^{60}-γStrahlung verwendet)*

Zellart	$\bar{D}$ rad	$\mathfrak{S}$	D_{37} rad	D_1 rad	D_0 rad	n
a) Chinesische Hamsterzellen in vitro	254	2,3	287	~400	125	4,5
b) Ehrlich-Ascites-tumorzellen in vitro	379	3,9	405	∞	150	6
c) L-Zellen der Maus in vitro	359	3,7	370	∞	170	2,9
d) Menschl. Leber-zellen in vitro	275	2,7	270	∞	166	2
e) Menschl. Nieren-zellen in vitro	290	2,0	320	~400	—	—
f) Mäusespermato-gonien in vivo	44	2,0	45	~200	32	3,7

Definitionen:
$\bar{D}$: Mittlere Inaktivierungsdosis
$\mathfrak{S}$: Relative Steilheit
D_{37}: Dosis für die Überlebensrate 37%
D_1 Reziproke Anfangsneigung einer Dosiswirkungskurve
D_0: Reziproke Endneigung einer Dosiswirkungskurve
n: Extrapolationsnummer

* (Literatur in: A. 23.)

Mit der in den vorigen Abschnitten dargelegten Beschreibung und Analyse der Dosiswirkungskurven ist noch nichts über die jeweils zugrunde liegenden Wirkungsmechanismen ausgesagt, die gerade zu solchen Formen der Dosiswirkungskurven führen. Wir haben gesehen, daß die Treffertheorie entsprechende Aussagen nur bedingt erlaubt und zu falschen Vorstellungen führen kann, wenn man allzu vereinfachte Annahmen zugrunde legt, die der biologischen Realität nicht entsprechen. Die vorgelegte mathematische Beschreibung der Dosiswirkungskurven erlaubt nur begrenzte, dafür aber allgemein gültige Aussagen, die im folgenden nur angedeutet werden können.

Die relative Steilheit $\mathfrak{S}$ gibt einen Anhaltspunkt für die Rolle von Zufallsfaktoren bei der Strahlenwirkung. Je größer diese ist, um so mehr nähert sich $\mathfrak{S}$ dem Wert 1, der bei einer exponentiellen Dosiswirkungsbeziehung erreicht wird. Wären die physikalischen Zufallsfaktoren die einzigen, welche beim Strahleneffekt auftreten, und hätte man es mit einer Folge völlig gleichartiger Trefferereignisse zu tun, so könnten wir unmittelbar aus dem Wert der relativen Steilheit auf die Zahl der „Absorptionsereignisse" schließen, die zum Zustandekommen des Effektes beitragen. Steilheit 1 wäre eindeutig auf einen Eintreffermechanismus, eine Steilheit 4 auf einen Viertreffermechanismus zu beziehen. Da aber, wie erläutert, Zufälligkeiten anderer Art bei der Weiterentwicklung des Schadens, bei den in das Geschehen eingreifenden Reparations- und Erholungsmechanismen und schließlich beim jeweiligen Endeffekt, z. B. der Entscheidung über Leben oder Tod, eingreifen, jeder dieser Faktoren aber eine zusätzliche weitere Verschleifung (eine Abnahme der relativen Steilheit) bedingt, läßt sich nur folgendes mit Sicherheit sagen: $\mathfrak{S}$ gibt nur an, wie groß die Trefferzahl mindestens sein muß. Die tatsächliche Zahl kann aber sehr wohl größer sein als diese aus $\mathfrak{S}$ ermittelte Mindestzahl, nämlich dann, wenn die genannten anderen Zufallsfaktoren mitspielen. So beruht ein $\mathfrak{S} = 4$ nur dann auf einem Viertreffermechanismus, wenn keine biologische Stochastik beim Zustandekommen der Effekte mitspielt. Es kann sich aber sehr wohl um das Zusammenwirken von sehr viel mehr Absorptionsereignissen handeln, (die für sich genommen eine relativ sehr viel steilere Dosiswirkungskurve ergäben), für den Fall, daß die Kurve durch andere Zufallsfaktoren verschleift ist. Auf diese Weise läßt sich aus bestimmten Überlebenskurven von Säugetierzellen berechnen, daß bei der Zellinaktivierung mindestens vier Absorptionsereignisse oder Treffer in einer Zelle zusammenwirken müssen. Da aber andere Zufallsfaktoren beim Zelltod mitspielen, ist diese Zahl in Wirklichkeit wohl wesentlich größer. Eine strenge mathematische Ableitung dieses Theorems findet sich in Arbeiten von Hug und Kellerer (A. 23., A. 38.). In ähnlicher Weise lassen sich unter Zuziehung von Beobachtungen über die Dosisabhängigkeit der Wirkung verschiedener Strahlenqualitäten begrenzte, aber dafür sichere Schlüsse auf die Größe des empfindlichen Bereichs ziehen, wie das in Kap. 3. geschieht.

2.4. Darstellung der Dosiswirkungsbeziehungen im Bereich relativ kleiner Wirkungen bzw. kleiner Dosen

Für die Abschätzung des Strahlenrisikos ist besonders wichtig der Verlauf der Dosiswirkungskurven im kleinen Dosisbereich. Aus statistischen und experimentellen Gründen kann aber meistens nur die Wirkung relativ hoher Strahlendosen beobachtet werden. Die Wirkung extrem kleiner Strahlendosen, wie sie etwa bei einer beruflichen Strahlenbelastung zustande kommen, oder bei einer allgemeinen Erhöhung des Strahlenpegels, mit der in unserer heutigen Umwelt zu rechnen ist, kann überhaupt nicht oder nur mit großen Ungenauigkeiten erfaßt werden, und man ist auf eine Extrapolation der Dosiswirkungskurven aus dem hohen Dosisbereich bis herunter zu kleinsten Dosen gezwungen. Nur bei Kurven vom Typ c der Abb. 2.6. kann von einem praktischen Schwellenbereich der wirksamen Dosis gesprochen werden. Dagegen ist sowohl bei Exponentialfunktionen als auch bei Dosiswirkungskurven vom Typ b der Abb. 2.6. mit einer Wirksamkeit auch schon kleinster Dosen zu rechnen.

Im kleinen Dosisbereich kann die Zahl der veränderten Einheiten E proportional zur Dosis zunehmen:

$$E(D) = a D \qquad (2.20.)$$

Dabei ist a eine Konstante und entspricht der Neigung der Dosiswirkungskurve in linearer Darstellung. Im allgemeinen handelt es sich um den Anfang einer exponentiellen Dosiswirkungsbeziehung. Diese folgt bei linearer Darstellung so lange annähernd einer Geraden, als die Zahl der veränderten Einheiten noch sehr klein ist gegenüber der Zahl der ursprünglich vorhandenen. Eine lineare Dosiswirkungsbeziehung bedeutet also, daß pro Dosiseinheit stets die gleiche *absolute Zahl* von Einheiten verändert wird, während – wie in Abschn. 2.2.1. besprochen – über den ganzen Bereich der Exponentialfunktion hinweg der *Anteil* oder *Prozentsatz* der jeweils noch Vorhandenen, der pro Dosiseinheit inaktiviert wird, konstant ist.

Strahlenchemische Umsätze sind über einen weiten Dosisbereich hin dosisproportional, und bei extrem hohen Dosen kann bei gewissen Reaktionen die Ausbeute abnehmen. Durch Darstellung der Dosiswirkungskurven in logarithmischem Raster läßt sich prüfen, ob der Effekt linear oder mit einer von 1 abweichenden Potenzfunktion der Dosis zunimmt. Gleichung 2.20. ist ein Sonderfall der allgemeineren Gleichung:

$$E(D) = a D^n \qquad (2.21.)$$

bei dem der Exponent $n = 1$ ist.

Durch Logarithmierung erhält man daraus:

$$\ln E(D) = \ln a + n \ln D \qquad (2.22.)$$

Alle Potenzfunktionen der Dosis ergeben in logarithmischer Darstellung Gerade, deren Neigung durch n gegeben ist. Ist $n = 1$, d. h., handelt es sich um Dosisproportionalität, so hat diese Gerade einen Anstiegswinkel von 45° (Abb. 2.8. Kurve 1). Ist n größer als 1, so verläuft die Gerade steiler, ist es kleiner als 1, so verläuft die Gerade flacher. Ein Exponent $n = 2$ bedeutet eine quadratische Abhängigkeit von der Dosis (Kurve 2 der Abb. 2.8.).

Als Beispiel für Dosiswirkungsbeziehungen im kleinen Dosisbereich eignen sich strahleninduzierte Chromosomenaberrationen, wie sie in Kapitel 11 beschrieben sind. Nach Einwirkung dichtionisierender Strahlen, wie z. B. α-Strahlen, beobachtet man, daß alle Formen von Chromosomenaberrationen eine lineare Dosiswirkungsbeziehung aufweisen. Die Beobachtungen nach Einwirkung locker ionisierender Strahlen wurden häufig so interpretiert, daß nur Aberrationen, die auf einzelne primäre Brüche zurückzuführen sind, dosisproportional sind, während sogenannte Strukturumbauten, die mindestens zwei Brüche erfordern, mit dem Quadrat der Dosis zunehmen.

In letzter Zeit aber zeigten genauere Analysen, daß die Dosiswirkungskurven für Chromosomenaberrationen aus einer linearen und einer quadratischen Komponente zusammengesetzt sind (s. A. 84.), also der Gleichung

$$E(D) = aD + bD^2 \qquad (2.23.)$$

folgen.

Dieser Gleichung entsprechen Kurven der Form 3 in Abb. 2.8. Das Verhältnis der beiden Konstanten a und b, das mit λ bezeichnet sei ($\lambda = \frac{a}{b}$), hat die Dimension einer Dosis und gibt den Punkt in der Kurve 3 an, unterhalb dessen die lineare und oberhalb dessen die quadratische Komponente überwiegt. Man kann deshalb λ als „Umschlagsdosis" bezeichnen.

Mehr und mehr stellt sich heraus, daß eine ganze Reihe zellulärer Strahlenreaktionen sowie Strahlenschäden höherer Organismen, die auf zytogenetischen Veränderungen beruhen, wie gewisse strahleninduzierte Geschwülste, einer solchen linear-quadratischen Dosiswirkungsbeziehung im Bereich kleiner Strahlendosen gehorchen, wobei die Größe λ, je nach Zellart, Strahlenart und Art des induzierten Effektes, variiert.

Als Beleg für den Beitrag, den die Mikrodosimetrie bereits zur Interpretation biologischer Dosiswirkungskurven zu leisten vermag, diene der Vermerk, daß λ mit dem Wert ζ identifiziert werden kann, der entsprechend der Ausführungen von 1.5.10.2. den Mittelwert der Energiedeposition durch ein einziges geladenes Teilchen im empfindlichen Volumen darstellt.

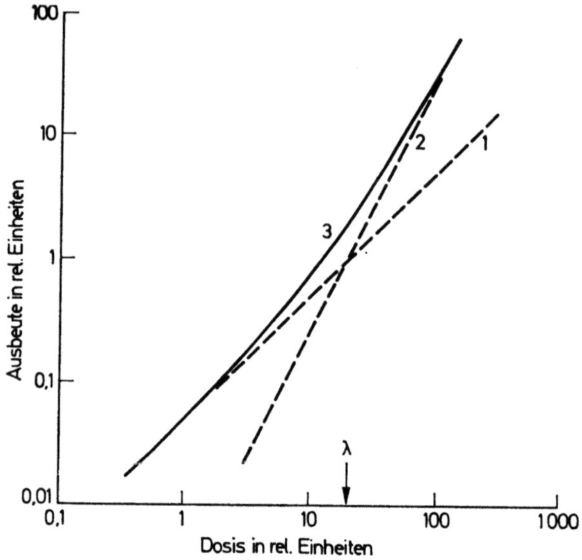

Abb. 2.8. Logarithmische Darstellung von Dosiswirkungsbeziehungen im Bereich kleiner Effekte. 1: Kurve einer dosisproportionalen Zunahme des Effektes mit einer Steigung von 45°. 2: Kurve eines mit dem Quadrat der Dosis zunehmenden Effektes. 3: Aus 1 und 2 zusammengesetzte Kurve einer linearquadratischen Dosiswirkungsbeziehung. λ ist gleich der „Umschlagdosis", unterhalb derer die lineare und oberhalb derer die quadratische Komponente überwiegt

Vieles spricht dafür, daß diese „duale Strahlenwirkung" (Rossi und Kellerer, A. 37.) aufs engste mit den Besonderheiten der Energieabsorption verbunden ist, wobei vermutlich die δ-Strahlen und andere dichtere Energiedepots bei der Absorption locker ionisierender Strahlen für die lineare Komponente verantwortlich sind.

3. Die relative biologische Wirksamkeit (RBW) von Strahlen verschiedener Art und Energie

3.1. Allgemeines

Werden lebende Objekte vergleichend der Einwirkung von Strahlen verschiedener Art (Photonen oder Teilchen unterschiedlicher Ladung und Masse) oder verschiedener Energie ausgesetzt, so kann die Wirkung bei gleicher absorbierter Dosis unterschiedlich stark ausgeprägt sein, oder anders gesagt: Zur Erzielung der gleichen Wirkung werden unterschiedlich hohe Dosen benötigt.

Voraussetzung eines solchen Vergleiches ist es, daß alle übrigen den Effekt beeinflussenden Bestrahlungsbedingungen, insbesondere die Dosisleistung, der physiologische Zustand des Objektes und die Milieubedingungen, wie Sauerstoffspannung, die gleichen sind.

Die Abhängigkeit der Wirkung von der Strahlenqualität kann beruhen:

a) auf dem makroskopischen Muster der räumlichen Dosisverteilung innerhalb des Objektes, das infolge der unterschiedlichen Absorption und Streuung der zu vergleichenden Strahlenarten verschieden sein kann, und

b) dem mikroskopischen Muster der Energiedeposition, das in Annäherung durch den jeweiligen linearen Energietransfer, LET, charakterisiert ist.

Bei der Inkorporation radioaktiver Nuklide können ferner noch Wirkungsunterschiede bei gleicher mittlerer Gewebsdosis dadurch zustande kommen, daß das Radionuklid innerhalb des Gewebes inhomogen verteilt ist und dadurch die für den Effekt verantwortlichen Gewebeelemente eine von diesem Mittelwert abweichende Dosis erhalten.

Der Wirkungsunterschied zweier Strahlenarten, der auf Unterschieden der mikroskopischen Energiedeposition, also des LET beruht, wird relative biologische Wirksamkeit (RBW) genannt. Linearer Energietransfer und der mit ihm verwandte Begriff der spezifischen Ionisation sind in 1.5.10. erläutert.

Der Wert der relativen biologischen Wirksamkeit ergibt sich aus dem Quotienten der gleichwirksamen Dosen D_e zweier zu vergleichender Strahlenarten.

$$RBW = \frac{D_{e,1}}{D_{e,2}} \qquad (3.1.)$$

Im allgemeinen wählt man eine locker ionisierende, häufig gebrauchte Strahlenart, also Röntgenstrahlen von einigen hundert kV oder die γ-Strahlen von Cobalt-60 als Bezugsstrahlung. Diese hat dann definitionsgemäß eine relative biologische Wirksamkeit von 1. Die RBW einer beliebigen anderen Strahlenart ergibt sich durch Division der Röntgen- oder γ-Strahlendosis $D_{e,1}$ durch die gleichwirksame Dosis $D_{e,2}$ der zu prüfenden Strahlenart.

Die experimentell und klinisch beobachteten Werte der RBW der einzelnen Strahlenarten variieren außerordentlich in Abhängigkeit von der Natur des bestrahlten Objektes und der beobachteten Testreaktion, vor allem aber von der Höhe der Dosis und dem Grade des Effektes, der verglichen wird, sowie von Milieubedingungen wie der Temperatur oder der Sauerstoffspannung während der Bestrahlung. Von vornherein ist im Auge zu behalten, daß schwer unterschieden werden kann, ob die initiale schädigende Wirkung unterschiedlich groß ist oder ob bei den verschiedenen Strahlenarten Reparations- und Erholungsprozesse unterschiedlich stark in die Kausalkette bis hin zur Ausbildung der Testreaktion eingreifen. RBW ist also nicht eine starre Größe, die einer Strahlenart zugeordnet werden kann. Ihre Angabe hat somit nur einen Sinn, wenn genau definiert ist, auf welchen Effekt und auf welche Bestrahlungsbedingungen sie sich bezieht. Andererseits aber gibt uns gerade eine Analyse der Faktoren, welche die RBW beeinflussen, weitere Einblicke in die Wirkungsmechanismen ionisierender Strahlen, wie das weiter unten besprochen wird.

Molekulare Veränderungen, die durch eine einzelne Ionisation ausgelöst werden, sind weitgehend unabhängig von der räumlichen Anordnung dieser Ionisationsakte. Nur bei extrem dicht ionisierenden Strahlen, bei denen die Ionisationsakte in der Bahnspur des Teilchens so dicht aufeinanderfolgen, daß auch in einem kleinen Volumen molekularer Größe mit hoher Wahrscheinlichkeit immer schon mehrere Ionisationsakte erfolgen, wird gewissermaßen Energie verschwendet, und die Wirksamkeit nimmt, bezogen auf gleiche Dosen, ab. Man spricht von einem Sättigungseffekt dicht ionisierender Strahlen.

Bei *zellulären Strahlenwirkungen* und akuten und chronischen Wirkungen auf Gewebe und Organismen im ganzen nimmt die Wirksamkeit ionisierender Strahlen meist bis zu einem LET von ca. 100 keV/μm zu. Bleibt man im Bereich mittlerer Dosen, so liegen für die wichtigsten zellulären Effekte und Strahlenschäden höherer Organismen die Werte der RBW für dichtionisierende Strahlung meist zwischen 2 und 10.

Aus zahlreichen Studien über die Abhängigkeit der RBW vom LET sind in Abb. 3.1. einige

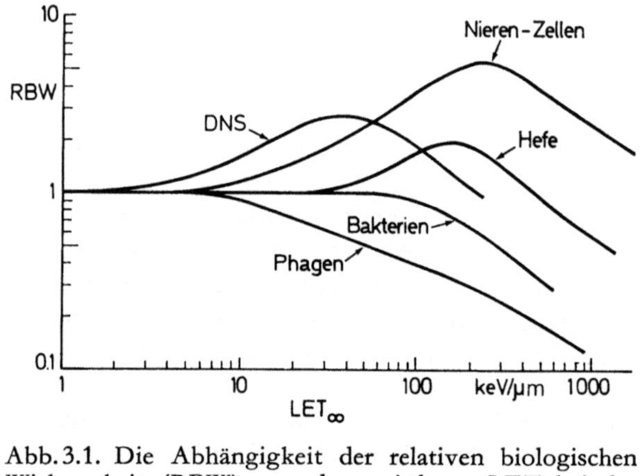

Abb. 3.1. Die Abhängigkeit der relativen biologischen Wirksamkeit (RBW) von dem mittleren LET bei der Inaktivierung von T_1-Phagen von E. coli, Shigella Bakterien, „transformierender" DNA, haploiden Hefezellen und menschlichen Nierenzellen in Kultur. (Nach ICRU-Report 19 A. 43.)

typische Beispiele zusammengestellt. Während für einen Phagentyp von Coli-Bakterien die RBW bis zu einem LET von ca. 10 keV/μm bei 1 liegt, und dann wegen des beschriebenen Sättigungseffektes abfällt, steigt sie für die Inaktivierung der transformierenden DNA von Pneumokokken und für verschiedene Zelltypen zunächst bis zu einem Maximum, das in der Nähe von 100 keV/μm liegt, an, um erst dann abzufallen.

3.2. Die Abhängigkeit der RBW von der Strahlendosis

Wenn man die Dosiswirkungskurven für dicht und locker ionisierende Strahlen (s. z. B. Abb. 4.7.) vergleicht, so wird augenscheinlich, daß sich die RBW mit der Dosis ändert, weil die Wirksamkeit (Reaktivität) der dicht ionisierenden Strahlen konstant ist, die der locker ionisierenden aber mit der Dosis abnimmt. Ungenauigkeiten der Kurvenverläufe im kleinen Dosisbereich bedingen auch eine Unsicherheit hinsichtlich der hier gültigen RBW-Werte. Würde bei locker ionisierenden Strahlen ein echter Schwellenwert der Dosis existieren, die Dosiswirkungskurve also horizontal beginnen, dann wäre die RBW von dicht ionisierenden Strahlen, bei kleinsten Dosen, unendlich. Die RBW erreicht also bei Annäherung an die Dosis 0 nur deshalb einen endlichen Wert, weil die Dosiswirkungskurven locker ionisierender Strahlen meist mit einer endlichen Neigung beginnen, die wir auf die irreversible Komponente der Strahlenwirkung bezogen haben.

So läßt sich aus der halblogarithmischen Dosiswirkungskurve für die Inaktivierung von Säugetierzellen (s. Kap. 9.) ablesen, daß die

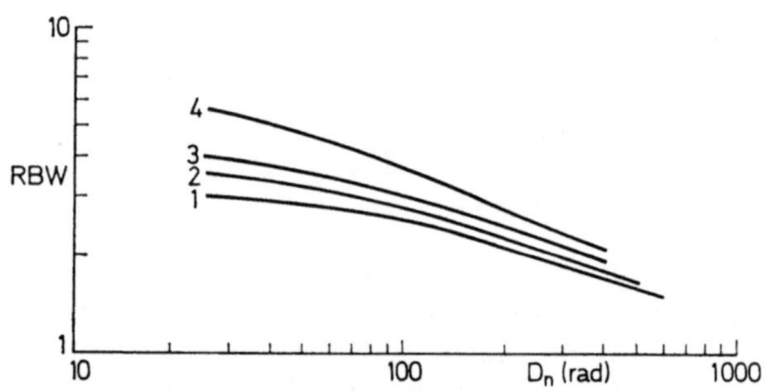

Abb. 3.2. Die Änderung der RBW von Neutronen verschiedener Energie mit der Neutronendosis bei der Inaktivierung von Säugetierzellen in vitro. Neutronenenergien: 1) 15 MeV, 2) 7 MeV, 3) 10 MeV, 4) 1 MeV (Barendsen, B. 4.)

RBW von Neutronen im hohen Dosisbereich, da wo auch die Kurve für Röntgenstrahlen geradlinig verläuft, ca. 2 beträgt und im kleinen Dosisbereich bis auf 6 ansteigt (Abb. 3.2.).

Noch ausgeprägter ist dieser Anstieg der RBW mit abnehmender Dosis bei der Induktion von Chromosomenaberrationen; er kann in Pflanzenzellen Werte von über 100 erreichen (Neary, B. 80.).

Auch für genetische Effekte, die auf Punktmutationen zurückgeführt werden, kann die RBW, die bei akuter Bestrahlung nach mittleren Dosen 5 selten überschreitet, im kleinen Dosisbereich höhere Werte erreichen.

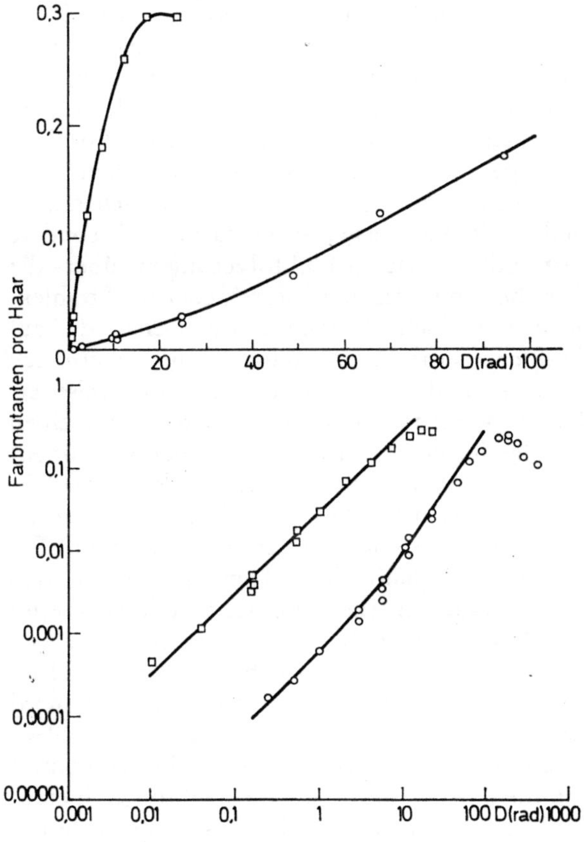

Abb. 3.3. Beispiel für die logarithmische Darstellung experimenteller Daten. Oben: Die Zunahme von Farbmutanten in den Staubfaden-Haaren von Tradescantia mit der Strahlendosis in linearem Koordinatensystem (nach Daten von Sparrow et al., zit. in A. 38.). Linke Kurve: nach Einwirkung von 0,43 MeV-Neutronen. Rechte Kurve: nach Einwirkung von 250 kV-Röntgenstrahlen. Unten: Bei logarithmischer Darstellung ergibt die Neutronenkurve eine Gerade mit einer Neigung von 45°, die Röntgenstrahlenkurve eine geknickte Kurve, die dem linear-quadratischen Modell von Abb. 2.8. entspricht

Die Dosisabhängigkeit der RBW wird besonders deutlich, wenn man die Dosiswirkungskurven für die zwei zu vergleichenden Strahlenarten logarithmisch aufträgt. Ein Beispiel dafür liefert Abb. 3.3., in der die Häufigkeit somatischer Mutationen bei Tradescantia nach Neutronen- und Röntgenbestrahlung wiedergegeben ist. Die Kurve für Neutronen stellt eine Gerade mit einer Neigung von 45° dar, wie sie für eine lineare Dosiswirkungsbeziehung charakteristisch ist (s. 2.4.). Die Kurve für Röntgenstrahlen dagegen läßt sich am besten interpretieren als eine linear-quadratische Dosiswirkungsbeziehung, wobei bis zu einer Dosis von ca. 5 rad die lineare und darüber die quadratische Komponente überwiegt. Daraus läßt sich ablesen, daß die RBW bei den höchsten hier verwandten Dosen etwa 15 beträgt, mit abnehmender Dosis ansteigt, bei ca. 5 rad einen Wert von etwa 50 erreicht, und von da ab konstant bleibt.

Daß dieser Anstieg der RBW mit abnehmender Dosis für viele, wenn nicht alle biologischen Strahlenwirkungen gilt, zeigt eine Analyse von Kellerer und Rossi (A. 44.), deren Ergebnisse in Abb. 3.4. graphisch dargestellt sind. Dabei ist im logarithmischen Maßstab die RBW für schnelle Neutronen gegen die Neutronendosis aufgetragen. Es handelt sich dabei um recht verschiedene zelluläre oder gewebliche Reaktionen. Bemerkenswert ist an diesen Daten, daß die RBW stets mit abnehmender Dosis ansteigt, und daß dieser Anstieg in keinem Fall steiler ist, als es

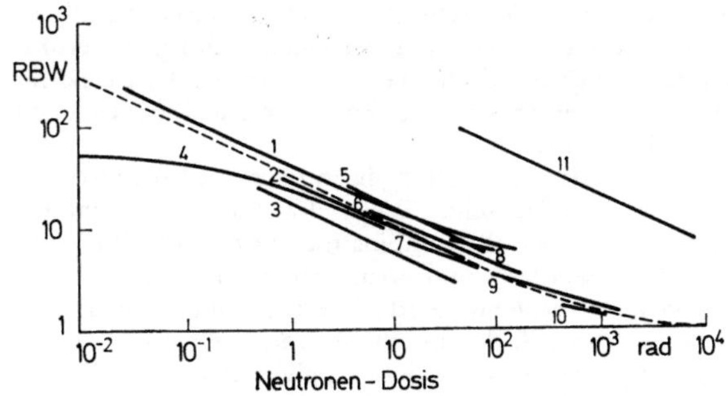

Abb. 3.4. Die relative biologische Wirksamkeit von Neutronen als Funktion der Neutronendosis für verschiedene Effekte: 1)–3) Linsentrübungen der Maus, 4) Farbmutanten in Haarzellen von Tradescantia (vergl. Abb. 3.3.) 5) Erzeugung von Brusttumoren der Ratte. 6) Chromosomenaberrationen in menschlichen Lymphozyten. 7) u. 8) Wachstumsminderung in Vicia faba-Wurzeln. 9) Hautschäden bei Mensch, Ratte, Maus und Meerschweinchen. 10) Inaktivierung der Zellen in den Lieberkühnschen Krypten der Maus. 11) Verschiedene Wirkungen auf Pflanzensamen. (Kellerer u. Rossi, A. 44.)

einer Geraden der Neigung – 1/2 in der logarithmischen Darstellung entspricht, das heißt, daß in diesem Dosisbereich die RBW der Quadratwurzel aus der Neutronendosis umgekehrt proportional ist.

Die theoretische Analyse, auf die im nächsten Abschnitt eingegangen wird, führt aber zu der Annahme, daß sich die RBW beiderseits dieser Geraden der Abb. 3.4. konstanten Werten annähert.

3.3. RBW und spezifische Energie

Die hochinteressanten mathematischen Beziehungen zwischen RBW und der spezifischen Energie können hier nur angedeutet werden.

Das wesentliche Ergebnis ist, daß die in Abb. 3.4. gezeigten Kurvenverläufe dadurch erklärt werden können, daß in diesen Fällen die primäre Strahlenwirkung E dem Quadrat der spezifischen Energie z in empfindlichen Bereichen der Zelle, die eine Ausdehnung von 1 bis 2 μm haben, proportional ist:

$$E(z) = kz^2 \qquad (3.2.)$$

Aus dieser quadratischen Abhängigkeit von z ergibt sich eine linear-quadratische Abhängigkeit des Effektes von der Dosis, D, wenn man über die Wahrscheinlichkeitsverteilung von z bei gegebener Dosis mittelt:

$$E(D) = k(\zeta D + D^2) \qquad (3.3.)$$

Dabei ist ζ der in 1.5.10.2. erwähnte Mittelwert der in Einzelereignissen, d. h. durch ein einzelnes geladenes Teilchen, erzeugten spezifischen Energie z_1 im empfindlichen Bereich.

Man kann Formel (3.3.) so verstehen, daß der lineare Term auf der Wechselwirkung elementarer zellulärer Läsionen innerhalb ein und derselben Bahnspur beruht, während der quadratische Term D^2 der Wechselwirkung von Läsionen entspricht, die durch verschiedene Teilchen verursacht werden.

Im Falle der Erzeugung dizentrischer Chromosomen kann die quadratische Wechselwirkung elementarer Läsionen mit der Rekombination von Einzelbrüchen identifiziert werden, und man erhält in diesen Fällen Dosiswirkungsbeziehungen der linear-quadratischen Form, wie sie in Abb. 2.8. dargestellt ist, und wie sie Gleichung (3.3.) entsprechen. In anderen Fällen kann die Dosiswirkungsbeziehung von komplizierterer Form sein, da der betrachtete Effekt nicht immer der primären zellulären Schädigung proportional ist. Dies ist z. B. der Fall bei solchen geweblichen Reaktionen wie der strahleninduzierten Linsentrübung oder bei akuten Hautreaktionen. In solchen Fällen ist bereits die Wahl der numerischen Skala für den Effekt willkürlich, und die Dosiswirkungsbeziehung kann daher nicht der einfachen linear-quadratischen Beziehung entsprechen. Da sich beim Vergleich zweier Strahlenarten solche komplizierenden Faktoren großenteils aufheben, sind jedoch die Dosis-RBW-Beziehungen auch in solchen Fällen von der Form, die sich nach Gleichung (3.3.) ergibt, wenn man es bei zwei verschiedenen Strahlenarten je nach ihrer Ionisationsdichte lediglich mit verschieden großen Werten von ζ zu tun hat. Die gestrichelte Kurve in Abb. 3.4. entspricht der allgemeinen Form dieser Dosis-RBW-Beziehung in dem Bereich, in dem die lineare Komponente, d. h. die Größe ζ für Röntgenstrahlung, vernachlässigt werden kann. Die Kurve verschiebt sich umso weiter nach rechts, je größer der Wert ζ für die Neutronenstrahlung ist. Bei kleinsten Dosiswerten kann auch für Röntgenstrahlen die lineare Komponente nicht mehr vernachlässigt werden; die RBW muß sich dann nach Gleichung (3.3.) dem konstanten Wert ζ_n/ζ_r annähern, wobei ζ_n/ζ_r das Verhältnis der Größen ζ für Neutronen und Röntgenstrahlen ist. Obwohl dieses Plateau der RBW bei niedrigsten Dosen bisher nur in dem einen Fall der Experimente an Tradescantia (Abb. 3.3.) beobachtet wurde, ist es doch gemäß den mikrodosimetrischen Überlegungen ganz allgemein zu erwarten.

Diese analytische Auswertung der RBW eröffnet neue Einblicke in die primären Wirkungsmechanismen, die den verschiedenen biologischen Strahlenwirkungen zugrunde liegen. So lassen sich aus der beobachteten Größe ζ wichtige Aufschlüsse über die kritischen Zellbereiche gewinnen, in denen die genetischen oder letalen Effekte ausgelöst wurden. Insbesondere aber erlaubt sie Schlußfolgerungen über die Dosisbeziehungen der verschiedenen Strahlenschäden im sehr kleinen Dosisbereich, die auf direktem statistischem Wege nicht zu erhalten sind. Auch dies kann nur andeutungsweise erläutert werden: Wenn sich bei extrem kleinen Strahlendosen ein konstanter Wert der Neutronen-RBW um 50 einstellt, so bedeutet das, daß in diesem Bereich (gemäß Gl. 3.3.) auch die Dosiswirkungskurve von Strahlen mit niedrigem LET geradlinig verläuft. Man kann annehmen, daß diese Gerade der Tangente der Schulterkurve im Null-Punkt entspricht, deren Verlauf wie gesagt, nur mit Unsicherheit zu bestimmen ist. Ihre Neigung bzw. die daraus abzulesende D_1 wird auf die irreversible Komponente der Strahlenwirkung bezogen. Bei sehr kleinen Dosen kommt nur diese zur Wirkung. Die Reaktivität kleiner Strahlendosen wird also kleiner sein als die hoher Dosen, und zwar um einen Faktor, der dem Verhältnis $D_0 : D_1$ entspricht.

Stellen wir also fest, daß, gemessen an der D_{37} bzw. D_0, die RBW von Neutronen 5 beträgt, in sehr kleinem Dosisbereich aber auf 50 ansteigt, so muß die Wirksamkeit von Röntgen- oder γ-Strahlen im sehr kleinen Dosisbereich um den Faktor 10 kleiner sein als im Bereich höherer Dosen. Das hat große Bedeutung bei der Abschätzung der Strahlenrisiken.

Wie im folgenden Kap. 4. gezeigt werden wird, vermindert sich die Strahlenwirkung in vielen Fällen durch eine Erniedrigung der Dosisleistung, wenn es sich um locker ionisierende Strahlen handelt, nicht dagegen bei dicht ionisierenden Strahlen. Somit ist es evident, daß die RBW dicht ionisierender Strahlen ebenso wie mit abnehmender Dosis auch mit abnehmender Dosisleistung zunehmend größere Werte annimmt.

3.4. RBW in der radiologischen Praxis

Für die praktischen Zwecke der medizinischen Radiologie kann man unter Vernachlässigung der differenzierten Verhältnisse, die im Vorhergehenden beschrieben wurden, den verschiedenen Strahlenarten angenäherte RBW-Werte zuordnen und sie in Beziehung setzen zu einem mittleren LET-Wert. Sie gelten für einen Dosisbereich über 100 rad.

Setzt man die Wirkung von Röntgenstrahlen, wie sie in der konventionellen Tiefentherapie verwendet werden, also von etwa 200 bis 300 kV gleich 1, so liegen die RBW-Werte für Röntgen- und γ-Strahlen mit Energien oberhalb von 1 MeV zwischen 0,7 und 0,9 und im Mittel um 0,85. Gleiche Werte gelten für Elektronen, deren kinetische Energie im MeV-Bereich liegt. Zur Erzielung des gleichen Effektes sind also entsprechend höhere Dosen zu verwenden, wenn man von konventioneller Tiefentherapie zur Hochvolttherapie übergeht.

Weiche Röntgenstrahlen, bis herab zu 20 kV haben eine nur wenig über 1 liegende RBW; wird die Erzeugungsspannung weiter reduziert, so steigt die RBW an und kann für zelluläre Strahleneffekte, die experimentell mit ultraweichen Röntgenstrahlen hervorgerufen werden, bis 2 betragen.

Bei Neutronenstrahlung, die häufig ein breites Energiespektrum aufweist, das sich zudem noch mit der Gewebstiefe ändert, sind exakte Werte der RBW schwer zu bestimmen. Im großen und ganzen läßt sich aus zahlreichen Experimenten an den verschiedensten Objekten und für die verschiedensten Effekte dann, wenn man sich auf akute Bestrahlung im mittleren Dosisbereich beschränkt, ableiten, daß auch bei Neutronenbestrahlung mit dem Anstieg des LET von 10 auf ca. 100 keV/μm, d. h. in diesem Falle mit einer Abnahme der Energie der Rückstoßprotonen von 15 MeV auf ca. 200 keV, die RBW zunimmt. Für Neutronen, wie sie bei Kernspaltungsprozessen erzeugt werden, und deren mittlere Energie ca. 1 MeV beträgt, liegt jedoch die RBW zur Auslösung der akuten Strahlenkrankheit und des Strahlentodes bei vielen Tieren oft nur wenig über 1. Für chronische Strahlenschäden, wie Lebensverkürzung und Krebsbildung, werden Werte bis zu 5 und für die Kataraktbildung von mehr als 10 erreicht. Für genetische Effekte, die auf Punktmutationen beruhen, werden bei relativ hohen Dosen und Dosisleistungen RBW-Werte von 4–5 beobachtet.

3.5. RBW und Qualitätsfaktor im Strahlenschutz

Von einer relativen biologischen Wirksamkeit verschiedener Strahlenarten und -qualitäten kann, wie eingangs gesagt, im eigentlichen Sinn nur gesprochen werden, wenn in einem vergleichenden Experiment alle übrigen Objekt-, Milieu- und Bestrahlungsbedingungen festgehalten sind, so daß Effektunterschiede nur auf dem unterschiedlichen LET-Wert der verglichenen Strahlenarten oder auf entsprechenden physikalischen Größen, wie der Verteilung der spezifischen Energie, beruhen können. Daraus ergibt sich, daß der RBW-Begriff dem exakten strahlenbiologischen Experiment vorbehalten werden sollte.

Die „Internationale Komission für Strahlenschutz“ (ICRP) hat vorgeschlagen, für Strahlenschutzzwecke einen anderen Terminus einzuführen. Demnach wird der Faktor, der die Wirkungsunterschiede zweier Strahlenarten infolge eines verschiedenen LET charakterisiert, „Qualitätsfaktor“, Q, genannt. Andere für die unterschiedliche Wirkung zweier Strahlenexpositionen verantwortliche Faktoren können dann durch andere Symbole berücksichtigt werden, so etwa die unterschiedliche makroskopische Dosisverteilung durch einen Distributionsfaktor. Unter Berücksichtigung dieser und anderer eventuell zu beachtender modifizierender Faktoren kann dann ein sogenanntes Dosisäquivalent H angegeben werden, welches definiert ist als das Produkt der Dosis einer beliebigen Strahlenart und dieser Faktoren. Somit gilt: $H = DQN$, wobei D die Dosis, N das Produkt aller anderen die Wirkung beeinflussenden Faktoren, außer dem Qualitätsfaktor Q ist.

Die Einheit des Dosisäquivalents ist das „Rem“. Dieses Äquivalent hat die Dimension rad bzw. Joule/kg. 1 rem entspricht 1 rad bzw. 10 mJ/kg der jeweiligen Bezugsstrahlung. Für den Strahlenschutz aufgestellte Qualitätsfaktoren sind auf einen mittleren LET ∞ bezogen, d. h. den gesamten mittleren Energieverlust der ionisierenden Teilchen pro Bahnlängeneinheit. Die Beziehung zwischen LET und Qualitätsfaktor, wie sie bei Strahlenschutzüberlegungen gelten soll, ist in der Tabelle 3.1. dargestellt.

Tab. 3.1. Beziehung zwischen LET und Qualitätsfaktor.

LET_∞ (keV/µm in Wasser)	Qualitätsfaktor
3,5 oder weniger	1
3,5 bis 7,0	1 bis 2
7,0 bis 23	2 bis 5
23 bis 53	5 bis 10
53 bis 175	10 bis 20

Wir wollen im Auge behalten, daß die Festlegung solcher Qualitätsfaktoren für praktische Zwecke von Experimenten mit relativ hohen Dosen und Dosisleistungen ausgehen, bei denen die Wirkungsunterschiede locker und dichtionisierender Strahlen relativ klein sind. Da bereits gezeigt wurde, daß die RBW dicht ionisierender Strahlen im Bereich kleiner Dosen und bei starker Protrahierung auch höherer Dosen weit über den Qualitätsfaktoren der Tab. 3.1. liegen kann, könnte man vermuten, daß dies zu einer Unterschätzung des Strahlenrisikos bei chronischer Exposition führt. Dem ist aber nicht so, denn den Risikoabschätzungen für locker ionisierende Strahlen wird eine hypothetische lineare Dosiswirkungsbeziehung zugrunde gelegt, d. h. die Abnahme der Wirksamkeit locker ionisierender Strahlen mit der Dosis und der Dosisleistung wird dabei außer acht gelassen. Somit muß man folgerichtig solchen Risikoabschätzungen einen konstanten RBW-Wert, entsprechend den bei hohen Dosen beobachteten, zugrunde legen.

4. Die Kinetik der Strahlenwirkung; Restitutionsvorgänge und Zeitfaktor

4.1. Die Dynamik der Strahlenwirkung

Die moderne Biologie hat in den letzten Jahrzehnten faszinierende Einblicke in die Dynamik der Lebensprozesse gewonnen, vor allem auch mit Methoden der Strahlenforschung. Spektrophotometrisch lassen sich noch biochemische Abläufe von 10^{-12} sec Dauer verfolgen. Erst durch die Verwendung radioaktiver Indikatoren können die molekularen und die zellulären Umsätze des Organismus exakt gemessen werden. Auch die biologischen Strahlenwirkungen können nur verstanden werden, wenn wir sie als einen Eingriff in ein dynamisches System betrachten, und dessen Kinetik von Anfang an in die mathematische Analyse einbeziehen.

Wenn wir uns nicht, wie bei den meisten älteren Untersuchungen, darauf beschränken, die zu irgendeinem Zeitpunkt nach Bestrahlung beobachteten Veränderungen zu registrieren, sondern ihren zeitlichen Ablauf verfolgen, so ergeben sich auf den verschiedensten Ebenen der Strahlenwirkung für die verschiedensten Effekte gewisse Übereinstimmungen in den Verlaufskurven, wie die Beispiele der Abb. 4.1. zeigen. Unvermeidlicher Weise machen wir dabei Vorgriffe auf Strahlenwirkungen, die erst in den folgenden Kapiteln des Buches behandelt werden.

Die Kurve a veranschaulicht einen primären physikalisch-chemischen Vorgang, nämlich die Bildung des hydratisierten Elektrons bei einem Bestrahlungsimpuls von 2 Mikrosekunden Dauer. Innerhalb eines Zeitraums gleicher Größenordnung verschwindet das Elektron durch Wechselwirkungen, die in 5.2. beschrieben sind.

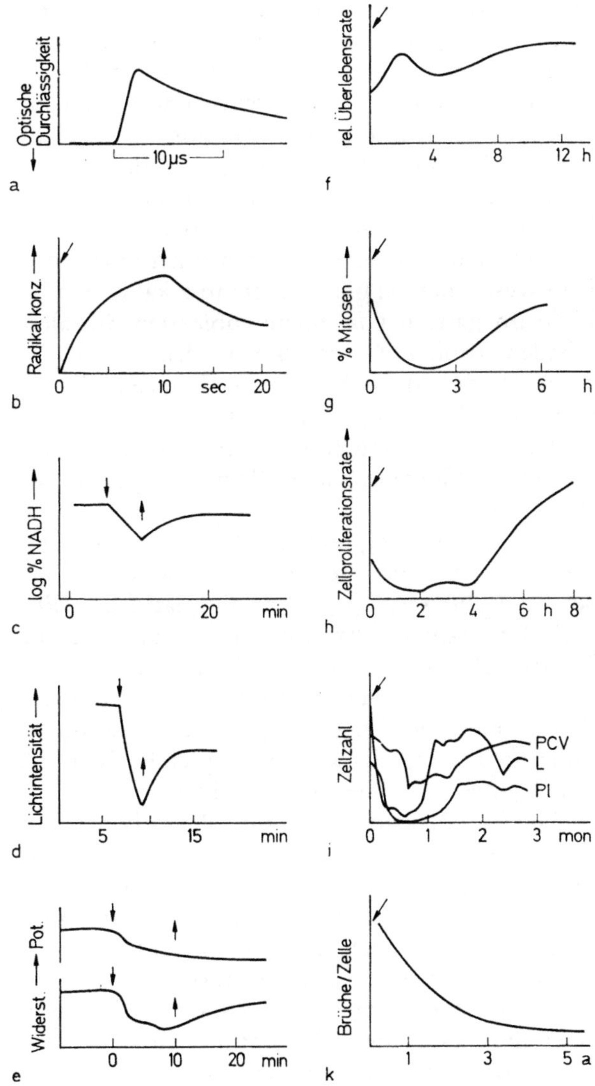

Abb. 4.1. Der zeitliche Verlauf verschiedener molekularer, zellulärer und geweblicher Strahlenreaktionen. Erläuterungen im Text

Kurve b zeigt den zeitlichen Verlauf der Konzentration strahleninduzierter freier Radikale von Cholesterin (s. 5.10.).

Ein chemischer Gleichgewichtszustand, wie der zwischen dem Koferment NAD und seiner reduzierten Form NADH, verschiebt sich unter Bestrahlung und stellt sich danach auf ein neues Gleichgewicht ein (Kurve c; s. 6.2.6.).

In analoger Weise kann Strahlung die Reaktionskinetik von Enzymen in der lebenden Zelle beeinflussen (Kurve d). Die Intensität des von Leuchtbakterien ausgesandten Lichtes ist ein Maß für den Umsatz des Enzymsystems Luciferin-Luciferase. Vor Bestrahlung konstant, fällt sie unter Bestrahlung steil ab, stellt sich aber unmittelbar danach auf einen neuen stationären Zustand ein, der infolge irreversibler Schäden niedriger liegt als der Ausgangszustand (s. 8.1.).

Einen ähnlichen Zeitverlauf nimmt das elektrische Potential und der Membranwiderstand einer Zelle unter Bestrahlung, wie das an der Alge *Nitella*, aber auch an tierischen Zellen beobachtet wurde (Kurve e; s. Abb. 10.2.).

Auf Grund anderer Mechanismen und innerhalb wesentlich längerer Zeiträume kann sich die Zelle im ganzen von einem subletalen Strahlenschaden erholen (Kurve f; s. 9.3.1.4.).

Auch die Mitosehemmung (Kurve g) ist ein reversibler Vorgang (s. 9.2.3.1.).

Unter Ersatz abgetöteter Zellen kann sich ein bestrahltes Gewebe, wie ein Tumor, regenerieren (Kurve h).

Die Schädigung des blutbildenden Systems macht sich in einem temporären Abfall der Zahl der Lymphozyten (L), der Blutplättchen (PC) und der Hämatokritwerte (PCV) mit anschließender Erholung bemerkbar (Kurven i).

Zellen mit strahleninduzierten Chromosomenaberrationen werden im Organismus teils innerhalb von Tagen, teils wie im Beispiel der Kurve k erst in Jahren eliminiert (s. Kap. 11.).

Die Mechanismen, die auf allen Ebenen der Wirkungskette von der Energieabsorption bis zur Ausbildung eines klinischen Strahlenschadens gegensinnig eingreifen können, sind also mannigfaltiger Art und reichen von dem physikalischen Abklingen eines angeregten molekularen Zustands und der Rekombination und Inaktivierung freier Radikale über Reparatur, Ausscheidung und Substitution organischer Molekel und die Heilung von Chromosomenbrüchen bis zu den komplexen intrazellulären Erholungsvorgängen, die offenbar nur unter Beteiligung energieliefernder Prozesse ablaufen, und von der Regeneration geschädigter Gewebe bis zur klinischen Heilung des akuten und chronischen Strahlenschadens. Diese verschiedenen Prozesse beanspruchen extrem unterschiedliche Zeiträume, die zwischen Mikrosekunden und Jahren bis Jahrzehnten liegen, sich also über ca. 12 Größenordnungen der Zeit erstrecken (Abb. 4.2.).

Abb. 4.2. Übersicht über die verschiedenen Restitutions-, Reparations- und Erholungsprozesse, die auf den verschiedenen Wirkungsstufen in die Entwicklung des Strahlenschadens eingreifen können, und ihre jeweiligen Zeitdauern

Trotz der Mannigfaltigkeit der Phänomene läßt sich ein vereinfachtes kinetisches Bild der Strahlenwirkung ableiten: Auf jeder Ebene der Strahlenwirkung entwickelt sich ein Effekt mit vielen, oft unbekannten Zwischenstufen und einer jeweils charakteristischen Geschwindigkeit, erreicht ein Maximum und klingt dann in Zeiten, die meist den Aufbauzeiten entsprechen, wieder ab. Oft aber ist diese Restitution nicht vollständig, und es bleiben irreversible Veränderungen bestehen. Dehnt sich eine Bestrahlung über Zeiträume aus, in denen die verschiedenen Restitutionsprozesse bereits merklich in das Geschehen eingreifen können, so wird der erreichte Grad der Schädigung geringer sein als bei einer kurzzeitigen Bestrahlung. Wir berühren damit das wichtige Problem des Zeitfaktors der Strahlenwirkung.

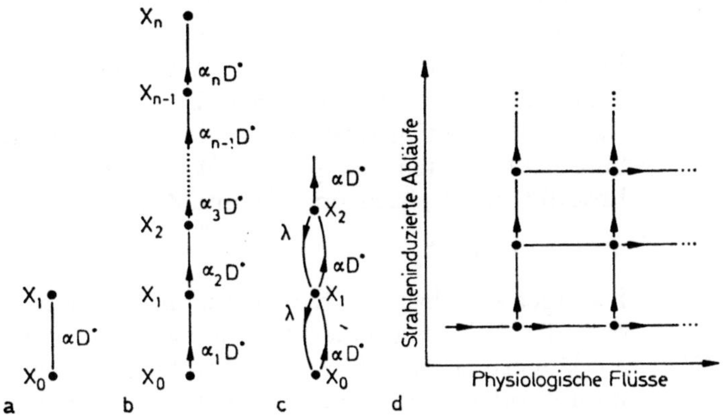

Abb. 4.3. Schematische Darstellung der Kinetik der Strahlenwirkung. α = Reaktionskonstante. $D^{\cdot}$ = Dosisleistung, λ = Restitutionskonstante, Weitere Erläuterung im Text

Das bisher Besprochene läßt sich in einem graphischen Schema veranschaulichen, das für die verschiedenen Ebenen der Strahlenwirkung anwendbar ist, und im übrigen als Basis einer streng mathematischen Behandlung dienen kann (Abb. 4.3.). Nehmen wir eine beliebige Art von Einheiten eines lebendigen Systems an, z. B. Moleküle oder Zellen, deren quantale Veränderungen wir beobachten können. Den jeweiligen Zustand, in dem sie sich befinden, kennzeichnen wir durch einen Punkt X_i ($i = 0,1,\ldots n$), strahleninduzierte Übergänge von einem Zustand in den anderen durch einen aufwärts gerichteten Pfeil. Durch die Bestrahlung werden die Einheiten in einen neuen oder in stufenweise aufeinanderfolgende Zustände gehoben. Schema a entspricht einem Eintreffer-, b einem Mehrtreffermechanismus, bei dem der Endzustand durch mehrere Absorptionsereignisse erreicht wird. Durch abwärts gerichtete Pfeile können wir die verschiedenen Formen von Rekombinationsvorgängen symbolisieren (c). Dabei wird uns eine wichtige Eigenschaft von Mehrtreffervorgängen klar. Wenn mehrere Treffer notwendig sind, um einen irreversiblen Effekt zu erreichen, die einzelnen Schritte vor Erreichen des Endzustandes aber reversibel sind, so müssen die Treffer in einer gewissen zeitlichen Dichte aufeinanderfolgen: Der Endeffekt ist von der zeitlichen Dosisverteilung abhängig. Man kann nunmehr auch die physiologischen Flüsse der molekularen oder zellulären Einheiten eines lebendigen Systems durch horizontal angeordnete Punkte und Übergangspfeile berücksichtigen. Wir können uns darunter die verschiedenen Glieder einer Enzymkette oder den Auf- und Abbau makromolekularer Elemente vorstellen. Ebenso aber ist das Schema anwendbar auf die verschiedenen auseinander hervorgehenden Zelltypen eines Mausergewebes oder die Stadien, welche eine Zelle während des Mitosezyklus durchläuft. Im Zuge dieses molekularen und zellulären Umsatzes können auch strahlengeschädigte Einheiten ausgeschieden und durch neugebildete ersetzt werden. So fügen sich nun die physiologischen und strahleninduzierten Abläufe zu einem zweidimensionalen Netzwerk zusammen (Schema d), das die möglichen Störungen, welche Strahlung in einem lebendigen Flußsystem hervorrufen kann, verstehen läßt.

Für eine mathematische Behandlung ordnen wir jedem Zustandspunkt eine Besetzungszahl zu, entsprechend der Anzahl der Einheiten, die sich jeweils in diesem Zustand befinden; die zeitlichen Übergänge von einem Zustand in den anderen sind durch die entsprechenden Reaktionskonstanten oder Übergangswahrscheinlichkeiten gegeben. Bei strahleninduzierten Übergängen entspricht die Übergangswahrscheinlichkeit dem Produkt aus der Dosisleistung $\dot{D}$ und der Reaktionskonstanten α. Rückläufige Prozesse kennzeichnen wir durch die Reaktionskonstante λ. Dieser mathematische Ansatz eignet sich zur Auswertung theoretischer und experimenteller Daten durch den elektronischen Rechner (A. 23.). Das Schema konnte in dieser oder in modifizierter Form zur quantitativen Analyse von Strahlenwirkungen auf Enzymreaktionen oder etwa auf das hämatopoetische System und seine Zellkinetik angewandt werden. Gleichungen für Mehrtrefferreaktionen stellen Spezialfälle dieses generellen Modells dar, die durch die vereinfachte Annahmen gewonnen wurden, daß alle Übergangskonstanten gleich sind.

Die typischen Formen von Mehrtrefferkurven (Abb. 2.4.) können sich erheblich ändern und schließlich sogar der Form einer Exponentialfunktion annähern, wenn sich das Verhältnis der strahleninduzierten Übergangskonstanten $\alpha D^{\cdot}$ zu der Erholungskonstanten λ ändert (Abb. 4.4.). Je ausgeprägter die Erholung ist, um so flacher werden die Dosiswirkungskurven, ebenso nimmt die Strahlenwirkung mit der Dosisleistung ab. Dies als ein Beispiel dafür, daß aus einer Kurvenform allein nicht auf die zugrunde liegenden Mechanismen, wie etwa Ein- oder Mehrtreffervorgang, geschlossen werden kann.

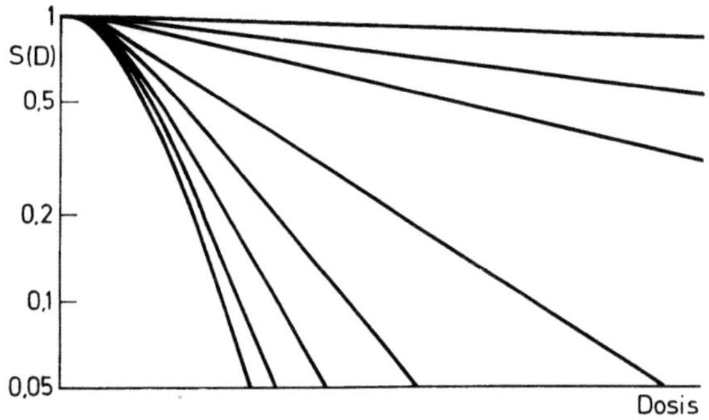

Abb. 4.4. Vom Analogrechner aufgezeichnete Dosiswirkungskurven für einen 3-Treffervorgang nach dem Schema c in Abb. 4.3. Bei der untersten Kurve greifen keine Rekombinationsprozesse ein. Bei den übrigen Kurven verschiebt sich das Verhältnis $\alpha\dot{D}/\lambda$ nach immer kleineren Werten, d. h. der Strahleneffekt wird in wachsendem Maße durch Restitutionsprozesse vermindert

4.2. Der Zeitfaktor der Strahlenwirkung

Die Frage, welche Rolle die zeitliche Verteilung der Dosis bei der Ausbildung einer Strahlenschädigung spielt, tauchte schon am Anfang einer systematischen Strahlentherapie auf, weil man erkannte, daß nur dann eine genügend hohe kurative Dosis dem Krankheitsherd ohne Schädigung des gesunden Gewebes und des Organismus im ganzen zugeführt werden kann, wenn sie in geeigneter Fraktionierung verabreicht wird. Darüber hinaus konnte man hoffen, geeignete Fraktionierungspläne zu entwickeln, auf die ein Tumor günstiger als auf eine einmalige Kurzzeitbestrahlung anspricht. Später, als das Problem der Strahlenrisiken immer dringlicher wurde, ging es vor allem darum, Gefahren einer stark protrahierten Bestrahlung oder einer Exposition mit sehr kleinen Einzeldosen gegenüber einer kurzen Belastung mit gleicher Dosis abzuschätzen. Die ersten Studien von Krönig und Friedrich 1918 (B. 67.) über Strahlenschädigungen der Haut und die ersten strahlenbiologischen Untersuchungen der zwanziger Jahre an den verschiedensten Objekten, wobei vor allem die Arbeiten von Holthusen (B. 50.) zu nennen sind, gaben trotz mancher Widersprüche gewisse grundsätzliche Einsichten. Bei manchen Objekten, vor allem solchen, die sich in natürlicher oder künstlicher Stoffwechselruhe befinden, hatten sich bestimmte Strahlenwirkungen als unabhängig von der zeitlichen Dosisverteilung erwiesen, so bei ruhenden Pflanzensamen oder bei Wurmeiern. Vor allem aber zeigte sich, daß strahleninduzierte Punktmutationen proportional zur Dosis und unabhängig von der zeitlichen Dosisverteilung sind. In diesen Fällen ist also wie bei sogenannten Summationsgiften für gleiche Wirkung E das Produkt aus Dosisleistung ($\dot{D}$) und Zeit konstant:

$$E = k \cdot \dot{D} \cdot t \qquad (4.1.)$$

Häufiger aber hat man damals schon beobachtet, daß die Wirkung einer Strahlendosis mit der Verlängerung der Gesamtbestrahlungszeit abnimmt oder, anders ausgedrückt, daß zur Erzielung des gleichen Effektes bei größeren Bestrahlungszeiten höhere Dosen notwendig sind. Die Erklärung für dieses Phänomen wurde zunächst auf biologischer Ebene gesucht und in der Erholungsfähigkeit lebender Objekte gefunden. Der umgekehrte Effekt, nämlich eine Wirkungssteigerung bei Fraktionierung oder Protrahierung der Dosis wurde verschiedentlich bei proliferierenden Geweben beobachtet. Die Treffertheorie beschäftigte sich dann fast ausschließlich mit den physikalischen Faktoren, die dem Zeitfaktor der Strahlenwirkung zugrunde liegen können, und erklärte diesen durch die bereits beschriebenen Mehrtreffermechanismen. Das generelle Modell, das eingangs vorgelegt wurde mit dem Bemühen, alle zeitfaktorbestimmenden Prozesse einzuschließen, ist bisher nur in Sonderfällen anwendbar und kann vorläufig nur als ein Leitfaden bei der Ordnung der mannigfaltigen empirischen Daten dienen.

4.2.1. Erläuterung einiger Begriffe

Einige im folgenden gebrauchte Begriffe seien kurz erläutert:

Unter dem *Zeitfaktor* Z versteht man das Verhältnis zweier in unterschiedlicher zeitlicher Verteilung verabreichter Dosen, welche die gleiche Wirkung haben, wobei die Langzeitdosis D bezogen wird auf die Kurzzeitdosis D_K:

$$Z = \frac{D}{D_k} \qquad (4.2.)$$

Wird also bei Fraktionierung oder Protrahierung eine höhere Dosis zur Erreichung des gleichen Effektes benötigt, so ist der Zeitfaktor größer als 1 ($Z > 1$). Im umgekehrten Fall ist der Zeitfaktor kleiner als 1 ($Z < 1$).

Der Begriff „Dosisleistung" ist in 1.5.4. erläutert. Unter *aktueller Dosisleistung* verstehen wir die Dosisleistung, die zu einem bestimmten Zeitpunkt während der Einwirkung der Strahlung besteht (und z. B. bei einer Röntgenröhre deren Leistung proportional ist). Demgegenüber bezeichnen wir als *mittlere Dosisleistung* die während einer Bestrahlungsperiode empfangene Dosis, dividiert durch die Zeitdauer, unabhängig davon ob das Objekt während dieser Periode kontinuierlich (protrahiert) oder mit Intervallen (fraktioniert) bestrahlt wurde.

Bei kontinuierlicher Bestrahlung mit konstanter Dosisleistung ist natürlich die aktuelle Dosisleistung gleich der mittleren.

4.2.2. Biophysikalische Voraussetzungen eines Zeitfaktors

Eine Strahlenwirkung kann aus folgenden Gründen von der zeitlichen Verteilung der Dosis abhängig sein:

1) Die Strahlenempfindlichkeit eines Systems kann sich physiologischerweise während einer längeren Bestrahlungszeit ändern.

2) Durch die Bestrahlung selbst kann es zu einer Änderung der Strahlenempfindlichkeit kommen, so daß bei einer Langzeitbestrahlung ein Teil der Dosis bereits auf ein sensibilisiertes oder desensibilisiertes Objekt einwirkt.

3) Auf allen Ebenen der Strahlenwirkung können die im vorhergegangenen Abschnitt besprochenen Restitutions- und Erholungsprozesse physikalischer und biologischer Art in das Geschehen eingreifen.

Für diese Vorgänge bringen die folgenden Kapitel anschauliche Beispiele. Hier wollen wir uns etwas ausführlicher mit dem 3. der genannten Punkte beschäftigen, da er von grundsätzlicher Bedeutung für das Verständnis der Strahlenwirkung ist.

Viele Strahlenwirkungen treten nur dann auf oder erreichen nur dann einen kritischen Grad, wenn es zu einem Zusammenwirken der durch einzelne Absorptionsereignisse ausgelösten Zustandsänderungen kommt. Eine solche Wechselwirkung ist auf jeder der Wirkungsstufen möglich, die von der Energieabsorption bis zum manifesten Effekt führen. Genügt eine einzige Ionisation oder der Durchgang eines einzigen ionisierenden Teilchens zur Auslösung des quantalen Endeffektes, wie das bei einer Punktmutation möglich ist, so wird die Gesamtzahl der veränderten Einheiten unabhängig von der zeitlichen Dosisverteilung sein. Jedes Absorptionsereignis trägt in diesem Falle unabhängig von den anderen zum Gesamteffekt bei. Sind aber zur Auslösung eines Effektes mehrere Absorptionsereignisse nötig, so müssen sie nicht nur in einer gewissen räumlichen, sondern auch in einer zeitlichen Dichte aufeinanderfolgen, damit nicht die Wirkung eines zeitlich vorhergehenden Absorptionsereignisses ganz oder teilweise gelöscht ist, bevor die weiteren folgen. Ein solches Zusammenwirken der von einzelnen Absorptionsereignissen ausgelösten Zustandsänderungen kann auf allen Stufen der Kausalkette erfolgen. Bei den jeweilig ablaufenden Mechanismen sind aber dann die räumlichen und zeitlichen Abstände, über die hinweg eine Wechselwirkung erfolgen kann, unterschiedlich groß. Wir können vereinfacht einen *physikalisch-chemisch bedingten* und einen *biologisch bedingten Zeitfaktor* unterscheiden.

Die primären physikalischen Zustandsänderungen, also Ionisationen und Anregungen, sind so kurzlebig, daß es in bezug auf diese nur bei allerhöchsten Dosisleistungen zu einer nennenswerten Wechselwirkung zwischen zwei verschiedenen Absorptionsereignissen kommen kann.

Wenn primäre freie Radikale eine mittlere Lebensdauer von maximal 10^{-6} sec haben (Kap. 5.) und in dieser Zeit über 100 Å wandern können, so sind damit auch ihre *Wechselwirkungsdistanzen* und *Wechselwirkungszeiten* gegeben. Ein biologischer Effekt also, der nicht einfach von der Zahl der insgesamt erzeugten freien Radikale, sondern von deren Konzentration abhängt, wird mit höherer Wahrscheinlichkeit eintreten, wenn die Dosisleistung zunimmt. Die Wechselwirkungszeiten und Wechselwirkungsdistanzen sind wesentlich größer bei langlebigen organischen Radikalen, also z. B. für Wasserstoffsuperoxid, das sich vor seiner Inaktivierung über die ganze Zelle ausbreiten kann.

Nur bei sehr hohen Dosen und Dosisleistungen kommt dem primären physikalisch-chemischen Zeitfaktor eine entscheidende Bedeutung zu. Hierbei kann es jedoch auch zu einem Zeitfaktor < 1 kommen, weil die Wahrscheinlichkeit der Rekombination primärer freier Radikale zunehmen, und damit die Wirkung auf die Zellmoleküle bei sehr hohen Dosisleistungen abnehmen kann. So wird bei der sogenannten Pulsradiolyse (s. S. 69), bei der relativ hohe

Dosen innerhalb von Nanosekunden verabreicht werden, oft eine geringere Ausbeute gewisser strahlen-chemischer Reaktionen als bei konventionellen Dosisleistungen beobachtet.

Ein Beispiel für einen biologisch bedingten Zeitfaktor ist die Entstehung bestimmter Formen von Chromosomenaberrationen (s. Kap. 11.), die nur dann beobachtet werden, wenn mindestens zwei primäre Läsionen des Chromosomenmaterials in einer gewissen räumlichen Nachbarschaft und innerhalb eines gewissen zeitlichen Abstandes auftreten – letzteres deswegen, weil die primären Läsionen oder Bruchstellen nur eine begrenzte Zeit lang reaktiv sind.

Die strahleninduzierten Zustandsänderungen auf den verschiedenen Wirkungsstufen vor dem letzten determinierenden Schritt haben offenbar bestimmte Aufbau- und Abklingzeiten. Jeder Zustandsänderung kann man vereinfachend eine „*charakteristische Dauer*“ zuschreiben. Eine Wechselwirkung, der von verschiedenen Absorptionsereignissen ausgelösten Zustandsänderungen ist nur dann möglich, wenn ihr zeitlicher Abstand nicht größer ist als die charakteristische Dauer der betreffenden Zustandsänderung.

Lassen wir die irreversible Komponente der Strahlenwirkung außer acht, und nehmen wir an, daß ein bestimmter biologischer Effekt darauf beruht, daß es auf einer Wirkungsstufe zu einem Zusammenwirken von Zustandsänderungen aus verschiedenen Absorptionsereignissen kommt, und daß die Zustandsänderungen eine charakteristische Dauer τ haben, dann wird bei einer bestimmten mittleren Dosisleistung nur ein bestimmter Anteil der Gesamtdosis D zum Effekt beitragen; der übrige Teil der Dosis verpufft in dieser Hinsicht. Diese effektive Dosis, D_e, wird um so geringer sein, je kleiner die mittlere Dosisleistung ist. Das Verhältnis D_e/D aber wird von der charakteristischen Dauer τ, die bei den verschiedenen Wirkungsmechanismen jeweils gegeben ist, abhängen.

Dies ist in Abb. 4.5. veranschaulicht. In allen Fällen soll eine Dosis von 1000 rad innerhalb von 10 Tagen gegeben werden, der zeitliche Bestrahlungsmodus aber sei jeweils verschieden. In a) wird eine Dauerbestrahlung mit konstanter Dosisleistung angenommen. In b) und d) wird die Gesamtdosis in 10 Tagesdosen aufgeteilt, die Einzeldosis aber einmal mit einer höheren und einmal mit einer niedrigen aktuellen Dosisleistung verabreicht. Bei c) und e) wird am 1. und am 10. Tag bestrahlt, aber mit unterschiedlicher aktueller Dosisleistung. Auf der Abszisse der Diagramme ist die charakteristische Dauer τ logarithmisch aufgetragen, auf der Ordinate das Verhältnis der effektiven Dosis zur Gesamtdosis (D_e/D). Es kann abgelesen werden, daß dieses Verhältnis um so größer wird, je länger die charakteristische Dauer τ des betreffenden Wechselmechanismus ist, so daß in dem gewählten Beispiel erst dann das Verhältnis gleich 1 wird, d. h. daß nur dann die gesamte Dosis wirksam wird, wenn der Effekt auf Wechselwirkungsmechanismen beruht, deren charakteristische Dauer τ der Gesamtbestrahlungszeit entspricht. Der Anstieg des

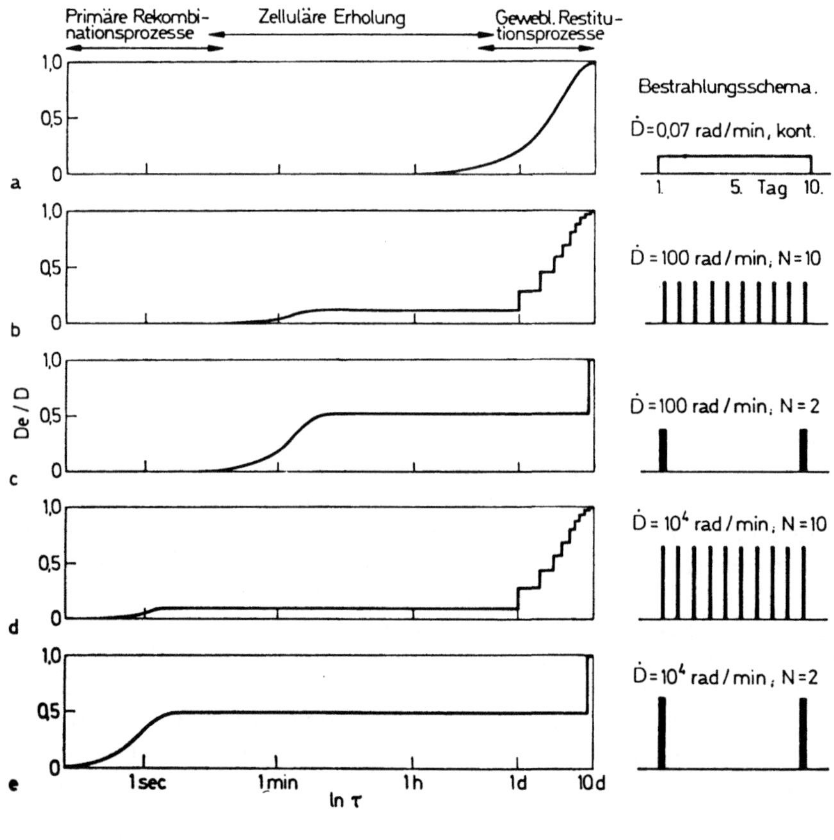

Abb. 4.5. Die Abhängigkeit der Strahlenwirkung von verschiedenen zeitlichen Dosisverteilungen bei einer Gesamtdosis von 1000 rad und einer Gesamtbestrahlungszeit von 10 Tagen.
τ ist die „charakteristische Dauer“ strahleninduzierter Zustandsänderungen, die von Restitutions- und Erholungsvorgängen abhängt. D_e/D ist der Anteil der applizierten Dosis D, der bei einem jeweiligen τ zur Ausbildung des Effektes beiträgt. $\dot{D}$ = aktuelle Dosisleistung, N = Zahl der Fraktionen

Anteils der wirksamen Dosis mit τ ist aber bei den verschiedenen Bestrahlungsmodi ein durchaus verschiedener. Bei einer kontinuierlichen Bestrahlung kommt erst bei Mechanismen mit einem τ von einer Stunde eine Wechselwirkung zustande. Für Mechanismen mit kürzeren Wechselwirkungsdauern bleibt die Bestrahlung ineffektiv. Wird dagegen wie in e) die Gesamtdosis in zwei Fraktionen mit hoher Dosisleistung gegeben, so wirken auch Mechanismen mit sehr kleiner charakteristischer Dauer zusammen und tragen zum Effekt bei.

4.3. Reversible und irreversible Komponenten der Strahlenwirkung

Wie eingangs erwähnt, ist mit Strahlenwirkungen zu rechnen, die nur geringfügig oder gar nicht von der zeitlichen Dosisverteilung abhängen. Das gilt vor allem für die Auslösung zellulärer Effekte durch dicht ionisierende Strahlen, wobei offenbar der Durchgang eines einzigen ionisierenden Teilchens zur Zellinaktivierung genügt. Die exponentielle Dosiswirkungskurve ändert sich dabei nicht oder wenig mit der Dosisleistung. Demgegenüber ist die zelluläre Wirkung locker ionisierender Strahlen im allgemeinen durch eine sigmoidförmige Dosiswirkungskurve ausgezeichnet, die sich in halblogarithmischer Darstellung als Schulterkurve darstellt, und der Effekt verringert sich erheblich, wenn die Dosisleistung erniedrigt wird infolge der zahlreichen, in das Geschehen eingreifenden Restitutionsvorgänge. Somit könnte man annehmen, daß eine Bestrahlung schließlich völlig unwirksam bleibt, wenn sie nur genügend stark protrahiert oder fraktioniert ist. Dem ist aber zumindest bei allen bisher experimentell nachprüfbaren zellulären Wirkungen keineswegs so. Auch bei extrem starker Protrahierung bleibt ein Teil der Dosis wirksam. Mit abnehmender Dosisleistung schmiegt sich die Dosiseffektkurve mehr und mehr einer flach verlaufenden Exponentialfunktion an (Abb. 4.4.). Wir führen dies darauf zurück, daß auch bei locker ionisierenden Strahlen ein kleiner Anteil der Dosis in relativ dichten Energiedepots, z. B. durch -Strahlen abgegeben wird.

4.4. Die gegenseitige Abhängigkeit von Zeitfaktor und RBW

Wenn eine Reaktion bei Einwirkung locker ionisierender Strahlen einen Zeitfaktor über 1 aufweist, bei dicht ionisierenden Strahlen aber unabhängig von der zeitlichen Dosiswirkung ist, so muß, wie das bereits am Ende von Abschnitt 3.2. erwähnt wurde, die RBW bei kleinen Dosisleistungen größer sein als bei hohen.

Die Erklärung liegt darin, daß, wenn eine Wirkung wie im Falle locker ionisierender Strahlen erst beim Zusammenwirken mehrerer Absorptionsereignisse zustande kommt, diese Absorptionsereignisse nicht nur innerhalb eines empfindlichen Volumens, sondern auch innerhalb einer kritischen Zeit eintreten müssen. Mit abnehmender Dosisleistung wird die Wahrscheinlichkeit kleiner, daß die zum Effekt benötigten Absorptionsereignisse innerhalb dieser kritischen Wirkungszeit im empfindlichen Volumen erfolgen, und die Wirksamkeit der Strahlung nimmt ab. Bei extrem kleinen Dosisleistungen wird schließlich nur noch derjenige kleine Anteil der Strahlenenergie locker ionisierender Strahlen wirksam sein, der auf besondere Einzelereignisse, z. B. die Einwirkung der dicht ionisierenden δ-Strahlen, zurückzuführen ist. Wird also die Dosisleistung soweit reduziert, daß nur noch diese irreversible Komponente der Strahlenwirkung zur Geltung kommt, so ergibt sich eine relativ große, über den ganzen Dosisbereich hinweg konstante RBW. Dies veranschaulicht ein Beispiel aus der Strahlengenetik (Abb. 4.6.). Die Induktion von Mutationen in Mäusespermatogonien, die zu Änderungen von sieben sichtbaren Erbmerkmalen führen, nimmt bei kurzzeitiger Bestrahlung sowohl mit Röntgenstrahlen wie mit Neutronen zunächst bis zu einem Maximum zu, um dann bei hohen Dosen wieder abzunehmen (a).

(Das Phänomen, daß bei hohen Dosen die Mutationsausbeute zurückgeht, beruht vermutlich auf einer Interferenz zwischen mutagener und zytoletaler Strahlenwirkung, wobei aus noch nicht völlig geklärten Gründen die bei höheren Dosen überlebenden Zellen relativ weniger Mutationen tragen als erwartet.)

Vergleicht man den aufsteigenden Ast der beiden Kurven in a, so ergibt sich eine Neutronen-RBW von ca. 5.

Bei einer chronischen Exposition gegenüber γ-Strahlen und Neutronen ergeben sich lineare Dosiswirkungskurven in b) mit einem konstanten RBW-Wert für Neutronen von ca. 20.

Die Steilheit der Neutronenkurve bei chronischer Bestrahlung entspricht der im aufsteigenden Schenkel der Kurve für Kurzzeitbestrahlung. Die Kurve für γ-Strahlung jedoch verläuft wesent-

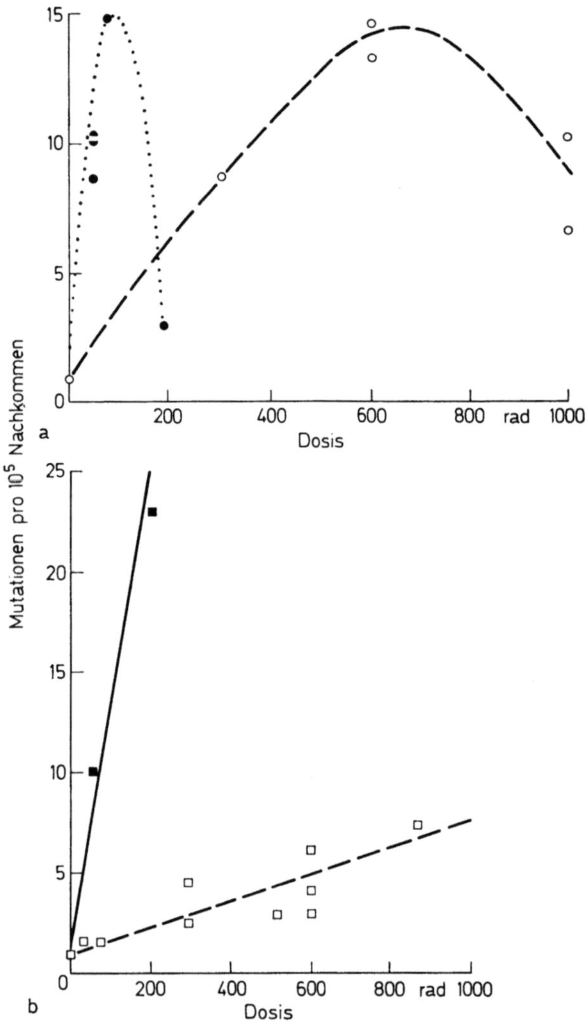

Abb. 4.6. Die Häufigkeit von dominanten sichtbaren Mutationen in den Spermatogonien der Maus in Abhängigkeit von der Dosis bei Neutronenbestrahlung (linke Kurven) und Röntgen- bzw. γ-Bestrahlung (rechte Kurven), a) bei Kurzzeitbestrahlung mit hoher Dosisleistung (90 rad/min) und b) bei Langzeitbestrahlung mit einer bis um den Faktor 1000 niedrigeren Dosisleistung. (Aus ICRP-Publication 18, A. 41.)

lich flacher als bei Kurzzeitbestrahlung mit Röntgenstrahlen (wobei die Wirkungsunterschiede zwischen Röntgen- und γ-Strahlen vernachlässigt werden können).

Offenbar entfällt bei chronischer Bestrahlung der Mechanismus, der bei hohen Dosen und Dosisleistungen zur Verringerung der Mutationsausbeute führt. Dies hat zur Folge, daß bei hohen Dosen die Wirkung einer stark protrahierten Bestrahlung unter Umständen sogar höher sein kann als bei Kurzzeitbestrahlung. Auch bei Aufteilung einer Dosis von 1000 R in zwei Fraktionen mit 24-Stunden-Intervall stieg die Ausbeute sichtbarer Mutationen bei Mäusen wieder an (B. 97.).

In analoger Weise kann die Ausbeute strahleninduzierter Tumoren bei höheren Dosen, die in kurzen Zeiten appliziert wurden, relativ abnehmen, aber durch geeignete Fraktionierung oder Protrahierung der gleichen Dosen wieder angehoben werden. So ist es zu erklären, daß bei Auslösung ein und desselben Effektes im kleinen und mittleren Dosisbereich ein Zeitfaktor >1 und sehr hohe RBW-Werte, im hohen Dosisbereich ein Zeitfaktor von <1 und eine niedrige und sogar unter 1 liegende RBW dicht ionisierender Strahlen beobachtet wurden.

Andere Ursachen für einen Zeitfaktor <1 können auf einer durch die initiale Bestrahlung ausgelösten Sensibilitätsänderung des Systems beruhen.

4.5. Zusammenfassung und praktische Schlußfolgerungen

Zelluläre Wirkungen dicht ionisierender Strahlen weisen meistens keine oder nur eine geringfügige Abhängigkeit von der zeitlichen Dosisverteilung auf: ihr Zeitfaktor ist gleich 1. Die Wirkung locker ionisierender Strahlen dagegen verringert sich häufig mit abnehmender Dosisleistung infolge zahlreicher, in das Geschehen eingreifender Restitutionsvorgänge. Bei dem zugrundeliegenden Mechanismus gibt es einen physikalisch-chemisch bedingten Zeitfaktor, der auf der Rekombination primärer physikalisch-chemischer Zustandsänderungen beruht. Er spielt nur bei extrem hohen Dosen und Dosisleistungen eine Rolle, weil nur dabei die Absorptionsereignisse zeitlich und räumlich so dicht beieinander liegen, daß es zu einer Wechselwirkung der von ihnen erzeugten Ionisationen, Anregungen oder der extrem kurzlebigen primären freien Radikale kommen kann. In dem Bereich der Dosen und Dosisleistungen, die üblicherweise in der Strahlenbiologie und Strahlentherapie verwendet werden, werden die zellulären Effekte vorwiegend durch vitale Erholungs-, Reparations- und Substitutionsprozesse beeinflußt: wir sprechen von einem biologisch bedingten Zeitfaktor.

Bei allen Strahlenwirkungen, auch denen, die durch locker ionisierende Strahlen hervorgerufen werden, muß aber mit einer irreversiblen, von der zeitlichen Dosisverteilung unabhängigen Komponente gerechnet werden.

Bei der Ausbildung von Gewebsschäden spielen komplizierende Faktoren mit. Auch irreversible, zelluläre Schäden können durch Regenerationsmechanismen ausgeglichen werden, so daß bei protrahierter Bestrahlung ein kritischer Grad der Schädigung nur durch höhere Dosen oder gar nicht erreicht wird. Funktionelle Störungen, wie das Hauterythem, können bei großer zeitlicher Verzettelung der Dosis völlig unterbleiben, chronische Hautschäden abgeschwächt werden.

Auch akute Allgemeinreaktionen des Organismus, wie der Strahlenkater, schwerere Formen der akuten Strahlenkrankheit und die Häufigkeit des Strahlentodes verringern sich mit zeitlicher Streckung einer Dosis und können schließlich ausbleiben.

Unter besonderen Umständen aber können durch besondere Fraktionierungsformen stärkere Gewebseffekte hervorgerufen werden als durch eine einmalige Kurzzeitbestrahlung (Zeitfaktor <1). Das ist meistens darauf zurückzuführen, daß die vorhergehenden Bestrahlungen die Sensibilität ändern.

So ruft Bestrahlung eine partielle Synchronisation (S. 118) des Zellzyklus hervor, so daß bei geeignetem Intervall eine Zweitbestrahlung eine größere Anzahl von Zellen in sensibler Phase treffen kann. Bestrahltes Gewebe ist im Stadium der Regeneration strahlenempfindlicher. Änderungen der Durchblutung und des Sauerstoffgehaltes durch eine Vorbestrahlung können ebenfalls eine größere Ansprechbarkeit bei fraktionierter Bestrahlung hervorrufen. Die Berücksichtigung aller dieser Faktoren kann in der Tumortherapie zu einem optimalen Fraktionierungsschema mit dosissparender therapeutischer Wirkung unter Schonung des gesunden Gewebes führen.

Ungeklärt ist noch die Rolle des Zeitfaktors bei der Entwicklung von Strahlenspätschäden, insbesondere dem Strahlenkrebs. Zahlreiche Beobachtungen sprechen dafür, daß auch in dieser Hinsicht die Wirksamkeit einer Dosis mit Verringerung der Expositionszeit zunimmt, vielleicht sogar um den Faktor 5 oder mehr. Unter Umständen kann jedoch eine Fraktionierung oder Protrahierung der Dosis über einen Zeitraum von Wochen und Monaten zu einer höheren Tumorausbeute führen als eine einmalige Kurzzeitbestrahlung.

Die verschiedenen genetischen Schäden weisen eine unterschiedliche, keineswegs noch völlig geklärte Abhängigkeit von der zeitlichen Dosisverteilung auf. Wenn man früher Punktmutationen auf Eintreffermechanismen zurückführte, und, wie bei solchen zu erwarten, einen Zeitfaktor von 1 fand, so haben jüngere Untersuchungen gezeigt, daß sich auch die Mutationsausbeute locker ionisierender Strahlen mit abnehmender Dosisleistung verringern kann. Aber auch hierbei wurde bei einer Fraktionierung hoher Dosen ein Zeitfaktor < 1 beobachtet.

Beschränkt man sich auf den Bereich relativ kleiner Dosen, so lassen sich die vorliegenden experimentellen Ergebnisse über die Abhängigkeit zellulärer Strahlenwirkungen und ihrer somatischen und genetischen Folgen von der zeitlichen Dosisverteilung und der Strahlenqualität schematisch gemäß Abb. 4.7. zusammenfassen.

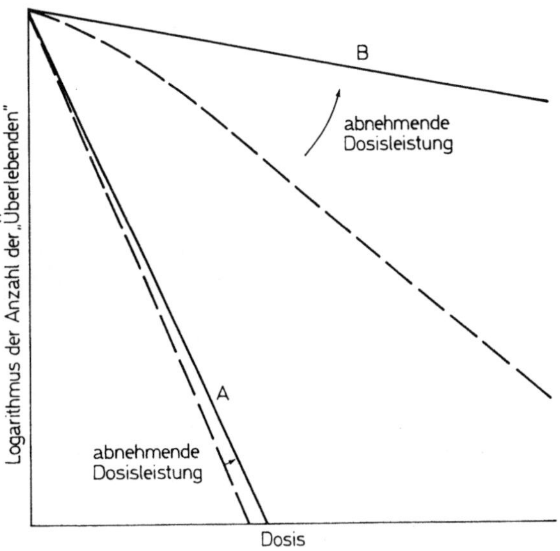

Abb. 4.7. Schematische Darstellung der Abhängigkeit der Strahlenwirkungen von der Strahlenqualität und der zeitlichen Dosisverteilung. Kurvenpaar A: Wirkung bei hohem LET; Kurvenpaar B: Wirkung bei niedrigem LET

Die Wirkung locker ionisierender Strahlen nimmt mit abnehmender Dosisleistung so ab, daß schließlich nur noch die irreversible Komponente übrig bleibt, wobei sich die Schulterkurve mehr und mehr einer flach verlaufenden exponentiellen Funktion annähert, deren Neigung der Tangente der Schulterkurve am Null-Punkt entspricht. Da die wesentlich steiler verlaufende exponentielle Dosiswirkungskurve dicht ionisierender Strahlen nicht oder nur wenig von der zeitlichen Dosisverteilung abhängt, ergibt sich bei chronischer Bestrahlung ein hoher, über den ganzen Dosisbereich konstanter RBW-Wert.

5. Die physikalisch-chemischen Primärwirkungen ionisierender Strahlen

5.1. Allgemeines

Die Absorption der Strahlenenergie, die selbst innerhalb von 10^{-18} sec erfolgt, führt in ca. 10^{-15} sec zur elektronischen Anregung oder zur Ionisation von Atomen und Molekülen. Innerhalb von 10^{-12} sec geht die elektronische Anregungsenergie über Zwischenstufen in andere Energieformen über.

Wir unterscheiden folgende Schritte der Energieumwandlung:

1) Der überwiegende Teil wird in Schwingungs-, Translations- und Rotationsenergie der Moleküle und damit schließlich in *Wärme* umgewandelt.

2) Ein angeregter Zustand kann in einen anderen angeregten Zustand übergehen, so z. B. ein Singulett- in einen Triplettzustand gleichen oder niedrigeren Energieniveaus.

3) Die elektronische Anregungsenergie kann unter Umständen innerhalb eines organischen Moleküls verlustlos weitergeleitet werden, bis sie an einer anderen Stelle zur Wirkung kommt. Diese Fähigkeit zur *Energieleitung* hängt von der elektronischen Struktur der Molekel ab. Die Distanz beträgt meist nicht mehr als 100 Å und erreicht nur unter besonderen Bedingungen, z. B. in kristallinen Strukturen, ein Mehrfaches davon.

4) Nicht ohne Bedeutung für das Verständnis der Strahlenwirkung ist das Phänomen der Energieübertragung von einem angeregten Molekül auf ein anderes. Alle Folgen der elektronischen Anregung treten dann nicht bei dem absorbierenden, sondern bei dem sekundär angeregten Molekül auf.

Dieser Vorgang der Energieübertragung kann sich besonders in Kristallen mehrfach wiederholen, und zwar auch ohne Energieverlust; man spricht von einer Wanderung der Anregungszustände, die neuerdings als Exzitationen bezeichnet werden. Voraussetzung für diese Energieübertragung ist, daß die möglichen Energiezustände der beteiligten Moleküle im richtigen Verhältnis zueinander stehen. Der Energieinhalt des sekundär angeregten Moleküls ist gleich dem des anregenden oder kleiner.

5) Diesen und anderen sog. strahlungslosen Übergängen stehen solche gegenüber, bei denen elektronisch angeregte Moleküle unter Aussendung eines Lichtquantes in einen niedrigeren oder den Grundzustand zurückkehren. Bei dieser strahleninduzierten *Lumineszenz* spricht man von *Fluoreszenz*, wenn die Lichtemission innerhalb von 10^{-9} bis 10^{-5} sec erfolgt und von *Phosphoreszenz*, wenn sich das Leuchten über längere Zeiten erstreckt. Eine genaue Unterscheidung der beiden Formen von Lichtemission erfordert ein Verständnis der zugrundeliegenden quantenmechanischen Vorgänge, auf deren Darstellung in diesem Zusammenhang verzichtet werden muß. Das Studium der strahleninduzierten Lumineszenz gewährt wertvolle Einblicke in die energetischen Verhältnisse von Molekülen und ihren Anregungszuständen. Die UV-induzierte Fluoreszenz organischer Moleküle, die ein charakteristisches Absorptions- und Emissionsspektrum aufweisen, wird zu deren Identifizierung genützt. Die Fluoreszenz anorganischer Kristalle führte zur Entdeckung der Röntgenstrahlen: W. C. Röntgen wurde auf diese neue Art von Strahlen dadurch aufmerksam, daß eine zufällig im abgedunkelten Raum liegende Zinksulfidplatte beim Einschalten einer Hittorf-röhre aufleuchtete. Heute werden anorganische und organische Szintillatoren zur Messung der Radioaktivität und zur Dosimetrie verwendet (s. 1.6.1.). Der Teil der Strahlenenergie, der unter Emission von Licht wieder

abgegeben wird, trägt nicht zu den chemischen Wirkungen bei, es sei denn, die emittierten Lichtquanten werden ihrerseits von anderen Molekülen absorbiert und in diesen wirksam.

Vom biologischen Standpunkt aus treten die bisher genannten Formen der Energieumwandlung in den Hintergrund gegenüber den chemischen Folgereaktionen der strahleninduzierten Anregungen und Ionisationen:

6) Angeregte Atome und Moleküle sind chemisch besonders aktiv; sie reagieren schneller und gehen Reaktionen ein, die im Grundzustand bei gleicher Temperatur nicht möglich sind.

7) Im Zustand der Anregung und Ionisation können Moleküle unter Bildung von Radikalen oder Ionen zerfallen. Dieser Vorgang erfolgt nach dem Franck-Condon-Prinzip: Dem Energiezustand des Moleküls entspricht ein bestimmter Abstand seiner Atome. Bevor sich das Molekül innerhalb der extrem kurzen Zeit, in der es angeregt wird oder die Ablösung des Elektrons erfolgt, umstellen kann, kommt es zur Sprengung von chemischen Bindungen, zur Dissoziation.

Als Zwischenstufen der chemischen Strahlenwirkungen werden Ionen und freie Radikale gebildet.

Im folgenden werden angeregte Moleküle durch einen Stern, Ionen durch ein Positiv- bzw. Negativzeichen und Radikale durch einen Punkt am chemischen Symbol gekennzeichnet (Beispiele: H_2O^* = angeregtes Wassermolekül; H_2O^- = Wasseranion; $OH^{\cdot}$ = Hydroxylradikal).

Während *Atome* und *Moleküle* elektrisch neutral sind, da die Zahl ihrer negativen Ladungen in der Elektronenhülle der Zahl der Protonen im Atomkern entspricht, versteht man unter *Ionen* Atome und Atomverbände, bei denen ein Elektronenüberschuß oder -defizit gegenüber den positiven Kernladungen besteht. In Salzlösungen sind die vorliegenden Ionen entsprechend dem Massenwirkungsgesetz verteilt und durch Solvatation, d. h. durch Anlagerung von Lösungsmittelmolekülen, in wäßrigen Lösungen also durch Hydratation, stabilisiert. Die unter Einwirkung von Strahlung durch die primäre Ionisation oder durch die heterolytische Spaltung angeregter Moleküle entstehenden Ionen sind dagegen in *statu nascendi* außerordentlich instabil und reaktionsfähig, können aber ebenfalls solvatisiert werden.

In Molekülen und Ionen liegen die Elektronen paarweise vor (und zwar so, daß die beiden Elektronen eines Paares immer antiparallelen Spin besitzen). *Freie Radikale* dagegen zeichnen sich durch ein ungepaartes Elektron aus. Sie entstehen durch homolytische Spaltung eines Moleküls bzw. eines Ions.

Ein Atomverband der zugleich ionischen und radikalischen Charakter hat, wird als Radikal-Ion bezeichnet.

Die elektronischen Verhältnisse bei neutralen Atomen und Molekülen, bei Ionen und bei Radikalen seien am Beispiel des Wasserstoffs schematisch veranschaulicht (Abb. 5.1.). Atomarer Wasserstoff ist elektrisch neutral. Er besitzt aber nur ein (ungepaartes) Elektron. In diesem besonderen Fall also ist das Atom gleichzeitig ein Radikal. Durch Verlust seines Elektrons wird das H-Atom zum Proton, dessen positive Kernladung nicht durch ein Elektron neutralisiert ist, das also einem positiven Wasserstoff-Ion entspricht. Durch Zusammenlagerung von zwei Wasserstoffatomen entsteht ein neutrales Wasserstoffmolekül mit zwei gepaarten Elektronen, und daraus, bei Entfernung eines Elektrons, ein positives Wasserstoffmolekül-Ion.

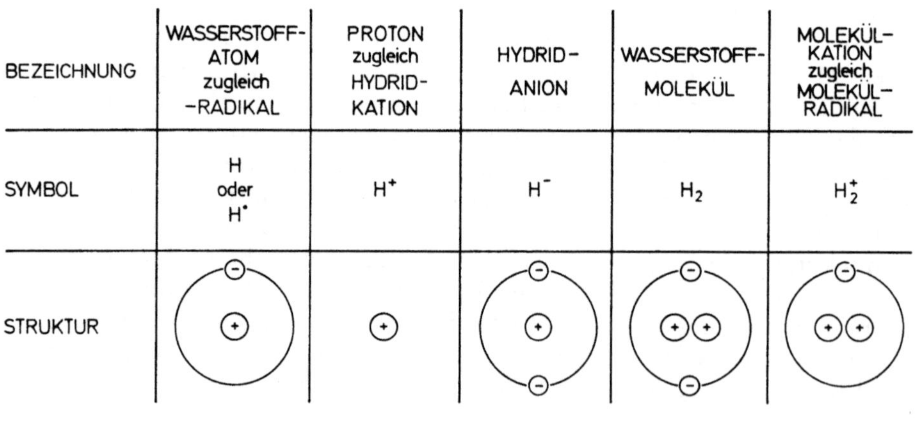

Abb. 5.1. Die Begriffe Atom, Molekül, Ion und Radikal, erläutert am Beispiel des Wasserstoffs. Im Falle des Wasserstoffs entspricht das Atom einem Radikal, da es nur ein (ungepaartes) Elektron besitzt. Das Molekül-Anion ist zugleich ein Radikal

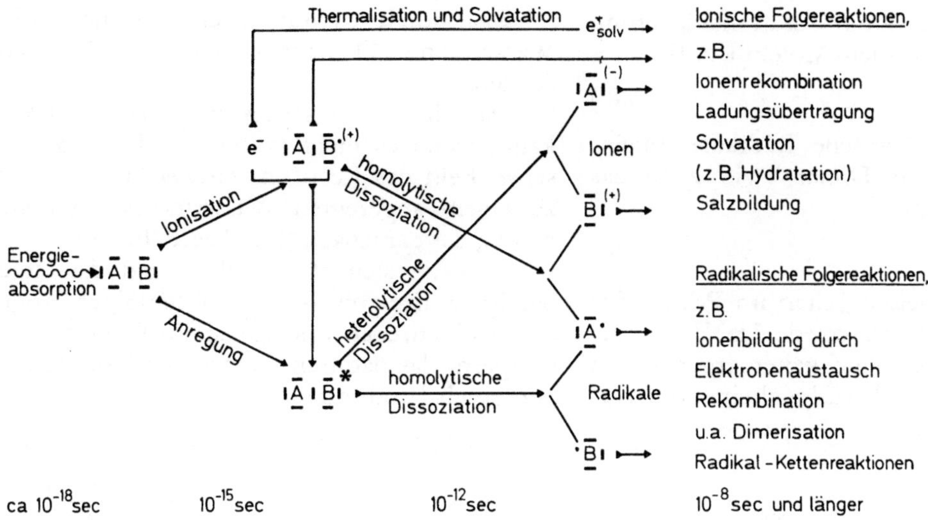

Abb. 5.2. Schema der Ionen- und Radikalbildung bei Einwirkung ionisierender Strahlen und der anschließenden Reaktionen. Die mit A bzw. B bezeichneten Bruchstücke des Ausgangsmoleküls AB müssen nicht jeweils identisch sein. Elektronenpaare sind jeweils durch einen Strich, einsame Elektronen durch einen Punkt symbolisiert

Die unter Punkt 7 (S. 64) aufgeführte Dissoziation angeregter und ionisierter Moleküle und die anschließenden Folgereaktionen sind in Abb. 5.2. schematisch dargestellt.

Aus dem Molekül AB entsteht bei Energieabsorption entweder ein elektronisch angeregtes Molekül AB* oder durch Ionisation ein positives Ion AB^+ und ein freies Elektron e^-. Das angeregte Molekül kann entweder heterolytisch zu Ionen:

$$AB^* \rightarrow A^- + B^+ \qquad (5.1.)$$

oder homolytisch zu Radikalen:

$$AB^* \rightarrow A^{\cdot} + B^{\cdot} \qquad (5.2.)$$

zerfallen.

Bei einer homolytischen Spaltung werden die Bindungselektronen symmetrisch auf die zwei Bruchstücke verteilt, bei der heterolytischen Spaltung erhält eines der Bruchstücke beide und das andere keines der Bindungselektronen.

Das durch Ionisation entstandene Rest-Ion AB^+, das zugleich ein Radikal darstellt, kann durch sofortigen Wiedereinfang seines Elektrons e^- zu dem nunmehr angeregten Ausgangsmolekül rekombinieren, ionische Reaktionen eingehen oder homolytisch dissoziieren, wobei ein Radikal und ein Radikal-Ion z. B. $A^{\cdot}$ und B^+ entstehen.

Das freie Elektron kann nach Thermalisation, also nachdem seine kinetische Energie auf die molekulare Wärmebewegung seiner Umgebung abgefallen ist, durch Anlagerung von Lösungsmitteln solvatisiert, im wäßrigen Milieu also hydratisiert werden.

Die primär oder sekundär gebildeten Ionen gehen entsprechend den jeweiligen Elektrolytverhältnissen im Medium ionische Folgereaktionen ein.

Sie können miteinander rekombinieren, s. Gl. (5.8.) u. (5.9.), ihre überschüssige Ladung auf andere Moleküle (hier mit X bezeichnet) übertragen, z. B.:

$$A^- + X \rightarrow A + X^- \qquad (5.3.)$$

salzartige Verbindungen eingehen, z. B.:

$$A^- + X^+ \rightarrow AX \qquad (5.4.)$$

oder sich ebenso wie das thermalisierte Elektron durch Solvatation stabilisieren, z. B.:

$$A^- + (H_2O)_n \rightarrow A^-_{aq} \qquad (5.5.)$$

Freie Radikale sind besonders reaktiv. Durch Elektronenaufnahme bzw. -abgabe zwischen zwei Radikalen können wiederum Ionen entstehen:

$$A^{\cdot} + B^{\cdot} \rightarrow A^- + B^+ \qquad (5.6.)$$

Durch Reaktion eines Radikals mit einem Molekül kann die Radikaleigenschaft auf dieses und dann weiter übertragen werden, z. B.:

$$\begin{aligned} A^{\cdot} + X &\rightarrow A + X^{\cdot} \\ X^{\cdot} + Y &\rightarrow X + Y^{\cdot} \end{aligned} \qquad (5.7.)$$

Auf diese Weise kann eine radikalische Reaktionskette eingeleitet werden, wobei der Energieinhalt und die Reaktivität der aufeinanderfolgenden Radikaltypen ab- und ihre Lebensdauer entsprechend zunimmt. Ein Abbruch der Reaktionskette erfolgt u. a. durch Zusammenlagerung von zwei Radikalen zu einem Molekül, z. B.:

$$A^{\cdot} + B^{\cdot} \rightarrow AB \qquad (5.8.)$$

Reagieren zwei identische Radikale miteinander, so entsteht ein Dimer (wie z. B. das Thymindimer, s. S. 82):

$$A^{\cdot} + A^{\cdot} \rightarrow AA \qquad (5.9.)$$

Diese Reaktionsweisen gelten im Prinzip für alle Verbindungen. Unterschiede im Verhältnis ihrer Reaktionswahrscheinlichkeiten ergeben sich auf Grund der strukturellen Eigenheiten der verschiedenen Substanzen.

5.2. Strahlenchemie des Wassers

Die initialen physiko-chemischen Vorgänge, wie sie schematisch in Abb. 5.2. dargestellt sind, lassen sich auf die Radiolyse des Wassers übertragen. Die Betrachtung dieses speziellen Beispiels ist von Bedeutung, einerseits weil beim Wassermolekül noch relativ einfache, wenn auch zum Teil noch ungeklärte Vorgänge ablaufen, andererseits weil in Zellen entsprechend ihrem hohen Wassergehalt der überwiegende Teil der Strahlenenergie vom Wasser absorbiert und auf dem Umweg über dessen Radiolyseprodukte biologisch wirksam wird. Wenn angeregte oder ionisierte Wassermoleküle ionisch oder radikalisch dissoziieren, so entstehen als wirksamste Primärprodukte H- und OH-Radikale und das hydratisierte Elektron, die dann im Laufe von etwa 10^{-9}–10^{-8} sec durch Reaktion untereinander und mit anderen in der Lösung vorhandenen Molekülen zu sekundären Ionen und Radikalen und molekularen Endprodukten – vor allem H_2 und H_2O_2, führen.

Ein *angeregtes* Wassermolekül zerfällt in ein Wasserstoffatom, das die Eigenschaft eines freien Radikals hat, und ein Hydroxylradikal:

$$H_2O^* \rightarrow H^{\cdot} + OH^{\cdot}, \qquad (5.10.)$$

oder bildet mit einem Wassermolekül durch Elektronenübertragung ein positives und ein negatives Wassermolekül-Ion:

$$H_2O^* + H_2O \rightarrow H_2O^+ + H_2O^- \qquad (5.11.)$$

Beide Ionen sind instabil und zerfallen ebenfalls:

$$H_2O^- \rightarrow H^{\cdot} + OH^- \qquad (5.12.)$$

$$H_2O^+ \rightarrow H^+ + OH^{\cdot} \qquad (5.13.)$$

Das durch Ionisation entstandene positive Wasser-Ion H_2O^+ kann ebenfalls nach (5.13.) dissoziieren.

Das durch Ionisation freigesetzte Elektron kann, wenn es nicht völlig aus dem Coulombschen Feld des Rest-Ions entweicht, mit diesem zu einem angeregten Wassermolekül rekombinieren, das dann nach (5.10.) zerfällt.

Es kann sich aber auch – und das ist das häufigere Ereignis – vor vollständiger Abgabe seiner kinetischen Energie an ein Wassermolekül anlagern, das dadurch ionisiert und zugleich angeregt wird und zerfällt:

$$e^- + H_2O \rightarrow H_2O^- \rightarrow H^{\cdot} + OH^- \qquad (5.14.)$$

Meist wird aber das Elektron durch Anlagerung von mehreren Wassermolekülen hydratisiert.

Dieses hydratisierte Elektron (e^-_{aq} oder $e^- (H_2O)_n$) hat die Eigenschaften eines freien Radikal-Ions. Es hat eine größere Lebensdauer als das freie Elektron, eine große Diffusions- und Reaktionsfähigkeit, und wird deshalb in jüngster Zeit als ein besonders wichtiges Zwischenglied strahleninduzierter chemischer Reaktionen angesehen.

Auch das hydratisierte Elektron kann schließlich nach (5.14.) mit Wassermolekülen und anderen Partnern zur Bildung von sekundären Ionen und Radikalen führen.

Die primären freien Radikale $OH^{\cdot}$, $H^{\cdot}$ und e^-_{aq} haben an sich, im Gegensatz zu angeregten Molekülen, eine unbegrenzte physikalische Lebensdauer, wie z. B. in höchstverdünnten Gasen, sind aber hoch reaktiv und vereinigen sich untereinander oder mit anderen Molekülen, so daß ihre praktische Lebensdauer in wäßriger Lösung und im Ionenmilieu nur ca. 10^{-8} bis 10^{-6} sec beträgt.

Durch Rekombination freier Radikale kommt es zur Bildung der stabilen chemischen Endprodukte der Wasserradiolyse. So entsteht in reinem Wasser vor allem bei Einwirkung dicht ionisierender Strahlen aus den $H^{\cdot}$- und $OH^{\cdot}$-Radikalen molekularer Wasserstoff oder Wasserstoffperoxid:

$$H^{\cdot} + H^{\cdot} \rightarrow H_2 \qquad (5.15.)$$

$$OH^{\cdot} + OH^{\cdot} \rightarrow H_2O_2 \qquad (5.16.)$$

Von besonderer Bedeutung für den weiteren Verlauf der strahleninduzierten radikalischen und molekularen Reaktionen ist die *Sauerstoffkonzentration.* In Anwesenheit von molekularem Sauerstoff bilden sich vor allem das Hydroperoxy-Radikal $HO^{\cdot}_2$, das Superoxid-Anion-Radikal (oder

Molekül-Anion des Sauerstoffs) O_2^- und Wasserstoffperoxid.

$$H^{\cdot} + O_2 \rightarrow HO^{\cdot}_2 \quad (5.17.)$$

$$e^-(H_2O)_n + O_2 \rightarrow O_2^- + (H_2O)_n \quad (5.18.)$$

$$HO^{\cdot}_2 \rightleftharpoons H^+ + O_2^- \quad (5.19.)$$

$$2\,(HO^{\cdot}_2) \rightarrow H_2O_2 + O_2 \quad (5.20.)$$

In neutraler Lösung dissoziiert das $HO^{\cdot}_2$ -Radikal nach Reaktion (5.19.) In diesem pH-Bereich entsteht also bei Anwesenheit von Sauerstoff aus den beiden reduzierenden Radikalen $H^{\cdot}$ und e^-_{aq} das O_2^--Radikal-Ion. Da dieser Prozeß innerhalb von 10^{-8} sec abgeschlossen ist, kommt er anderen konkurrierenden Radikalreaktionen zuvor und hat deshalb vermutlich besondere Bedeutung.

Die wichtigsten primären Produkte der Wasserradiolyse sind also H- und OH-Radikale und das hydratisierte Elektron, die wichtigsten Endprodukte H_2 und H_2O_2. OH-Radikale wirken vorwiegend oxidierend, H-Radikale und hydratisierte Elektronen reduzierend. Die beschriebenen Reaktionen stellen die Auswahl einiger wichtiger Prozesse aus einer Fülle von Möglichkeiten dar, wobei im übrigen die Ansichten über ihre jeweilige quantitative Bedeutung, vor allem bei der Entwicklung biologisch bedeutsamer Folgen der Wasserradiolyse, noch erheblich differieren. Welche der Reaktion jeweils bevorzugt wird, hängt von einer Reihe von Milieubedingungen ab, wie der Temperatur, der Konzentration der primären Radikale und der im Wasser gelösten Stoffe. Vor allem spielt die Wasserstoff-Ionen-Konzentration eine Rolle.

5.3. Die Ausbeute strahlenchemischer Reaktionen

Es ist üblich, die Ausbeute strahlungschemischer Reaktionen durch ihren G-Wert anzugeben. Darunter versteht man die Zahl der veränderten oder gebildeten Einheiten (Ionen, Radikale, Moleküle) pro 100 eV absorbierter Energie.

Da pro rad in einem Gramm Materie $6{,}25 \cdot 10^{13}$ eV absorbiert werden, (vergl. S. 18) errechnet sich die pro rad in einem Gramm umgesetzte Zahl von Einheiten durch Multiplikation von G mit $6{,}25 \cdot 10^{11}$.

Der G-Wert ist naturgemäß nur dann unabhängig von der Höhe der Strahlendosis, wenn es sich um eine streng lineare Dosiswirkungsbeziehung handelt. Die meisten strahlenchemischen Reaktionen folgen einer Exponentialfunktion, das heißt aber, daß zwar der Prozentsatz der umgesetzten Moleküle pro Dosiseinheit konstant ist, daß aber die absolute Zahl der pro Dosiseinheit umgesetzten Moleküle mit steigender Dosis abnimmt. Nur im Anfangsteil einer Exponentialfunktion, der annähernd einer Geraden entspricht, weil die Zahl der ursprünglich vorhandenen Einheiten noch sehr groß ist gegenüber der Zahl der umgesetzten Einheiten, haben wir es mit einem konstanten G-Wert zu tun.

Die G-Werte variieren erheblich für die verschiedenen Reaktionsprodukte und unter dem Einfluß zahlreicher Faktoren, wie der Strahlenqualität, der Dosisleistung, der Konzentration der Testsubstanzen in der Lösung und der Temperatur.

Bei Einwirkung locker ionisierender Strahlen auf Wasser mit einem pH von 7 werden pro 100 eV im Mittel ca. 4 H_2O-Moleküle in H- und OH-Radikale gespalten, die dann zu je 2 H_2O_2 und H_2-Molekülen kombinieren können. Im Endresultat ergeben sich folgende G-Werte:

e^-aq	2,65
$H^{\cdot}$	0,55
$OH^{\cdot}$	2,70
H_2	0,45
H_2O_2	0,70

In stark saurem Medium ($pH < 2$) ist die Ausbeute radikalischer Spezies erhöht.

5.4. Die räumliche Verteilung strahleninduzierter Radikale (in Abhängigkeit vom LET)

Zum Verständnis der Strahlenwirkung muß man sich stets die räumliche Anordnung der strahleninduzierten primären Ionen und Radikale vorstellen, denn diese spielt beim Zustandekommen der chemischen und biologischen Folgereaktionen eine große Rolle. Die Wirkungen sind keineswegs die gleichen, wie wenn entsprechende Agenzien in einer Lösung homogen verteilt wären und die chemischen Reaktionen nach einfachen stöchiometrischen Verhältnissen abliefen.

Die Bildung der primären Radikale erfolgt bei allen Strahlenarten und -energien gleichartig und ihre initiale Zahl ist der Dosis proportional. Ihre räumliche Verteilung im Augenblick der Entstehung ist aber inhomogen, entsprechend der für jede Strahlung charakteristischen Art der Energieabsorption. Längs der Bahn eines ionisierenden Teilchens und aller von ihr abzweigenden Bahnen sekundärer und tertiärer Teilchen sind nicht nur die ionisierten und angeregten Moleküle, sondern auch die aus ihnen entstehenden primären Radikale mit statistischer Unregelmäßigkeit aufgereiht, wobei ihre Dichte im Augenblick der Entstehung eine Funktion der Teilchengeschwindigkeit und Teilchenladung ist.

Entsprechend den Bahnspurmustern, wie sie z. B. in Nebelkammern sichtbar werden (s. Abb. 1.17.), erfolgt bei Strahlen mit niedrigem LET die Energieabgabe in locker über die Bahnspur verteilten Einzelionisationen und -anregungen oder Häufchen von einigen Ionenpaaren und angeregten Molekülen, während diese bei Strahlen mit hohem LET längs der Bahnspur dicht gepackt liegen. Um jedes dieser diskreten Energiedepots bildet sich eine sphärische Wolke von primären Radikalen, deren Radius initial etwa 10 Å beträgt, und die sich durch Diffusion vergrößert (Abb. 5.3.). Dabei liegen die OH-Radikale bevorzugt im Zentrum, die H-Radikale und hydratisierten Elektronen mehr an der Peripherie der Energiedepots und diese Separation verstärkt sich durch Diffusion.

Während ihrer Lebensdauer von 10^{-6} sec in Wasser können die Radikale vom Ort ihrer Entstehung im Mittel etwa 100 Å wandern. Da der mittlere Abstand der Energiedepots bei locker ionisierenden Strahlen (z. B. bei 500 keV Elektronen ca. 5000 Å) wesentlich größer ist als der Durchmesser der primären Radikalwolke, ist innerhalb der primären Bahn die Wechselwirkung von Radikalen zwischen den einzelnen Energiedepots gering. Dagegen kommt es bei dicht ionisierenden Strahlen, z. B. bei 5 MeV-α-Teilchen mit einem mittleren Abstand der Energiedepots von 8 Å zur Bildung einer Säule hoher Radikalkonzentration, in der wiederum die OH-Radikalen zentraler liegen als die H-Radikale und hydratisierten Elektronen. Zu beachten ist jedoch, daß auch bei locker ionisierenden Strahlen ein Teil der Energie in Form der dicht ionisierenden δ-Teilchen abgegeben wird, um die sich eine Radikalanordnung wie bei dicht ionisierenden Strahlen ergibt.

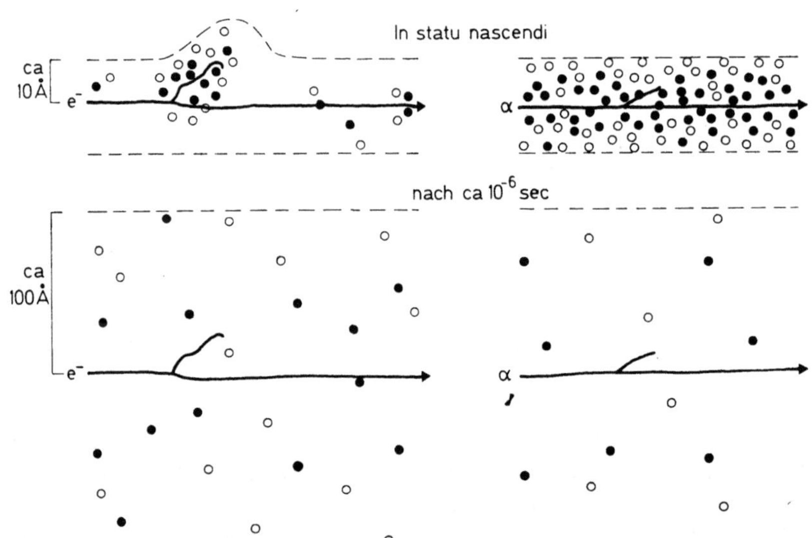

Abb. 5.3. Schema der räumlichen Verteilung der primären Radiolyseprodukte des Wassers längs der Bahn: a) eines locker ionisierenden Teilchens, z. B. eines schnellen Elektrons, und b) eines dicht ionisierenden Teilchens, z. B. eines α-Teilchens. Im Moment der Entstehung liegen die freien Radikale in einer die Spur umgebenden Säule von ca. 10 Å Radius, wobei die oxidierenden OH-Radikale (●) mehr zentral, die reduzierenden H-Radikale und hydratisierten Elektronen (o) mehr peripher angeordnet sind. Bei Teilchen mit geringem LET sind einzelne Radikalgruppen locker verteilt und nur um dichtere Energiedepots, z. B. δ-Teilchen, angereichert. Die Bahn von Teilchen mit hohem LET sind von einer dichten Radikalwolke umgeben. Nach 10^{-6} sec haben sich die Radikale durch Diffusion bis auf einen Abstand von ca. 100 Å von der Bahnspur ausgebreitet und zugleich durch Rekombination und Wechselwirkung mit anderen Molekülen verringert. Bei Teilchen mit hohem LET überwiegt die Rekombination der primären Radiolyseprodukte (vor allem zu H_2O, H_2 und H_2O_2), und ein relativ geringer Anteil diffundiert in die Umgebung

Die unterschiedliche räumliche Verteilung der primären Radikale und die daraus abzuleitenden qualitativen und quantitativen Unterschiede der anschließenden radikalischen und molekularen Reaktionen sind eine der Ursachen der bereits besprochenen unterschiedlichen Wirksamkeit der verschiedenen ionisierenden Strahlen bei gleicher Dosis.

Abb. 5.4. gibt die Ausbeute an H- und OH-Radikalen, molekularem Wasserstoff und Wasserstoffperoxid in Abhängigkeit vom LET wieder.

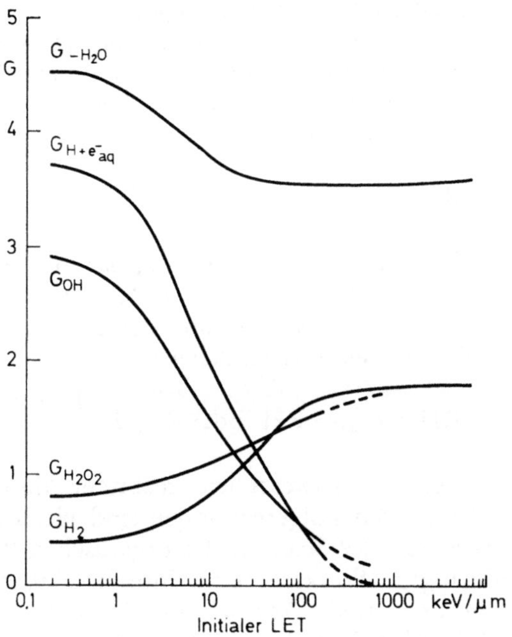

Abb. 5.4. G-Werte für den Umsatz von Wasser, die primären reduzierenden Radiolyseprodukte H˙ und e^-_{aq}, das oxidierende OH-radikal und die Folgeprodukte H_2 und H_2O_2 in Abhängigkeit vom initialen LET des ionisierenden Teilchens (vereinfachte Darstellung nach Hochanadel, B. 49.)

Wir entnehmen daraus:

a) bei locker ionisierenden Strahlen ist die Ausbeute an atomarem Wasserstoff und Hydroxylradikalen höher als die der molekularen Produkte Wasserstoff und Wasserstoffperoxid, und es werden mehr reduzierende als oxidierende Radikale gebildet;

b) mit zunehmendem LET nimmt die Radikalausbeute ab, und schließlich rekombiniert der überwiegende Teil der Radikale zu H_2O, H_2 und H_2O_2.

5.5. Die Wechselwirkung von Radikalen und ihre zeitliche Verteilung

Bei der relativ kurzen Lebensdauer und Reichweite der primären Radikale kann eine Wechselwirkung von Radikalen, die von verschiedenen Absorptionsereignissen (ein Absorptionsereignis entspricht gemäß der Definition S. 28 dem Durchgang eines primären Teilchens mit allen seinen sekundären Teilchen) stammen, so lange vernachlässigt werden, als deren räumliche und zeitliche Abstände groß sind. Erst bei hohen Dosen und Dosisleistungen macht sich diese Wechselwirkung bemerkbar, und zwar eher bei locker als bei dicht ionisierenden Strahlen.

Unter kontinuierlicher Bestrahlung mit konstanter Dosisleistung stellt sich für die verschiedenen strahleninduzierten Radikale und Moleküle begrenzter Lebensdauer ein Zustand stationärer Konzentration ein.

Jeder chemische oder biologische Effekt, der nicht ausschließlich von der absoluten Zahl der strahlenchemischen Produkte, sondern von deren Konzentration oder der Zahl und Konzentration der radikalischen oder molekularen Folgeprodukte abhängt, kann also einen Zeitfaktor (s. Kap. 4.) aufweisen.

Von Interesse ist dabei der zeitliche Konzentrationsverlauf von H_2O_2. Bei Bestrahlung reinen Wassers mit 1,5-MeV-Elektronen nimmt die stationäre H_2O_2-Konzentration annähernd mit der Quadratwurzel aus der Dosisleistung zu und erreicht einen Höchstwert von $9 \cdot 10^{-6}$ Mol bei etwa 10^8 rad/min.

Je kürzer die Lebensdauer und je geringer die Ausbeute einer strahleninduzierten Spezies ist, umso höher muß die Dosisleistung sein, um eine gewisse (meßbare) Konzentration zu erzielen.

Sehr kurzlebige Spezies lassen sich nur nachweisen und in ihrer Kinetik verfolgen, wenn hohe Strahlendosen in extrem kurzen Pulsen von Nano- bis Mikrosekundendauer verabreicht werden und die Konzentration der erzeugten Gebilde laufend, z. B. spektrophotometrisch, registriert wird. Diese sog. „Pulsradiolyse" ist zu einem neuen Spezialgebiet der Strahlenchemie geworden (A. 51.).

Hohe Dosisleistung begünstigt die Wechselwirkung zwischen Radikalen benachbarter Bahnspuren und erhöht also zunächst die Wahrscheinlichkeit von Radikal-Reaktionen, die zur H_2O_2-

und H_2-Bildung führen. Bei weiterer Erhöhung der Dosisleistung und Radikalkonzentration wird aber auch die Wahrscheinlichkeit für Rekombinationen anderer Art erhöht, so daß ein gewisser Maximalwert der stationären Konzentration nicht überschritten werden kann. Außerdem wird ein beliebiges Ansteigen der H_2O_2-Konzentration mit der Dosisleistung dadurch verhindert, daß das gebildete H_2O_2 durch Strahlung auch zersetzt wird.

5.6. Indirekte Wirkung auf in Wasser gelöste Stoffe

Die freien Radikale und molekularen Endprodukte der Wasserradiolyse können mit gelösten Stoffen reagieren und damit weitere ionische und radikalische Reaktionen auslösen. Als Beispiel dafür haben wir bereits die Wechselwirkung mit Sauerstoff beschrieben. Das hydratisierte Elektron und das H-Radikal haben, wie bereits erwähnt, eine reduzierende, OH-Radikale im allgemeinen eine oxidierende Wirkung. Mit abnehmendem pH steigt die Oxidationskraft von $OH^{\cdot}$ und $HO^{\cdot}_2$.

Ein Beispiel für eine strahleninduzierte Redox-Reaktion ist die Umwandlung von zweiwertigem Eisen in dreiwertiges, die nach Fricke (B. 35.) zur chemischen Dosimetrie verwendet wird. Hierbei wird das Fe^{2+} sowohl von $OH^{\cdot}$ und H_2O_2 als auch von $HO^{\cdot}_2$ zu Fe^{3+} oxidiert. Die sekundäre Bildung von $OH^{\cdot}$ aus der Reaktion von H_2O_2 bzw. $HO^{\cdot}_2$ mit Fe^{2+} führt zu einem Gesamtumsatz von sechs Fe^{2+}-Ionen durch $OH^{\cdot}$.

Die damit verbundene Verfärbung oder die Reaktion mit Rhodamid kann photometrisch erfaßt werden; sie ist über einen weiten Bereich dosisproportional.

In analoger Weise kann das OH-Radikal andere anorganische und organische Anionen unter Bildung eines Radikals oxidieren, z. B.:

$$R^- + OH^{\cdot} \rightarrow R^{\cdot} + OH^- \qquad (5.21.)$$

Das Symbol R vertritt hier und im folgenden den Rest eines organischen Moleküls, von dem nur die jeweils interessierende Gruppe ausgeschrieben wird.

Die wichtigste Wirkung von H- und OH-Radikalen auf organische Moleküle besteht im Entzug eines H-Atoms:

$$\begin{array}{l} RH + H^{\cdot} \rightarrow R^{\cdot} + H_2 \\ RH + OH^{\cdot} \rightarrow R^{\cdot} + H_2O \end{array} \qquad (5.22.)$$

Ferner ist von Bedeutung die Addition des Radikals an eine Doppelbindung, z. B.:

$$R-\underset{R}{\underset{|}{C}}=\underset{R}{\underset{|}{C}}-R + H^{\cdot} \rightarrow R-\underset{R}{\underset{|}{C^{\cdot}}}-\underset{R}{\underset{|}{\overset{H}{\overset{|}{C}}}}-R \qquad (5.23.)$$

Besitzt ein organisches Molekül mehrere funktionelle Gruppen, so kann sowohl H-Abstraktion als auch Radikal-Addition erfolgen. Das Verhältnis zwischen beiden Reaktionsmöglichkeiten ist u. a. pH-abhängig.

In Gegenwart von Sauerstoff kann es auch über das Zwischenprodukt O_2^- und unter Mitwirkung eines Protons zu einer H-Abstraktion und der Bildung von H_2O_2 kommen:

$$RH_2 + O_2^- + H^+ \rightarrow RH^{\cdot} + H_2O_2 \qquad (5.24.)$$

Das hydratisierte Elektron, das im Gegensatz zu den neutralen Radikalen $H^{\cdot}$ und $OH^{\cdot}$ eine Ladungseinheit besitzt, führt dementsprechend zu ionischen Sekundärradikalen:

$$RH + e^-_{aq} \rightarrow RH^- \text{ oder } R^{\cdot} + H^- \qquad (5.25.)$$

Die in Anwesenheit reaktiver Substanzen auftretenden Folgereaktionen sind vielfältig und stark von der Struktur des organischen Radikals abhängig. So kann eine intramolekulare Umlagerung und Aufspaltung in ein kleineres Molekül und ein Radikal stattfinden:

$$R-\dot{C}H-\underset{OH}{\underset{|}{CH}}-R \rightarrow R-\dot{C}H_2 + R-CH=O \qquad (5.26.)$$

Intermolekulare Reaktion zwischen zwei analogen Radikalen kann zu Disproportionierung z. B. durch Umlagerung von H-Atomen bzw. Dimerisation führen:

$$R-\underset{OH}{\underset{|}{\overset{H}{\overset{|}{C^{\cdot}}}}} + {}^{\cdot}\underset{OH}{\underset{|}{\overset{H}{\overset{|}{C}}}}-R \rightarrow R-\underset{O}{\underset{\|}{\overset{H}{\overset{|}{C}}}} + H\underset{OH}{\underset{|}{\overset{H}{\overset{|}{C}}}}-R \qquad (5.27.)\ (a)$$

$$R-\underset{OH}{\underset{|}{\overset{H}{\overset{|}{C^{\cdot}}}}} + \underset{OH}{\underset{|}{\overset{H}{\overset{|}{C^{\cdot}}}}}-R \rightarrow R-\underset{HO}{\underset{|}{\overset{H}{\overset{|}{C}}}}-\underset{OH}{\underset{|}{\overset{H}{\overset{|}{C}}}}-R \qquad (b)$$

Auch organische Radikale können mit weiteren Primärradikalen unter Absättigung zu stabilen Endprodukten rekombinieren, z. B.:

$$R^{\cdot} + H^{\cdot} \rightarrow RH \qquad (5.28.)$$

Sauerstoff kann innerhalb von 10^{-10} sec mit den Primärradikalen $H^{\cdot}$ und e^{-}_{aq} unter Bildung von O_2^{-} bzw. $HO_2^{\cdot}$ reagieren (s. Gl. 5.17. u. 5.18.). Ferner reagiert O_2 (mit ähnlichen Reaktionskonstanten) mit den sekundär gebildeten organischen Radikalen zu Peroxiradikalen:

$$R^{\cdot} + O_2 \rightarrow ROO^{\cdot} \qquad (5.29)$$

Letztere können einmal mit O_2^{-} zu Hydroperoxiden reduziert werden

$$ROO^{\cdot} + O_2^{-} \rightarrow ROOH + O_2 \qquad (5.30.)$$

oder sie dissoziieren unter Bildung von Peroxiden (z. B. Dialkyl-, Diaryl- peroxiden).

Diese Bildung von Peroxiden (nach Reaktion von Peroxidradikalen) konnte bei Bestrahlung von Fetten, Fettsäuren, Fettsäurestern und Lipoiden nachgewiesen werden. Dabei kann es zu Radikalkettenreaktionen kommen, die so lange weiterlaufen, bis ein Kettenabbruch erfolgt:

$$ROO^{\cdot} + ROO^{\cdot} \rightarrow ROOR + O_2 + h\nu \qquad (5.31.)$$

Der letzte dieser Schritte kann direkt oder über komplexe Zwischenreaktionen zur Emission eines Lichtquants (hν) führen. Die Messung dieser Chemilumineszenz gibt uns Einblicke in die Kinetik der strahleninduzierten Radikalreaktion (B. 106.).

Gemäß den Forderungen der Thermodynamik wird bei den radikalischen Kettenreaktionen ein Folgeprodukt höchstenfalls den gleichen, meistens aber einen geringeren Energie-inhalt haben als das vorhergehende. Dementsprechend sind die organischen freien Radikale weniger reaktiv und langlebiger als die primären Radikale der Wasserradiolyse.

Die Lebensdauer der organischen Radikale hängt stark von ihrer Resonanzenergie und den Verhältnissen in der Lösung ab, wobei der Gehalt nicht nur an O_2, sondern auch an anderen Gasen eine Rolle spielt. Manche Formen reagieren leichter mit Stickoxid als mit H_2 oder O_2 und klingen deshalb in NO-Atmosphäre schneller ab.

Entsprechend der sehr viel längeren Lebensdauer können sich organische Radikale und Peroxide auch im Milieu der Zelle über sehr viel größere Distanzen als die Primärradikale bewegen und wirksam werden.

5.7. Direkte Wirkung auf organische Moleküle

Auch organische Moleküle können nach Ionisation und Anregung entsprechend den in 5.1. beschriebenen Vorgängen dissoziieren. Die Ionisation führt zu einem instabilen positiven oder durch Anlagerung des freigesetzten Elektrons an ein anderes Molekül zu einem negativen Molekülion.

Die bei der Ionisation auf ein organisches Molekül abgegebene Energie reicht aus, um die Hauptvalenzbindungen organischer Moleküle zu sprengen. Die Bindungsenergie für die einfache C-C-Bindung beträgt 58,6 kcal/Mol d. h. 2,55 eV und für die C=C-Doppelbindung 100 kcal/Mol d. h. 4,35 eV. Die Bindungsenergie von Kohlenstoffatomen mit H oder O und die von SH-brükken liegt zwischen beiden Werten und die einer C-N-Bindung etwas unterhalb der einer einfachen C-C-Bindung. Demgegenüber beträgt die Ablöseenergie für ein Elektron ca. 11 eV. Auch ein Teil der durch elektronische Anregung übertragenen Energiequanten reicht noch zur Sprengung einer Hauptvalenzbindung aus. Schwächere Anregungsenergien reichen zur Sprengung von Nebenvalenzen, z. B. Wasserstoffbrücken aus, deren Bindungsenergie 3–6 kcal/Mol oder 0,13–0,26 eV beträgt.

Durch Sprengung von Hauptvalenzbindungen entstehen molekulare oder radikalische Bruchstücke. Auch chemisch aktive Endgruppen können durch die direkte Strahlenwirkung verändert werden.

Darüber hinaus kann sich die absorbierte Energie über einen größeren Bereich des Moleküls verteilen und durch Sprengung von Nebenvalenzen die sekundäre, tertiäre und quaternäre Struktur von Makromolekülen verändern. Darauf beruht zum großen Teil die Inaktivierung biologischer Makromoleküle. Man kann annehmen, daß eine Ionisation, also das plötzliche Auftreten einer neuen Ladung, zu einer Umgruppierung der benachbarten Molekülteile führt, und daß diese unter Sprengung mehrerer Wasserstoffbrücken erfolgt (schätzungsweise 15 pro Ionisation).

Der durch Verlust eines Elektrons entstehende Defekt kann aber auch längs des Moleküls bis zu einer besonders empfindlichen Stelle wandern und dort zu einer sterischen oder chemischen Änderung führen. So kann die Energie in Proteinen

z. B. bis zur Disulfidbindung wandern und diese sprengen.

Die direkte Wirkung auf organische Moleküle kann besonders gut nach Ausschaltung der indirekten Wirkung bei Bestrahlung im trockenen Zustand untersucht werden. Man kann annehmen, daß hierbei das wirksame Ereignis die Ionisation ist, während Anregungen im trockenen Zustand wenig zu chemisch und biologisch feststellbaren Änderungen der Molekülstruktur beitragen. Dies geht vor allem aus Bestrahlungen von Proteinen mit UV verschiedener Wellenlängen hervor, wobei erst bei einer Wellenlänge um 100 nm und kleiner, also wenn die Photoenergie zur Ionisation ausreicht, ein scharfer Anstieg der Inaktivierung erfolgt. Auch ist die inaktivierende Wirkung von Elektronen, deren kinetische Energie unter 10 eV liegt, sehr gering.

Die direkte Wirkung auf Makromoleküle ist mehr, als man anfangs annahm, von physikalischen und chemischen Faktoren des Milieus abhängig und damit beeinflußbar. Insbesondere spielen dabei die Temperatur, die Art des Mediums, in das die Testmoleküle eingebettet sind, und der Partialdruck verschiedener Gase eine Rolle. Mit der Temperatur während der Bestrahlung nimmt die Ausbeute, bzw. das formale Treffvolumen (s. S. 37), wenn auch relativ geringfügig, zu. Man muß sich vorstellen, daß sich die mit der Strahlenabsorption aufgenommene Energie bei höheren Temperaturen rascher und auf mehr Freiheitsgrade verteilt, und so mit größerer Wahrscheinlichkeit zu einer anormalen Konfiguration führen kann. Da die Strahlenenergie zahlreiche H-Bindungen sprengen kann, wird bei höheren Temperaturen die Restitution der ursprünglichen Tertiärstruktur unwahrscheinlicher.

5.8. Unterscheidung zwischen direkter und indirekter Strahlenwirkung

Im wäßrigen Milieu der Zelle können lebenswichtige Moleküle also sowohl direkt als auch indirekt durch den Angriff von Radiolyseprodukten des Wassers verändert werden. Während anfangs das Augenmerk fast ausschließlich auf die direkte Wirkung gerichtet war – auch die Treffertheorie ging zunächst von dieser Vorstellung aus – hat B. Rajewsky schon frühzeitig von „diffusiblen Treffern“ gesprochen. Seit 1929 haben O. Risse und dann H. Fricke und R. Glocker die Wirkung des bei der Radiolyse gebildeten H_2O_2 in den Vordergrund des Interesses gerückt. Aus ihren Studien wurde die Radikaltheorie der Strahlenwirkung vor allem durch W. M. Dale und J. Weiss entwickelt (Lit. s. bei Dale in A. 47.).

Der jahrzehntelange Streit, ob man die direkte oder die indirekte Wirkung als die Ursache der zellulären Strahleneffekte anzusehen hat, ist längst schon einer quantitativen Analyse des Anteils beider Mechanismen an den verschiedenen biologischen Strahlenreaktionen gewichen.

Folgende Möglichkeiten zu einer Unterscheidung der direkten und indirekten Wirkung stehen zur Verfügung:

1) *Vergleich der Ausbeute bei Bestrahlung einer Substanz im trockenen Zustand und in Lösung*

Im trockenen Zustand beruhen die Veränderungen ausschließlich auf den direkten Strahlenwirkungen, während in Lösung auch die Radiolyseprodukte des Wassers zur Wirkung kommen. Es ist jedoch nicht erlaubt, die Differenz der Ausbeuten völlig mit der indirekten Strahlenwirkung gleichzusetzen, da die Empfindlichkeit gegenüber der direkten Wirkung im gelösten Zustand, wie bereits erläutert, anders sein kann als im festen.

2) *Der Temperatureffekt*

Auch im eingefrorenen Zustand ist der Strahleneffekt meist vermindert, weil die Diffusion der freien Radikale behindert ist. So nimmt bei Pflanzensamen die Strahlenempfindlichkeit mit abnehmender Temperatur zwischen Zimmertemperatur und –196° C um einen Faktor von mehr als 2 ab.

3) *Verdünnungs- und Konzentrationseffekt*

Da beim direkten Effekt ausschließlich die im Molekül selbst absorbierte Energie von Bedeutung ist, ist der Prozentsatz der geschädigten Moleküle unabhängig von der Konzentration in der Lösung. Die absolute Zahl der getroffenen Moleküle in einem vorgegebenen Volumen nimmt mit der Konzentration natürlich zu. Die indirekte Wirkung dagegen ist – gemessen am Anteil der unveränderten Moleküle – in verdünnten Lösungen am stärksten und nimmt mit steigender Konzentration ab, und zwar deswegen, weil die Moleküle mit Verringerung ihres mittleren Abstandes in zunehmenden Maße um die freie Radikale konkurrieren.

Dieser Konzentrationseffekt ist seinerseits von der Höhe der Dosis und Dosisleistung abhängig.

So kommt es, daß die Strahlenempfindlichkeit von Enzymen und anderem Eiweiß in stark verdünnter Lösung außerordentlich groß sein kann, während sie im internen Zellmilieu um ein Vielfaches geringer ist.

4) *Der Schutzeffekt*

Die Strahlenwirkung auf einen gelösten Stoff kann, wie dies im folgenden Abschnitt 5.9. besprochen wird, erheblich herabgesetzt werden, wenn andere Stoffe in der Lösung vorhanden sind, die mit ihm um die freien Radikale konkurrieren. Die direkte Strahlenwirkung wird durch diesen Mechanismus nicht beeinflußt, jedoch kann die direkte Strahlenwirkung auf andere Weise durch die Anwesenheit von Fremdkörpern modifiziert werden.

5.9. Effekt-modifizierende Substanzen: Strahlenschutzsubstanzen, Sensibilisatoren

Die Tatsache, daß eine Reihe von Substanzen die Fähigkeit hat, die Strahlenwirkung im wäßrigen Medium bzw. im Zellmilieu zu beeinflussen, wurde in den letzten Jahrzehnten besonders eingehend untersucht. Ziel war hierbei einerseits eine Substanz zu finden, die zur Verhütung von Strahlenschäden beim Menschen eingesetzt werden könnte, und andererseits durch sensibilisierende Substanzen die Erfolge der Strahlentherapie zu verbessern.

Einen Schutzeffekt weisen neben Proteinen einige ihrer Bausteine wie Thioaminosäuren und -peptide, z. B. Cystein und Glutathion, auf. Effektive Schutzsubstanzen sind ferner Thioamine, wie das Cysteamin und das Amino-aethylisothiouronium (AET). Die dem chemischen Strahlenschutz zugrundeliegenden Mechanismen werden im nächsten Kapitel über die Strahlenwirkung auf Proteine und Aminosäuren diskutiert. (Die einschlägigen Originalarbeiten sind in A.1. zitiert).

Zu den sensibilisierenden Verbindungen zählen u. a. Carbonylverbindungen. Neben mehr oder weniger unspezifischen Sensibilatoren gibt es andere, welche spezifisch die Strahlenwirkung auf ganz bestimmte Substanzen erhöhen, wenn sie an diese angelagert oder in diese eingebaut werden. So sensibilisieren halogenierte Thyminanaloge wie Brom- und Joduracil die DNA *in vitro* und *in vivo*.

Eine der Theorien über Schutz- und Sensibilisatorwirkung faßt beide Effekte zusammen und korreliert sie mit der jeweiligen Fähigkeit der Substanzen, Elektronen aufzunehmen oder abzugeben. Nach dieser Theorie wirken Elektronen-Donatoren schützend und Elektronen-Akzeptoren sensibilisierend (B. 73.).

Die strahlenmodifizierende Wirkung mancher Verbindungen hängt von der Sauerstoffkonzentration ab. Während z. B. die Wirkung von SH-Verbindungen weitgehend O_2-unabhängig ist, wirken manche Stoffe in Anwesenheit von Sauerstoff dadurch sensibilisierend, daß die aus ihnen gebildeten Peroxidradikale zusätzliche Schäden verursachen.

5.10. Die Messung freier Radikale

Während strahlenchemische Endprodukte – wenn auch wegen der relativ geringen Ausbeute nicht ohne Schwierigkeiten – durch direkte chemische Methoden erfaßt werden können, bedarf die Erfassung der Radikale und anderer Zwischenprodukte wegen ihrer kurzen Lebenszeit besonderer Techniken. Große Bedeutung erlangte die Messung der paramagnetischen Resonanz. Freie Radikale sind durch ein ungepaartes Elektron ausgezeichnet, dessen Spin dafür verantwortlich ist, daß in einem Magnetfeld bestimmter Stärke elektromagnetische Wellen bestimmter Frequenz bevorzugt absorbiert werden. Man nennt diese Erscheinung *Elektronen-Spin-Resonanz* (ESR).

Mit der heute weit verbreiteten Methode können in organischen Substanzen, wie z. B. Aminosäuren, Peptiden, Proteinen, Nukleinsäuren und ihren Bausteinen, Fetten und fettartigen Substanzen, aber auch in getrockneten Geweben, in Pflanzensamen und in Bakteriophagen nach Bestrahlung paramagnetische Resonanzzentren nachgewiesen werden. Ein Beispiel gibt Abb. 5.5. Der zeitliche Verlauf der Konzentration eines organischen Radikals ist in Kurve b der Abb. 4.1. dargestellt. Eine ausführliche Beschreibung dieser Methode und ihrer Ergebnisse gibt u. a. Zimmer (A. 27.).

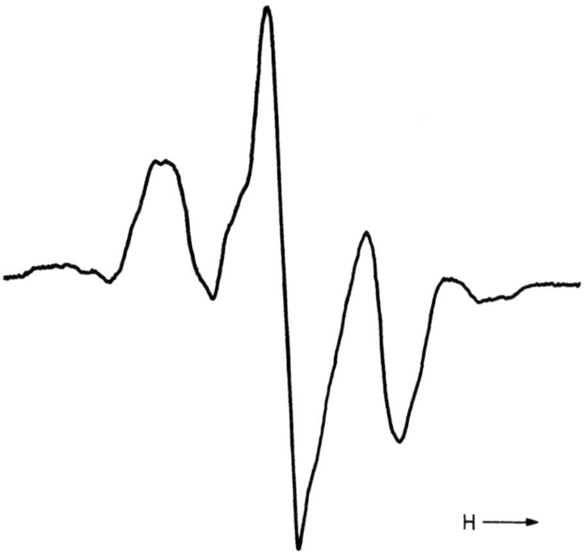

Abb. 5.5. ESR-Spektrum von Glycin in Pulverform nach Gamma-Bestrahlung. H = magnetische Feldstärke. (Überlassen von U. Deffner)

Die Resonanzbedingung, welche die Frequenz jeder elektromagnetischen Welle und den Betrag H der magnetischen Feldstärke miteinander verknüpft, lautet:

$$h\nu = g\beta H$$

h ist das Plancksche Wirkungsquantum, β das Bohrsche Magneton und g der sogenannte spektroskopische Aufspaltungsfaktor, der dimensionslos ist und für organische freie Radikale praktisch – d. h. mit Abweichungen von weniger als 2% – den Wert des freien Elektrons nämlich 2,0023 besitzt. Die Resonanzabsorption freier Radikale findet man demnach in Magnetfeldern um 3300 Oe (Oerstedt) und bei Frequenzen um 9500 MHz, also im Bereich der Mikrowellen von ca. 3 cm Wellenlänge.

Im atomaren Verband eines Moleküls kann das ungepaarte Elektron auch in Wechselwirkung mit den Spins benachbarter Atomkerne treten. Daraus ergibt sich eine Aufspaltung des ursprünglichen Signals. Gerade diese „Hyperfeinstruktur" erlaubt häufig die Identifizierung der freien Radikale. Sie ist von der Orientierung der Moleküle zum Magnetfeld abhängig. Deshalb eignen sich für quantitative Analysen besonders Einkristalle, z. B. von Aminosäuren. Werden organische Substanzen wie üblich in amorpher oder polykristalliner Form oder wird gar komplexes biologisches Material untersucht, so ergeben sich durch Überlagerung gröbere Spektren, wie das der Abb. 5.5.

Die Signalhöhe ist ein grobes Maß für die Konzentration der freien Radikale.

Die heute üblichen ESR-Spektrometer registrieren in der Regel nicht das Absorptionsspektrum selbst, sondern dessen erste Ableitung.

Weitere Methoden zur Bestimmung der primär auftretenden Radikale sind die kinetische Spektroskopie und die Leitfähigkeitsmessung. Bei der kinetischen Spektroskopie beobachtet man die kurzzeitig auftretende Absorption der radikalischen Zwischenprodukte, die im Gegensatz zu den nicht absorbierenden molekularen Ausgangssubstanzen selbst in sichtbarem Bereich deutlich gefärbt sein können. So hat das hydratisierte Elektron ein Absorptionsmaximum bei 720 Å. Es läßt sich ferner photometrisch nachweisen, da sich durch seine Anlagerung an Tetranitromethan ein farbiges Nitroform-Anion bildet.

Radikale, die kein sichtbares Licht absorbieren, lassen sich auch durch die Abnahme der Absorption von Verbindungen bestimmen, die mit diesen Radikalen reagieren.

Die Leitfähigkeitsänderung beruht auf der intermediären Bildung geladener Teilchen (Ionen), insbesonders durch Reaktionen mit dem hydratisierten Elektron.

6. Strahlenchemie organischer Zellbestandteile

6.1. Aminosäuren, Peptide und Proteine

Die Strahlenchemie des Eiweißes setzte schon wenige Jahre nach der Entdeckung der Röntgenstrahlen und ihrer biologischen Wirkung ein. Bei der Bestrahlung in vitro auftretende Effekte – wie Abspaltung von Ammoniak, Ausfällung von gelöstem Eiweiß, Viskositätsänderungen und die Inaktivierung von Enzymen – waren bereits in den zwanziger Jahren bekannt.

F. Dessauer führte, ausgehend von seiner Vorstellung der Punktwärme (s. S. 37) die zellulären Strahlenwirkungen auf eine Art Hitzedenaturierung des Zelleiweißes zurück.

Seitdem wurde entsprechend dem Fortschritt der Eiweißchemie mit verfeinerten Methoden eine außerordentliche Mannigfaltigkeit von Strahlenwirkungen auf Proteine quantitativ erfaßt. Dennoch konnte bisher – um es vorweg zu sagen – noch keineswegs geklärt werden, welche dieser Veränderungen der Proteine (und anderer organischer Zellbestandteile) am Anfang der Ursachenkette stehen, die zu den vitalen Strahlenreaktionen hinführt. Die molekularbiologische Erklärung der Strahlenwirkung steht noch aus oder befindet sich ganz in den Anfängen.

Aus der generellen Vorstellung über die direkten und indirekten Mechanismen der Strahlenwirkung auf organische Molekel im vorhergehenden Abschnitt leiten sich die zu erwartenden und experimentell nachgewiesenen Veränderungen von Proteinen und ihren Komponenten ab.

Schematisch können wir bei den Proteinen unterscheiden: Störungen der Primärstruktur, also chemisch nachweisbare Veränderungen der Hauptvalenzbindungen der Peptidkette und ihrer Glieder, der Aminosäuren, Störungen der Sekundär- und Tertiärstrukturen, also der für jedes Eiweiß charakteristischen Faltung und Knäuelung der Kette, die vorwiegend durch Wasserstoffbrückenbindungen aufrechterhalten werden, sowie der Quarternärstruktur, gegeben durch die räumliche Anordnung von Molekülassoziaten.

6.1.1. Chemisch nachweisbare Änderungen der Primärstruktur

Es muß unterschieden werden zwischen strahlenbedingten Reaktionen in anaerober und aerober Lösung, da – wie bereits im vorhergehenden Kapitel erläutert – der Sauerstoff eine hohe Bereitschaft zeigt, sich an intermediär gebildete organische Radikale anzulagern. Die dabei entstehenden Peroxidradikale haben andere Folgereaktionen als die unter anaeroben Bedingungen gebildeten Radikale.

Die wichtigsten Strahlenreaktionen von Proteinen sind Kettenbruch, Decarboxilierung und Desaminierung:

a) Der Mechanismus des Kettenbruchs eines Proteins bei Bestrahlung unter aeroben Bedingungen wurde von Garrison et al. (B. 37.) am Beispiel des N-Acetylalanins wie folgt beschrieben:

Der Angriff eines OH- (oder H-)Radikals führt entsprechend den generellen auf S. 70f. beschriebenen Mechanismen zur Bildung eines organischen Radikals:

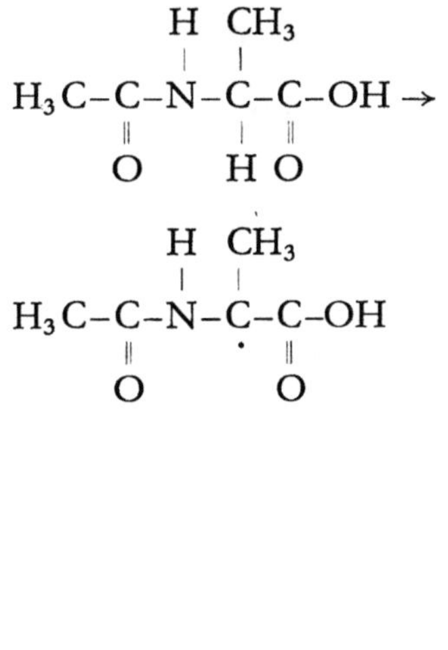

(6.1.)

Durch intermediäre Anlagerung von Sauerstoff an das Peptidradikal entsteht ein Peroxidradikal:

$$\begin{array}{ccccccccc} & & & & H & & CH_3 & & \\ & & & & | & & | & & \\ H_3C & - & C & - & N & - & C & — & C-OH \\ & & \| & & & & | & & \| \\ & & O & & & & {}^{\cdot}OO & & O \end{array} \qquad (6.2.)$$

Sauerstoff wird dann unter Dismutation zu einem Alkoxyradikal wieder abgegeben:

$$\begin{array}{ccccccccccc} & & O & & H & & R' & & O & & H \\ & & \| & & | & & | & & \| & & | \\ R & - & C & - & N & - & C & - & C & - & N-R'' \\ & & & & & & | & & & & \\ & & & & & & O^{\cdot} & & & & \end{array} \qquad (6.3.)$$

Dieses Gebilde ist instabil und zerfällt nach O_2-Anlagerung zu Diacetamid, Kohlendioxid und einem Perhydroxylradikal

$$\begin{array}{ccccccc} & & & & H & & CH_3 \\ & & & & | & & | \\ H_3C & - & C & - & N & - & C + CO_2 + HO_2^{\cdot} \\ & & \| & & & & \| \\ & & O & & & & O \end{array} \qquad (6.4.)$$

Während das Amid weiter zu Essigsäure und Ammoniak hydrolysiert und zwei Perhydroxylradikale zu H_2O_2 und O_2 dismutieren, beruht also die Kettenspaltung auf der Bildung des Kohlendioxids.

b) Eine Decarboxylierung tritt bei Bestrahlung von Aminosäuren sowohl im trockenen Zustand wie in Lösung als auch unter anaeroben und aeroben Bedingungen auf, und kann an der CO_2-Bildung und dem Auftreten der entsprechenden Amine nachgewiesen werden. Oxidative Decarboxylierung führt unter Freisetzung von Ammoniak und Kohlendioxid zum Aldehyd.

c) Desaminierung unter anaeroben Bedingungen tritt vor allem nach Angriff des hydratisierten Elektrons ein:

$$\begin{array}{l} \begin{array}{c} H \\ | \\ R-C-CO_2^{(-)} \\ | \\ NH_3^{(+)} \end{array} + e^-_{aq} \rightarrow \begin{array}{c} H \\ | \\ R-C-CO_2^{(-)} \\ | \\ NH_3 \end{array} \rightarrow \qquad (6.5.) \\ \rightarrow \begin{array}{c} H \\ | \\ R-\dot{C}-CO_2^- \end{array} + NH_3 \end{array}$$

Das gebildete Radikal reagiert unter H-Abstraktion zur Säure weiter.

Oxidative Desaminierung führt unter Freisetzung von Ammoniak zu einer α-Ketosäure. Desaminierung ist bei allen Aminosäuren – außer Cystein – zu beobachten und nimmt mit der Konzentration der Lösung zu. Man muß daher eine Kettenreaktion annehmen, bei der das primär gebildete Radikal seine Radikaleigenschaft über mehrere Zwischenstufen schließlich auf ein intaktes Aminosäuremolekül überträgt und dabei selbst desaminiert und oxidiert wird; das neugebildete Radikal setzt die Kettenreaktion fort.

In aromatischen Aminosäuren und ihren Verbindungen kann der aromatische Ring aufgesprengt werden. Damit kommt es zu einem Verlust der charakteristischen Absorptionsbanden, z. B. des Tyrosins bei 272 nm, des Tryptophans bei 280 nm oder des Histidins bei 211 nm.

Sulfhydrylverbindungen zeichnen sich durch eine besonders hohe Affinität zu den freien Radikalen aus. In oxidativer Reaktion entstehen überwiegend Disulfidverbindungen, z. B.:

$$\begin{array}{l} RSH + OH^{\cdot} \rightarrow RS^{\cdot} + H_2O \\ RS^{\cdot} + RS^{\cdot} \rightarrow RSSR \end{array} \qquad (6.6.)$$

Das e^-_{aq} reagiert mit Sulfhydrylverbindungen, indem es eingefangen wird und zur Dissoziation führt:

$$RSH + e^- \rightarrow R^{\cdot} + {}^-SH \qquad (6.7.)$$

Bei Thioverbindungen ist also nicht die β-CH_2-Gruppe der bevorzugte Angriffspunkt für Primärradikale, sondern die SH-Gruppierung. Das führt bei bedeutend höheren Reaktionskonstanten zu einer insgesamt geringeren Zerstörungsrate, da die gebildeten Radikale regeneriert werden können; ein Angriff an der β-Gruppe führt dagegen entweder zu Decarboxylierung, Desaminierung oder zu Kettenbruch.

Bemerkenswert ist bei den Thioaminosäuren noch die hohe Stabilität gegenüber Sauerstoff, die einmal auf dem höheren Redoxpotential des $RSSR^-$-Radikalanions beruht – d. h. es wird eher ein Elektron auf O_2 übertragen als von diesem übernommen – andererseits auf der konkurrierenden Reaktion von RS^- mit $RS^{\cdot}$, die zur Verminderung der $RSOO^{\cdot}$-Bildung führt.

Die besonders hohe Reaktionsrate der SH-haltigen Amine, Aminosäuren und Peptide wie Cysteamin, Cystein und Glutathion mit Primärradikalen prädestiniert diese Verbindungen zu Schutzstoffen für andere Moleküle.

6.1.2. Störungen der sekundären und höheren Strukturen organischer Moleküle

Die natürlichen Eigenschaften der Proteine hängen von bestimmten räumlichen Konfigurationen ab, die durch Nebenvalenzen, vor allem H-Brücken, aufrechterhalten werden, deren Energieinhalt etwa 3–6 kcal/Mol beträgt, was einer Bindungsenergie von 0,13–0,26 eV entspricht. Mit zunehmender Temperatur werden immer mehr H-Brücken gelockert, und mit steigender Zahl gleichzeitig gelöster H-Brücken wird die Wahrscheinlichkeit zu einem Schluß in der alten Ordnung geringer. Dies ist die Ursache der Hitzedenaturierung. Auch die Einwirkung von Säuren oder manchen Chemikalien, wie Harnstoff, führt zu reversibler oder irreversibler Denaturierung und zum Verlust der spezifischen oder immunologischen Aktivität.

Die Strahlendenaturierung muß ebenfalls mit einer irreversiblen Änderung der Sekundärstruktur durch Lösung von Nebenvalenzen verbunden sein. Dies kann Folge der oben beschriebenen chemischen Veränderungen sein, denn jede Änderung an einer Stelle des Moleküls führt zwangsläufig zu einer Umorientierung der Oberflächenladung und damit der Nebenvalenzen dieses Makromoleküls. Andererseits aber kann die absorbierte Energie auch ohne Störung von Hauptvalenzbildungen über das Molekül verteilt und zur Sprengung von H-Brücken (ca. 15 pro Ionisation) verwendet werden.

Die Abnahme der *Viskosität*, die weitgehend proportional der Dosis ist, kann auf dem beschriebenen Bruch von Hauptvalenzbindungen beruhen oder auf einer Änderung der Größe und Form der Moleküle durch die Änderung der Sekundärstruktur (veränderter Faltungs- und Knäuelungszustand). Infolge neugeschaffener Querverbindungen zwischen Molekülen und durch Aggregation der veränderten Moleküle kann es aber auch zur Viskositätserhöhung kommen. Die gleichen Mechanismen ändern die Sedimentations- und Diffusionskonstanten der Proteine, ihre Löslichkeit, ihre optischen Eigenschaften (Strömungsdoppelbrechung) und verschieben den isoelektrischen Punkt. Die Denaturierung von Eiweiß erfordert aber erstaunlich hohe Dosen, und zwar sowohl bei Bestrahlung in trockenem Zustand als auch in wäßrigen Lösungen. Mehrere 100000 rad sind notwendig, um einige Prozent gelösten Eiweißes zu denaturieren. Selbst bei diesen Dosen werden nur wenig Peptidbindungen gespalten, und eine Verminderung des Aminostickstoffs läßt sich nicht nachweisen. Jedoch ist offenbar auch schon bei kleineren Dosen mit einer latenten Veränderung vieler Moleküle zu rechnen.

Auch scheinbar unveränderte Proteine sind nach Bestrahlung mit relativ kleinen Dosen gegenüber der Einwirkung von Hitze, UV-Strahlen, Harnstoff und Säuren wesentlich empfindlicher.

Diese Beobachtungen weisen auf eine Tatsache hin, die erst in letzter Zeit stärker gewürdigt wird. Die irreversiblen Veränderungen der Proteine (und auch anderer organischer Verbindungen) sind nicht alle schon im Augenblick der Energieabsorption fixiert. Strahlung schafft offenbar zunächst einen aktivierten Zustand, der je nach Milieubedingungen lange anhalten kann und erst durch Sekundärreaktionen zur chemisch nachweisbaren Veränderung führt. Das endgültige Ereignis tritt erst nach einer größeren Latenzzeit ein; manche der beobachteten Wirkungen treten als sogenannte „Nacheffekte“ erst im Laufe von Stunden ein.

Serumalbumin in 9%iger Lösung wird durch Bestrahlung bei 25° C unlöslich (Barron u. Finkelstein, B. 5.). Wird es jedoch bei 3° C bestrahlt, so tritt die Änderung der Lösbarkeit erst dann ein, wenn anschließend die Temperatur auf 25° erhöht wird.

Die Strahlenempfindlichkeit der Eiweiße ist am größten im Bereich ihres isoelektrischen Punktes. Temperatur, pH der Lösung, Gasgehalt und die Anwesenheit anderer Moleküle in der Lösung sind entscheidende Faktoren für die Ausbeute an verschiedenen Endprodukten.

6.1.3. Enzyminaktivierung

Besonderes Interesse wurde der bereits mehrfach erwähnten Enzymaktivierung durch ionisierende Strahlen gewidmet, denn schließlich haben ca. 50% des Zelleiweißes Enzymcharakter. Lange Zeit hoffte man, die Erklärung der biologischen Strahlenwirkung in der Inaktivierung eines besonders strahlenempfindlichen Enzyms zu finden.

Praktisch alle uns bekannten Enzyme der pflanzlichen und tierischen Zelle wurden bereits auf ihre Strahlenempfindlichkeit hin getestet, und zwar sowohl in trockenem Zustand als auch in Lösung, zum Teil unter umfassender Modifikation der Bestrahlungsbedingungen und mit sorgfältigen quantitativen Methoden.

Die enzymatische Aktivität wird bei Bestrahlung in trockenem Zustand schon durch Dosen verändert, bei denen mit chemischen oder physikalischen Methoden noch kaum wesentliche Veränderungen feststellbar sind.

Insbesondere Pollard und Mitarb. haben durch Bestrahlung verschiedener Makromoleküle und vitaler Einheiten makromolekularer Größe die Methode einer radiologischen Ultramikrometrie ausgebaut (B. 90.). Die Aktivität trockener Präparate nimmt innerhalb eines weiten Dosisbereichs exponentiell mit der Dosis ab (s. Abb. 6.2.). Aus der Neigung der Dosiswirkungskurve in halblogarithmischem Maßstab läßt sich bei der Annahme, daß eine primäre Ionisation das wirksame Ereignis darstellt, ein Treffbereich ermitteln, der innerhalb weiter Grenzen mit dem wahren Molekulargewicht übereinstimmt (Abb. 6.1.).

Wie zuerst Dale (B. 24.) zeigte, werden manche Enzyme in reinen wäßrigen Lösungen bei sehr hoher Verdünnung oft mit hoher Ausbeute inaktiviert. So fand sich schon eine deutliche Inaktivierung von Adenosintriphosphatase bei einer Dosis von 1 rad. In hochverdünnten

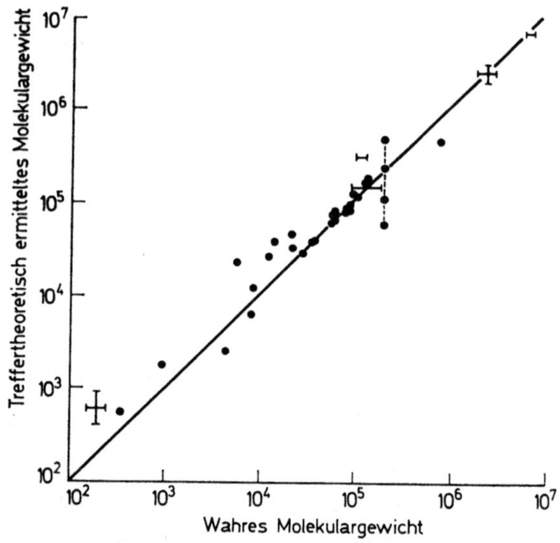

Abb. 6.1. Das für die Inaktivierung von trockenen organischen Substanzen treffertheoretisch ermittelte Molekulargewicht, bezogen auf das wahre Molekulargewicht. Bei völliger Identität beider Werte ergäbe sich die ausgezogene Gerade von 45 °. Bei den Stoffen mit niedrigem Molekulargewicht handelt es sich um Aminosäuren, Antibiotika und Hormone, bei den übrigen um Enzyme. Nach E. C. Pollard (B. 90.)

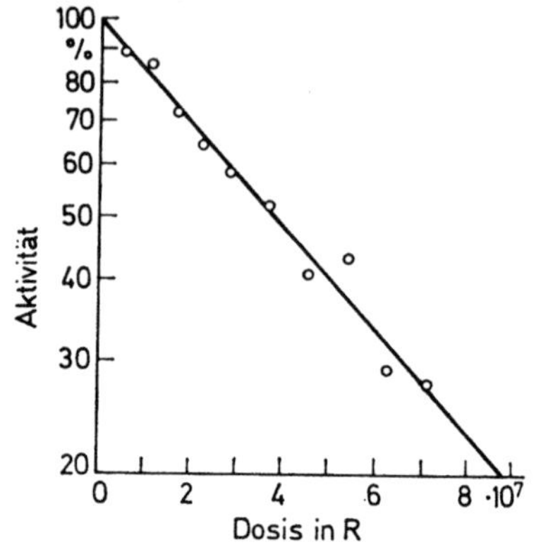

Abb. 6.2. Inaktivierung von Cytochrom C nach Röntgenbestrahlung (45 kV) in trockenem Zustand bei 25° C (aus B. 93.)

Lösungen beträgt die 50%-Inaktivierungsdosis von Alkoholdehydrogenase 20 rad, von Myosin 10 rad, aber für andere Enzyme, wie Succinodehydrogenase oder Trypsin, einige 1000 rad.

Die Tatsache, daß schon geringe Zusätze anderer organischer Stoffe zu reinen Lösungen die Strahlenempfindlichkeit einer Molekülart erheblich verringern, macht es unwahrscheinlich, daß Dosen, die schon zum Zelltod führen können (in der Größenordnung von 100 rad) primär zu einer für das Zelleben bedenklichen Enzyminaktivierung führen (die meisten Enzyme sind im Mittel durch 10^3–10^5 identische Molekel pro Zelle vertreten). Tatsächlich zeigt sich immer dann, wenn sekundäre (pathobiotische) Effekte auf die Enzyme ausgeschlossen werden, daß nach Bestrahlung in vivo erst bei erheblichen Dosen die Aktivität merklich abnimmt.

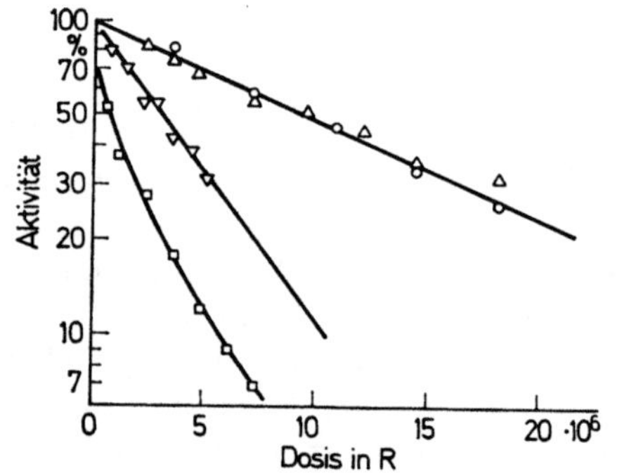

Abb. 6.3. Die Inaktivierung strukturgebundener Enzyme in Leberschnitten der Maus in Abhängigkeit von der Dosis nach Röntgenbestrahlung. □ Bernsteinsäure-Oxidase ohne Cytochrom C; ▽ Bernsteinsäure-Oxidase mit Cytochrom C; △ Bernsteinsäure-Dehydrase; ○ Cytochrom-Oxidase (H. Pauly, in B. 85.)

Bei Bestrahlung nativer oder getrockneter Zellen und unmittelbar anschließender Aufarbeitung (so daß Sekundäreffekte weitgehend ausgeschlossen werden können) folgt die Inaktivierung meist einer Exponentialfunktion (Abb. 6.3.). Die Werte der D_{37} liegen fast alle oberhalb von 1 Million rad und sind bei Bestrahlung in getrocknetem Zustand um ein Vielfaches höher.

Von besonderem Interesse für unsere strahlenbiologischen Schlußfolgerungen ist es, daß die Strahlenempfindlichkeit der verschiedenen Enzyme innerhalb einer Zelle in recht unterschiedlicher Weise vom Wassergehalt abhängt. Das Verhältnis der Inaktivierungsdosis im feuchten und im trockenen Zustand von Hefezellen ist zum Beispiel bei Coenzym A 1:100, bei Alkoholdehydrogenase 1:20, bei Invertase 1:2. Das gleiche Enzym, z. B. Coenzym A, kann in verschiedenen Zellen, wie Bact. E. coli, oder denen von frischen Bohnen, Rinderleber und Rinderherz um den Faktor 2 in seiner Empfindlichkeit differieren.

Offensichtlich ist es äußerst schwierig, von dem Verhalten der Enzyme in vitro auf ihre Strahlenempfindlichkeit in vivo zu schließen, denn diese hängt weitgehend vom inneren Milieu der Zellen ab und vor allem von der Lage des betreffenden Enzyms und den lokalen Verhältnissen seiner unmittelbaren Umgebung wie der örtlichen Konzentration organischen Materials, das als Radikal-Fänger oder H-Spender wirken kann. Somit kann das Verhältnis zwischen indirekter oder direkter Wirkung auf Enzyme in vivo um den Faktor 100 differieren (Ebert, A. 49.).

Oft wird bei Bestrahlung von Zellen und Geweben sogar eine Steigerung der Enzymaktivität und der damit verbundenen Stoffwechselvorgänge festgestellt (s. Kap. 8.), die entweder durch Freisetzung von Enzymen aus ihrer inaktiven Form oder durch Permeabilitätsänderungen zu erklären ist (Enzym-Freisetzungshypothese von Bacq u. Alexander [s. in A. 1.]). Es ist jedoch zu bedenken, daß alle Agenzien, die zu einer Lyse von Zellen führen, die Enzymaktivität des Gewebes erhöhen können, so daß es sich auch hierbei vermutlich um eine recht unspezifische Strahlenwirkung handelt.

Die Freisetzung von Enzymen aus stark bestrahlten Geweben läßt sich im Blut und Urin nachweisen und kann als Maß für die Strahlenwirkung auf Tumoren und mitbestrahlte Organe benutzt werden (Kärcher, A. 15.).

Zur Schädigung der immunologischen Eigenschaften eines Proteins sind wesentlich höhere Dosen erforderlich als zur Inaktivierung ihrer enzymatischen Funktionen. Die Antigeneigenschaft wird selbst durch extrem hohe Dosen kaum verändert, während die Bildung von Antikörpern eher beeinflußt werden kann.

6.1.4. Schlußfolgerungen

Proteine können unter der Einwirkung ionisierender Strahlen oder über die Radiolyseprodukte des Wassers chemische und physikalische Veränderungen erleiden, wie Molekülbrüche mit der Bildung radikalischer oder molekularer Bruchstücke, Decarboxylierung und Desaminierung. In aromatischen Aminosäuren kann es ferner zur Sprengung von Ringverbindungen kommen. Die Inaktivierung von Enzymen beruht zum Teil auf diesen Veränderungen, vor allem aber auf Störungen der Sekundär- und Tertiärstruktur infolge Lösung der Nebenvalenzbindungen, die für die Aufrechterhaltung ihrer charakteristischen Konfiguration verantwortlich sind. In wäßrigen Lösungen nimmt die relative Ausbeute der molekularen Veränderungen mit der Verdünnung zu. Die Dosen, die zur Inaktivierung der Eiweiße im Zellmilieu – auch nur von wenigen Prozent – erforderlich sind, liegen um Größenordnungen über den zytoletalen Strahlendosen. Somit ist es unwahrscheinlich, daß die vitalen Strahlenwirkungen ausschließlich durch die Schädigung der Zellproteine oder gar eines einzigen strahlenempfindlichen Proteins erklärbar sind.

Mit der chemischen Analyse isolierter Zellkomponenten und ihrer irreversiblen Veränderungen ist jedoch kein hinreichender Einblick in alle möglichen Strahlenwirkungen auf den komplexen Biochemismus der Zelle zu gewinnen. Strahlung kann die Synthese der Proteine hemmen und in die Reaktionskinetik des Betriebsstoffwechsels eingreifen, ohne daß die zugrundeliegenden molekularen Veränderungen unmittelbar nachweisbar sein müssen.

Beides soll erst in den Kapiteln 7. u. 8. abgehandelt werden, weil diese Wirkungen u. a. auch von den strahlenchemischen Veränderungen einer anderen Stoffklasse, nämlich der Nukleotide und Nukleinsäuren, abhängen, die im folgenden Abschnitt besprochen werden.

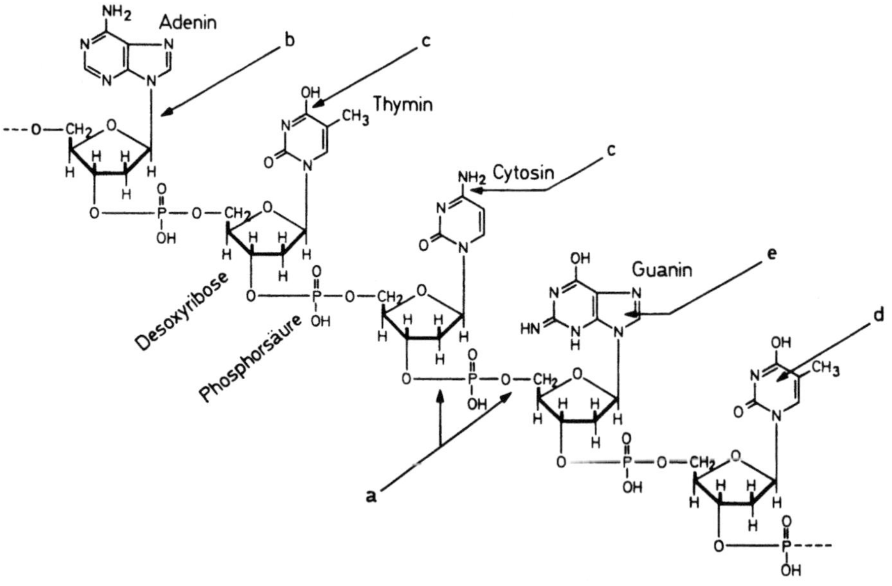

Abb. 6.4. Aufbau der Desoxyribonukleinsäure (nach A. Wacker B. 112.) mit Einzeichnung der wichtigsten Angriffsorte ionisierender Strahlen. a) Kettenbruch des DNA-Stranges; b) Basenabspaltung; c) Veränderung der Basenendgruppen (z. B. Radikalbildung, Desaminierung und Hydroxylisierung, Peroxidbildung); d) Spaltung des Sechserringes; e) Öffnung des Imidazolringes

6.2. Nukleinsäuren und Nukleotide

In dem Bemühen, die zellulären Strahlenwirkungen auf molekulare Veränderungen der Zellbestandteile zurückzuführen, hat man sich verständlicherweise frühzeitig und intensiv mit den Nukleinsäuren und ihren Bausteinen befaßt, da sie als Desoxyribonukleinsäure das stoffliche Substrat des genetischen Codes darstellen und als Ribonukleinsäure die Informationen vom Zellkern auf das Zytoplasma übertragen und die Proteinsynthese steuern.

Wie bei den Proteinen können wir unterscheiden zwischen Störungen der Primärstruktur, also chemisch nachweisbaren Änderungen der Nukleinsäuremoleküle, und solchen der Sekundär- und Tertiärstruktur, durch welche die Konfiguration des einzelnen Nukleinsäurestranges und die Anordnung der Stränge untereinander aufrecht erhalten wird.

Wiederum können die verschiedenen Veränderungen sowohl durch direkte als durch indirekte Wirkung hervorgerufen werden. Die verschiedenen Möglichkeiten einer Strahlenschädigung der Nukleinsäuren werden am Modell der Desoxyribonukleinsäure (DNA) beschrieben (Abb. 6.4.). Die analogen strahleninduzierten Verbindungen der Ribonukleinsäure (RNA) werden nicht im Detail beschrieben, jedoch in Kap. 7. erwähnt.

6.2.1. Molekülbrüche

Sowohl bei Bestrahlung in trockenem Zustand als in wäßrigen Lösungen kann es zu einem Bruch im Nukleotidmolekül, und zwar durch Spaltung einer Phosphatesterbindung oder durch Zerstörung der Desoxyribose kommen. Dabei kann auch anorganisches Phosphat freigesetzt werden. Liegt das Nukleinsäuremolekül als einfacher Faden vor, so führt das unmittelbar zu Bruchstücken kleineren Molekulargewichtes, was mit einer Abnahme der Viskosität bestrahlter Nukleinsäuren einhergeht und sich durch physikalische Methoden – Bestimmung des Sedimentationskoeffizienten, der Viskosität, der Lichtstreuung und der Strömungsdoppelbrechung – nachweisen läßt.

Wenn die DNA entsprechend dem bekannten Watson-Crick-Modell als Doppelfaden vorliegt, kommt es nur dann zu einem nachweisbaren Bruch des gesamten Gebildes, wenn die beiden Bruchstellen der Einzelfäden in nicht zu weitem Abstand – schätzungsweise bis zu 3 Nukleotidabstände – einander gegenüberliegen. Dementsprechend ist die Ausbeute für dieses Ereignis wesentlich geringer.

Abb. 6.5. zeigt erstens, daß die Kurve für Einzelstrangbrüche im ganzen wesentlich steiler ansteigt als die für Doppelstrangbrüche, und zweitens, daß entsprechend treffertheoretischen Vorstellungen die Zahl der Einzelstrangbrüche

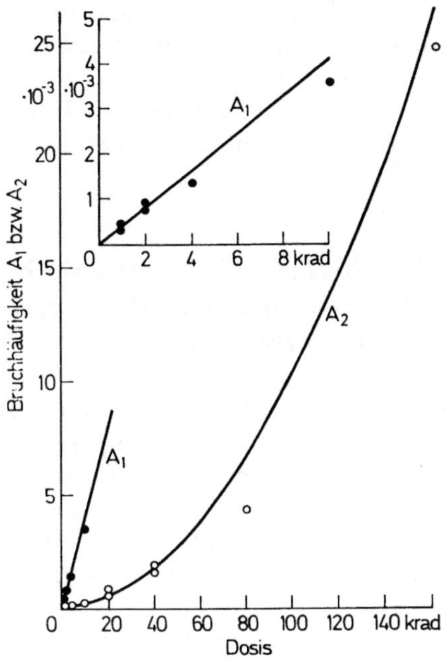

Abb. 6.5. Einzel- und Doppelstrangbrüche in Kalbsthymus-DNA nach Bestrahlung in wäßriger Lösung (0,2 mg/ml). A_1 = Bruchhäufigkeit der Einzelkette pro Nukleotid. A_2 = Bruchhäufigkeit der Doppelhelix pro Nukleotidpaar (U. Hagen, B. 41.)

linear, die der Doppelstrangbrüche annähernd quadratisch von der Dosis abhängt. Zu beachten ist dabei allerdings, daß in dem biologisch interessierenden Dosisbereich unter 1000 rad die Kurve für Doppelstrangbrüche kaum von einer (flacheren) Geraden unterscheidbar ist.

Bestrahlt man lebende Zellen und bestimmt unmittelbar anschließend die strahlenbedingten Brüche in der DNA, so findet man eine lineare Zunahme sowohl der Einzelstrangbrüche wie der Doppelstrangbrüche. Dies zeigt, daß in der Zelle Doppelstrangbrüche vor allem durch direkte Strahlenwirkung entstehen. Pro 100 rad werden im Genom einer diploiden Säugetierzelle etwa 20 Doppelstrangbrüche und 340 Einzelstrangbrüche erzeugt.

Die Wahrscheinlichkeit für ein solches Doppelereignis ist größer bei der Passage eines dicht ionisierenden Teilchens durch die Doppelhelix als bei locker ionisierenden Strahlen.

Durch Vereinigung zweier Bruchenden aus zwei Doppelfäden kann es aber auch zu einer Verknüpfung zweier verschiedener DNA-Stränge kommen. In Anwesenheit von Sauerstoff ist die Wahrscheinlichkeit dieses Vorganges infolge einer Peroxidbildung an den Bruchenden verringert. Es bestehen hier enge Beziehungen zu der strahleninduzierten Vernetzung von Kunststoff-Polymerisaten, die bereits ausgiebige technische Anwendung findet. Auch diese Strahlenwirkung mag eine gewisse biologische Bedeutung haben. So entstehen nach Bestrahlung von DNA-haltigen Bakteriophagen Vernetzungen zwischen einzelnen Abschnitten des Genoms sowie zwischen DNA und dem Hüllprotein der Phagen, die zu seiner Inaktivierung beitragen (Bohne et al., B. 13.).

6.2.2. Veränderung der Purin- und Pyrimidinbasen

Besondere Bedeutung kommt den chemischen Änderungen der Basen der DNA, der Pyrimidinbasen Thymin und Cytosin und der Purinbasen Adenin und Guanin zu, die als die Buchstaben des genetischen Codes zu betrachten sind; jede chemische Alteration, jeder Ausfall oder jede Änderung der Sequenz dieser Basen kann einer Mutation gleichkommen. Im Verband des Nukleinsäuremoleküls sind die Basen aus sterischen Gründen gegenüber einem direkten Angriff von Radikalen weniger empfindlich als in freier Form. In wäßriger Lösung kommt es durch die Einwirkung freier Radikale zu folgenden Veränderungen:

1) zu einer Spaltung der Zucker-Basenbindung und Freisetzung der Basen, wobei die Abspaltung von Purinbasen leichter vonstatten geht;
2) zu einer Desaminierung und Hydroxylierung;
3) in Anwesenheit von O_2 zu einer Bildung von Hydroperoxiden an den Basen;
4) zur Öffnung des Imidazolringes der Purine.
5) zu einer Aufspaltung des heterozyklischen Sechser-Ringes, wobei die Strahlenempfindlichkeit der Pyrimidinbasen größer ist als die der Purinbasen und in der Reihenfolge Thymin – Uracil – Cytosin – Guanin – Adenin abnimmt;

In wäßriger Phase sind Pyrimidine ungefähr 100 mal empfindlicher als Purine. Dies beruht darauf, daß letztere eine stärkere „Resonanzstabilisation" besitzen: Je größer die Zahl der Elektronen in konjugierten Doppelbindungen ist, umso mehr kann sich die zugeführte Energie über das Ringsystem verteilen und umso geringer ist die Wahrscheinlichkeit für die Sprengung einer Bindung. Die Kondensation des Imidazolringes mit dem Pyrimidinring bedeutet also eine Stabilisierung.

Bei bestimmten Pyrimidinbasen tritt eine Hydratisierung oder eine Dimerisation auf. So entsteht aus Uracil durch nukleophile Addition eines Wassermoleküls als Endprodukt 5-Hydro-6-Hydroxy-Uracil.

In wäßrigen Thyminlösungen erfolgt bei UV-Bestrahlung eine Dimerisation von je zwei Thyminmolekülen zu einem Thymindimer.

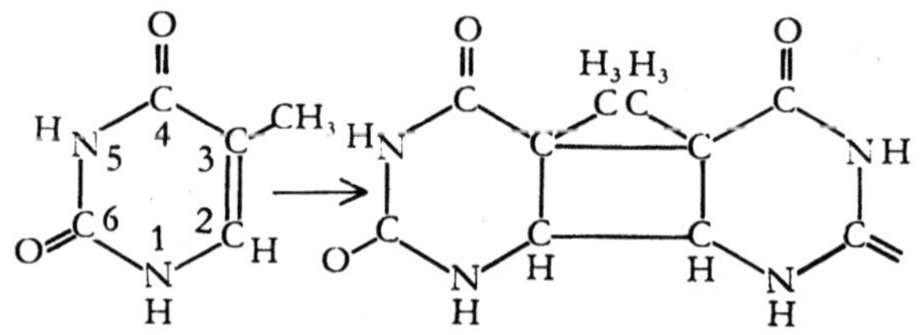

Auch bei UV-Bestrahlung von Bakterien wurde eine Abnahme des Thymidin und ein Auftreten seiner Dimere nachgewiesen.

Thymindimere können durch kurzwellige UV-Bestrahlung wieder monomerisiert werden, ionisierende Strahlen können Thymindimere spalten. Ein Hinweis dafür, daß Thymindimere in starkem Maße für die Inaktivierung der DNA verantwortlich sind, ergibt sich aus der Beobachtung, daß die Wirkungsspektren für die Monomerisierung der Thymindimere und für die Photoreaktivierung (s. 7.3.) von Bakterien sehr ähnlich sind. Auch die Beobachtung, daß in Gegenwart von photoreaktivierendem Enzym und Licht primär gebildete Dimere wieder verschwinden, deutet auf die Wichtigkeit von Dimeren für die Inaktivierung hin. Auch Uracil und Cytosin bilden unter Bestrahlung Dimere. Cytosin wird desaminiert und bildet ein Uracildimer, das durch Hydrolyse in Uracil verwandelt wird.

Purin- und Pyrimidinring sind für die charakteristische Absorption der Nukleinsäure um 260 nm verantwortlich, so daß sich deren Zerstörung durch eine verringerte Extinktion in diesem Wellenlängenbereich bemerkbar macht (Abb. 6.6.).

6.2.3. Nachweis freier Radikale bei Purin- und Pyrimidinbasen und ihren Verbindungen

Auch an Purin- und Pyrimidinbasen und ihren Verbindungen kann die Bildung freier Radikale, mittels der Elektronen-Spin-Resonanz-Methode, nachgewiesen werden (s. 5.10.). Da die Radikale in wäßriger Lösung extrem unbeständig sind, lassen sie sich am besten in eingefrorenem Zustand erfassen.

In trockenem Zustand bestrahlte Purinbasen, wie Adenin, Guanin, Xanthin und Hypoxanthin haben nahezu identische Elektronen-Spin-Resonanz-Spektren, die durch ein ungepaartes Elektron an einem Stickstoffatom des Purinringes zustande kommen. Bei allen untersuchten Nukleinsäurebestandteilen nimmt die Radikalkonzentration linear mit der Dosis bis zu einem Sättigungswert zu.

Dabei nimmt die Ausbeute in der Reihenfolge Base – Nukleosid – Nukleotid – Polynukleotid bis um den Faktor 4 bis 20 zu.

Bei Bestrahlung der Polynukleotide der DNA ergeben sich Elektronen-Spin-Resonanz-Spektren, die eine Modifikation der Spektren ihrer Basen darstellen. Ihre Analyse kann noch nicht als abgeschlossen betrachtet werden, verspricht aber wesentliche Aufschlüsse über die Elektronen-Konfiguration und die Strahlenempfindlichkeit der verschiedenen Verbindungen. Bildung und Lebensdauer der Radikale hängt entscheidend vom Wasser- und Sauerstoffgehalt der Probe und der Temperatur ab.

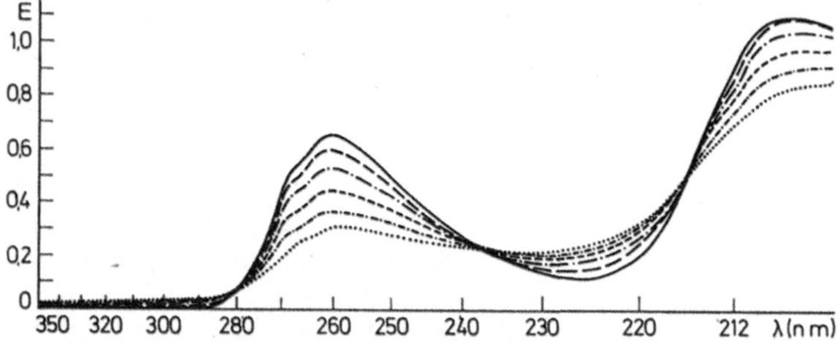

Abb. 6.6. Veränderung des Extinktionsspektrums von Adenin nach Bestrahlung. Das charakteristische Maximum bei 260 nm (ausgezogene Kurve) nimmt nach Röntgenbestrahlung in 1,5–2 · 10^{-4} molarer Lösung mit Erhöhung der Dosis von ca. 30000 auf 150000 rad (punktierte Kurven) ab. (L. Schachinger)

6.2.4. Störungen der Konfiguration der DNA-Moleküle

Die vorwiegend durch Nebenvalenzen und Wasserstoffbrücken zwischen Amino- und Hydroxylgruppen der Purin- und Pyrimidinbasen aufrecht erhaltene Konfiguration der Doppelhelix kann ebenso wie Tertiärstrukturen der molekularen Gebilde gestört werden, wenn gleichzeitig sehr viele Brücken geöffnet und nicht mehr in der richtigen Reihenfolge geschlossen werden.

Diese Lösung von H-Brückenbindungen kann unmittelbar Folge der Absorption und Dissipation der Strahlenenergie sein, aber auch in der Nachbarschaft von Molekülbrüchen auftreten. Dadurch kommt es zu einer lokalen Auflockerung und Entspiralisierung der Doppelhelix.

Schließlich besteht die Möglichkeit, daß durch Strahlung die komplexe Verbindung der Nukleinsäure mit niedermolekularem Eiweiß – bei Säugetieren Histone – gelöst wird. Eine Abspaltung der Histone von Nukleoproteidfasern wurde nachgewiesen und ist möglicherweise schon bei Dosen, welche die Nukleinsäure selbst noch wenig verändern, von Bedeutung.

6.2.5. Zusammenhang zwischen chemischen Veränderungen der DNA und biologischen Strahleneffekten

Die Erkenntnis, daß Strahlung durch chemische Veränderungen an der DNA zu Mutationen führt, ist als wesentlicher Beitrag der Strahlenforschung zur modernen Molekularbiologie anzusehen.

Trotz des großen Umfangs strahlenchemischer Studien über die verschiedenen strahleninduzierten Veränderungen der DNA und die zugrundeliegenden Mechanismen, stehen sie jedoch insofern noch am Anfang der molekularmechanistischen Interpretation, als es noch kaum möglich ist, strahleninduzierte Mutationen, quantitativ auf bestimmte Veränderungen der DNA zurückzuführen.

Auch bei anderen strahlenbiologischen Effekten, wie der Mitosehemmung oder dem Zelltod, ist es zwar naheliegend, anzunehmen, daß die molekulare Basis Veränderungen der DNA sind, aber hier ist der Zusammenhang eher noch undurchsichtiger. Insbesondere darf nicht übersehen werden, daß molekulare Veränderungen der DNA auch dadurch auftreten können, daß das Zelleben an einem anderen Ort und in einem anderen Funktionsbereich gestört ist, und daß diese Störung sich sekundär auf die Zellkernbestandteile auswirkt.

So kann auch noch nicht endgültig gesagt werden, ob und inwieweit die Bildung freier Radikale an der Nukleinsäure und ihren Bestandteilen quantitativ in Beziehung zu biologischen Effekten steht, wenn auch einige Beobachtungen auf einen solchen Zusammenhang hinweisen. Aus Untersuchungen an Bakteriophagen wurde geschlossen, daß im Mittel auf 100 strahleninduzierte Radikale eine Inaktivierung erfolgt. Inaktivierung und Radikalbildung haben annähernd die gleiche Temperaturabhängigkeit. Biologisch wirksame Strahlenschutzsubstanzen wie Cysteamin vermindern zugleich die Bildung von DNA-Radikalen oder löschen sie durch Abgabe eines Wasserstoffatoms.

Bei Bestrahlung von Zellen treten praktisch alle in vitro nachgewiesenen Veränderungen der Nukleinsäuren und ihrer Verbindungen auf, jedoch sind im allgemeinen wesentlich höhere Dosen erforderlich, um den gleichen Effekt hervorzurufen; vermutlich deswegen, weil die übrigen Zellbestandteile einen protektiven Effekt gegen die indirekte Wirkung haben.

Viele der an bestrahlten Zellen nachgewiesenen Veränderungen der Nukleinsäure entwickeln sich – außer bei hohen Dosen – erst nach mehr oder weniger langer Latenzzeit und müssen bereits als Folgen einer Synthesestörungen (s. 7.1.) oder als sekundäre und unspezifische Folgen des gestörten Zellebens angesehen werden. Immerhin hat man berechnet, daß bei 100 rad 1–5 Nukleotide der DNA pro Bakterium verändert werden können, so daß sich zumindest ein Teil der durch Strahlung erzeugten Mutationen auf unmittelbare strahlenchemische Veränderungen der DNA zurückzuführen läßt. Sicherlich aber muß der Angriffspunkt für die Störungen der Zellphysiologie, z. B. Mitosestörungen und Zelltod, wie sie schon bei Dosen in der Größenordnung von 1–10 rad auftreten, zum großen Teil auch in anderen Mechanismen gesucht werden.

Die Inaktivierung von Viren durch Bestrahlung folgt meist einer Exponentialfunktion, wobei die Neigung der Kurve mit dem mittleren LET der Strahlenart zunimmt.

Die Fähigkeit von Bakteriophagen zur Anlagerung an die Bakterien, zur Injektion der

Nukleinsäuren, zur Lyse der Bakterien und zur Vermehrung kann jeweils unterschiedliche Strahlenempfindlichkeit aufweisen (Pollard, s. A. 12b.).

6.2.6. Nukleotide des Stoffwechsels

Die Strahlenschädigung der Nukleotide hat nicht nur deswegen biologische Bedeutung, weil diese Bausteine der Nukleinsäuren sind, sondern auch weil einige von ihnen eine wichtige Rolle im Zellstoffwechsel spielen, und zwar

a) als Co-Fermente wie Nikotin-Adenin-Dinukleotid (NAD) und das entsprechende Trinukleotid (NADP) und
b) als Phosphatverbindungen, wie Adenosin-Mono-, Di- und Tri-Phosphat (AMP, ADP, ATP), die für die Energieübertragung verantwortlich sind.

Ihrem chemischen Aufbau gemäß sind diese Verbindungen den gleichen Strahlenveränderungen unterworfen, wie sie für die Bausteine der Nukleinsäuren besprochen wurden.

Bei all diesen Verbindungen werden also Spaltungen der glykosidischen Bindung unter Freisetzung der Base, also z. B. Adenin bei AMP, ADP, ADP-Ribose und NAD und, mit einer relativ geringen Ausbeute, eine Spaltung der Zuckerphosphatbindung, eine Oxidation der Ribose, Ringaufspaltungen sowie die beschriebenen Veränderungen der endständigen Gruppen beobachtet.

6.3. Fettsäuren, Fette und Lipoide

Die Strahlenwirkung auf diese Stoffklasse wurde bei der Deutung der zellulären Effekte lange vernachlässigt. Dabei besteht hinreichend Anlaß anzunehmen, daß diesen Stoffen bei der Entwicklung des Strahlenschadens eine gewisse Bedeutung zukommt, weil sie a) die Quelle radiotoxischer Substanzen sein können und b) weil die Lipoproteide Bausteine submikroskopischer Zellstrukturen darstellen.

6.3.1. Fette und Fettsäuren

An Fettsäuren können durch direkte und indirekte Wirkung mutatis mutandis die gleichen Veränderungen hervorgerufen werden, wie sie am Beispiel der Proteine und Nukleinsäuren bereits dargestellt wurden, also Brüche der Kohlenstoffketten und vorwiegend oxidative Veränderungen. Bei radiolytischer Spaltung aliphatischer Fettsäureketten werden unter intermediärer Freisetzung von atomarem Wasserstoff kürzere Fettsäureketten gebildet. Abspaltung der endständigen Methylgruppe erzeugt Methan. Neben Kettenspaltung kann unter anaeroben Bedingungen auch die Bildung ungesättigter Verbindungen beobachtet werden.

Ungesättigte Fettsäuren sind wesentlich empfindlicher, weil die Kohlenwasserstoffkette an der Doppelbindung leichter angreifbar ist. Auch in wäßrigen Lösungen reagieren ungesättigte Fettsäuren leichter mit primären Wasserradikalen, wobei z. B. aus Ölsäure dimere Substanzen und verschiedenartige Molekülbruchstücke entstehen. Sterische Veränderungen können durch Verlagerung der Doppelbindung oder durch cis-trans-Umwandlungen erfolgen.

Angriff an der funktionellen Säuregruppe ergibt Kohlenmon- und Kohlendioxid; bei anaerober Spaltung der Estergruppe -CO-O-C treten Carbonylverbindungen auf.

Die genannten Reaktionen laufen verstärkt in Gegenwart von Sauerstoff ab. So ist die Bildung von Carbonylkörpern in größerem Umfang nur bei Anwesenheit von Sauerstoff möglich und kann durch Antioxidantien wie α-Tocopherol gehemmt werden. Interesse verdient die Bildung von Lipoperoxiden und Peroxidradikalen nach dem generellen Schema von S. 71. Diese strahleninduzierte Oxidation verläuft im Prinzip gleichartig wie die Autoxidation von Ölen und Fetten, das „Ranzigwerden". Die entstehenden Peroxide reagieren z. T. durch Polymerisation miteinander weiter, wobei die Viskosität zunimmt, wie das bei der autoxidativen Alterung ebenfalls geschieht. Wie bereits in Gl. (5.31.) beschrieben, wird die Rekombination von Peroxidradikalen von einer Chemilumineszenz begleitet, mit deren Messung die Kinetik des Prozesses erfaßt werden kann. Peroxidradikale entstehen auch beim thermisch eingeleiteten Peroxidzerfall.

Lipoperoxide sind toxisch. Bestrahlte Öle können das Wachstum von Bakterien und Pilzen hemmen. Peroxidierte Derivate von Linol- oder Linolensäure denaturieren Lipoproteide des Serums, inaktivieren das Cytochrom C, und ihre Anwesenheit unterstützt die Strahleninaktivierung von Enzymen. In welchem Ausmaß sie zur Strahlenschädigung von Zellen oder zur toxischen

Allgemeinreaktion des Organismus beitragen, ist jedoch unklar. Hinweise ergeben sich aus der Tatsache, daß Antioxidantien auch bei Bestrahlung von Säugetieren einen Schutzeffekt ausüben. Auch die natürlicherweise vorhandenen Antioxidantien können ihre Wirkung verringern oder verhindern.

6.3.2. Lipoide

Relativ wenige Untersuchungen wurden bisher der Strahlenwirkung auf die Lipoide und Lipoproteide der Zelle gewidmet. Bei Bestrahlung von Cholesterin in wäßrigem Milieu erfolgt eine oxidative Öffnung der Doppelbindung.

Nach UV-Bestrahlung wurde eine Oxidation von Mitochondrienlipoiden festgestellt. Die Bildung von stabilen Peroxiden aus Lipoiden bei Röntgenbestrahlung wird ausführlich von *Hergau* und *Philpot* (zit. in A. 7.) diskutiert.

Diese Autoren fanden in bestrahlten Tieren vermehrt organische Peroxide. Vermutlich sind Fettsäuren die Hauptquellen der Peroxide, die auch im Stoffwechsel unter Mitwirkung der Lipoxidase gebildet werden. Tarusow (B. 106.) wies auf die interessante Möglichkeit hin, daß die strahlenchemischen Veränderungen der Lipoide in den Zellmembranen nach einer Kettenreaktion ablaufen, was das Auftreten von Permeabilitätsstörungen bei relativ kleinen Dosen erklären könnte.

Gewisse chemische Schutzsubstanzen, z. B. Cysteamin, können die Peroxidbildung verringern. Auch bei den Untersuchungen der strahleninduzierten Veränderungen an Lipoiden hat sich die ESR-Methode bewährt, wenn auch noch wenige Resultate vorliegen. In Lecithin wurde das Auftreten von freien Radikalen bei Anwesenheit von Sauerstoff oder Oxidantien, die als Starter der Radikalreaktionen wirken, nachgewiesen. Die Brücke von diesen initialen physikochemischen Veränderungen und den mit chemischen Methoden nachweisbaren Endprodukten zu biologisch wichtigen Folgereaktionen, z. B. strukturellen und funktionellen Veränderungen der Zellmembranen und intrazellulärer Strukturen, ist noch zu schlagen. Zu vermuten ist, daß sowohl die beschriebenen, z. T. als Kettenreaktionen ablaufenden chemischen Reaktionen, als auch unmittelbare Änderungen des Oberflächenladungsmusters der Lipoidprotein-Doppelschichten den in 10.1. ausführlicher besprochenen Permeabilitätsänderungen zugrundeliegen, und daß möglicherweise auch strukturgebundene Enzymreaktionen durch Änderungen der Lipoide beeinflußt werden.

6.4. Kohlenhydrate und ihre Verbindungen

Wie bei allen anderen Makromolekülen werden auch bei Kohlenhydraten nach Bestrahlung ein Kettenabbau und die damit verbundenen Änderungen der Viskosität, der elektrophoretischen Wanderungsgeschwindigkeit, der Sedimentationsgeschwindigkeit und der optischen Eigenschaften nachgewiesen.

In Dextran bilden sich Fragmente wie Gluconund Glucuronsäure, aus trockener Zellulose entwickelt sich Wasserstoff, Kohlenmonoxid und Kohlendioxid. Auch die Bildung langlebiger organischer Radikale in Polysacchariden ist nachgewiesen. Biologisch ist die Strahlenchemie der Kohlenhydrate insofern von Bedeutung, als Polysaccharidkomplexe nicht nur Strukturelemente der Pflanzenzelle (Zellulose), sondern auch der tierischen Gewebe sind. Mukopolysaccharide finden sich in der Bindegewebs-, Knorpel- und Knochen-Grundsubstanz und im Glaskörper des Auges. Die Synovialflüssigkeit enthält 0,5% Hyaluronsäure. Schon bei Einwirkung relativ kleiner Dosen kommt es zu einem schnellen Abfall der Viskosität der Synovialflüssigkeit (Brinkmann u. Lamberts, B. 17.). Das ist nur zu verstehen, wenn man eine Aufspaltung der Glykosidbindungen und Zerlegung der Fadenmoleküle von hohem Molekulargewicht in kleinere Untereinheiten annimmt.

Auf diese Depolymerisation wird es auch zurückgeführt, daß unmittelbar nach Bestrahlung eine schlagartige Änderung der Wasserpermeabilität des Bindegewebes einsetzt (s. S. 131). Die Viskositätsänderung ist weitgehend unabhängig von der O_2-Spannung und durch Strahlenschutzsubstanzen wie Cysteamin zu beeinflussen. Auffällig ist ein ausgeprägter „Nacheffekt“, indem die Viskositätsabnahme noch 24 Stunden nach Bestrahlung anhält.

7. Strahleninduzierte Synthesestörungen und die Reparation molekularer Strahlenschäden

Die beschriebenen strahleninduzierten Veränderungen der DNA können zu qualitativen und quantitativen Störungen der Autoreduplikation sowie der Transkription auf die Boten-RNA und damit des Bau- und Betriebsstoffwechsels der Zelle führen. Im Hinblick auf beides kommen chemischen Veränderungen der Purin- und Pyrimidinbasen und Brüchen des DNA-Moleküls, das als Druckvorlage für die neugebildeten Nukleinsäuren dient, die größte Bedeutung zu. Fehler in der Vorlage können, soweit sie nicht repariert werden, entweder zu einem Abbruch der Replikations- und Transkriptionsvorgänge oder zu qualitativ veränderten Kopien führen. Darüber hinaus kann Strahlung in den Prozeß der enzymgesteuerten Synthesen in mannigfaltig anderer Weise eingreifen.

7.1. Störungen der DNA-Synthese

H. V. Euler und G. von Hevesy haben 1942 nachgewiesen, daß Röntgenbestrahlung den Einbau von ^{32}P in das Jensen-Sarkom der Ratte reduziert (s. Abb. 7.1.), und haben damit die moderne Forschung über die Strahlenwirkung auf den Nukleinsäurestoffwechsel eingeleitet (B. 33.). Nicht nur mit dieser Methode, sondern auch mit anderen Techniken wurde inzwischen bestätigt, daß Bestrahlung die DNA-Synthese in allen Zelltypen, Bakterien, pflanzlichen und tierischen Zellen, in Gewebekultur oder im lebenden Organismus zeitweilig hemmen kann. Einen neuen Auftrieb bekamen die Bemühungen um dieses interessante Gebiet der Molekularbiologie durch die Verwendung von radioaktiv markierten organischen Bausteinen der DNA, vor allem Thymidin. Grad und Dauer der Synthesehemmung nehmen mit der Strahlendosis zu, jedoch bestehen wie immer auch in diesem Falle erhebliche Unterschiede der Empfindlichkeit. Während bei manchen Bakterienarten unmittelbare Störungen der DNA-Synthese erst bei Dosen in der Größenordnung von 10^4 rad nachgewiesen wurden, treten diese in stark proliferierenden Geweben von Säugetieren, wie im Thymus- oder Darmepithel der Maus, schon nach 25–50 rad auf. Im menschlichen Knochenmark erfolgt die Synthesehemmung nach einer Dosisbeziehung, die sich aus zwei Exponentialfunktionen zusammensetzt (B. 69.). Strahlung scheint also hierbei entweder auf zweifache Weise in die Synthese einzugreifen, oder aber es handelt sich um zwei Zellpopulationen mit unterschiedlicher Empfindlichkeit. Für den strahlenempfindlicheren Vorgang beträgt die D_{37} ca. 500 rad, für den resistenteren ca. 13000 rad. Eine ähnliche Doppelwirkung mit D_{37}-Werten von 200 und 2000 rad wurde an Thymuszellen beobachtet. Während im allgemeinen der DNA-Gehalt der Gewebe erst Stunden nach Bestrahlung untersucht wurde, konnten Ord und Stocken am Rattenthymus schon nach 3 Minuten und Cattaneo et al. (B. 18.)

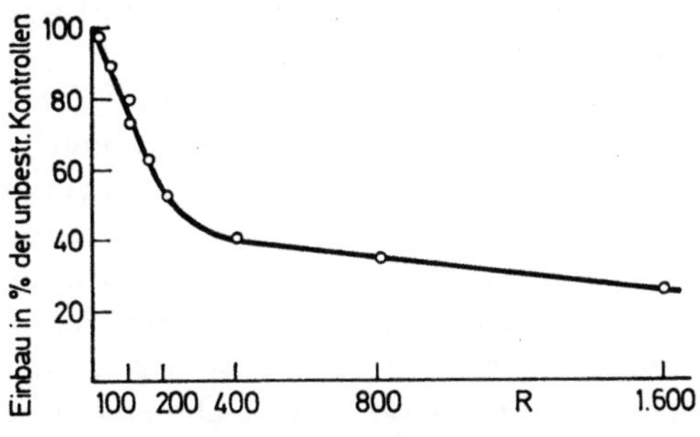

Abb. 7.1. Die Wirkung einer Totalbestrahlung der Ratte auf den ^{32}P-Einbau in die Thymus-DNA zwei Stunden nach Exposition (Ord u. Stocken, B. 83.)

an den Zellen wachsender Haarfollikel nach 200–3000 rad ebenfalls innerhalb von Minuten einen steilen Abfall feststellen.

Es ist bei solchen Studien schwierig zu entscheiden, worauf der verminderte Einbau von DNA in einer Zellpopulation oder in einem bestimmten Gewebe beruht. Die ursprüngliche Annahme, daß die Synthese in der Zelle direkt gestört wird, und dies sogar die eigentliche Ursache der Mitosestörungen sein könnte, hat sich nicht bestätigt. Bei einem großen Teil der Beobachtungen handelt es sich sicherlich um sekundäre Wirkungen im Gefolge des Zelltodes, der Mitosehemmung oder schließlich komplexer Störungen des totalbestrahlten Organismus im ganzen. Auch strahleninduzierte Verschiebungen in der Zellpopulation können sich auf den DNA-Gehalt auswirken. Im allgemeinen ist der Mitosevorgang wesentlich strahlenempfindlicher als die DNA-Synthese. Bei Anwendung besonderer Markierungstechniken und vor allem an künstlich synchronisierten Zellpopulationen zeigt sich, daß die DNA-Synthese auf ganz verschiedene Weise und in sehr unterschiedlichem Grade gestört werden kann, je nach der Phase des Mitosezyklus, in der die Strahlung einwirkt. Die kritische Phase für die Mitosehemmung liegt, wie später (s. 9.) genauer beschrieben wird, vor der Mitose. Erstaunlicherweise ist die Synthesephase selbst relativ unempfindlich. Die Synthese wird am stärksten und nachhaltigsten gehemmt, wenn die Bestrahlung kurz vor ihrem Beginn erfolgt. Dieser zuerst von L. G. Lajtha et al. (B. 69.) beobachtete Effekt ließ sich an den meisten pflanzlichen und tierischen Zellen bestätigen. Im Knochenmark hemmen erst Dosen von über 500 R die Synthese in den Zellen, die sich bereits in der DNA-Synthese befinden, während schon 200–300 R, in der prämitotischen Phase gegeben, die Synthese zeitweilig auf 40–50% reduzieren können.

Als besonders geeignet erwies sich für das Studium der strahlenbedingten Störungen der Mitose und der DNA-Synthese die regenerierende Rattenleber. Nach partieller Hepatektomie oder Vergiftung mit Tetrachlorkohlenstoff setzt innerhalb von etwa 15 Stunden eine lebhafte DNA-Synthese zur Vorbereitung der kompensatorischen Zellregeneration ein. Die ersten Zellteilungen erfolgen weitgehend synchron. Während vor Beginn der Synthese 500 R zu einer erheblichen Hemmung führen, sind 2–3000 R unwirksam, sobald die Synthese begonnen hat. Verschiedentlich wurde aber bei Bestrahlung in der Synthesephase beobachtet, daß eine Zellteilung unterbleibt und eine weitere DNA-Synthese erfolgt, so daß sich Zellen mit verdoppeltem oder vervielfachtem DNA-Gehalt bilden.

Es fragt sich nun aufgrund dieser Befunde, wo der Angriffspunkt für die strahleninduzierte Hemmung der DNA-Synthese zu suchen ist.

Die Synthese erfolgt im Zellkern aus den angelieferten Nukleotiden über Di- und Triphosphate als Zwischenstufen. Einige zur Synthese benötigten Enzyme, wie Polymerasen, sind bekannt. Die benötigte Energie wird durch die oxidative Phosphorylierung geliefert. Die Synthese der DNA-Moleküle erfolgt dadurch, daß sich die Fäden der Doppelhelix separieren und an jedem Einzelfaden sein Gegenstück synthetisiert wird. Somit kann die Strahlung auf folgende Weise in den Syntheseprozeß eingreifen:

1) Lokale Störungen im Muster der vorhandenen DNA, also insbesondere Brüche der einzelnen Stränge und Basenveränderungen können die Replikation erschweren oder unterbrechen. Bei Bakterien wurde dies nach Einwirkung hoher Strahlendosen mit Sicherheit nachgewiesen. Ob dieser Mechanismus bei den relativ kleinen subletalen Strahlendosen von Säugetierzellen eine entscheidende Rolle spielt, ist fraglich.

2) Die für die verschiedenen Syntheseschritte benötigten Fermente können inaktiviert werden. Es gibt allerdings keinen Grund dafür anzunehmen, daß diese Enzyme eine größere Strahlenempfindlichkeit haben als andere, und somit ist es unwahrscheinlich, daß sie bei den zu diskutierenden kleinen Strahlendosen in nennenswertem Maße inaktiviert werden. Jedoch spricht manches andere dafür, daß die Induktion dieser Enzyme, die der DNA-Synthese vorherzugehen hat, strahlenempfindlich ist.

3) Von verschiedenen Autoren wurde aufgrund ihrer Experimente angenommen, daß die intranukleare oxidative Phosphorylierung durch Bestrahlung gehemmt, und dadurch die Energielieferung für die Syntheseprozesse unterbunden wird (Creasy u. Stocken, B. 21.).

4) Schließlich steht zur Diskussion, ob die DNA-Synthesehemmung nicht auch durch anderweitig angreifende Störungen der Zellfunktion sekundär in Mitleidenschaft gezogen werden kann. So können unmittelbar nach Bestrahlung auftretende Veränderungen der Permeabilität von Zell- und Kernmembran oder analoge physikochemische Änderungen an submikroskopischen

intrazellulären Strukturen zu einer Störung der Elektrolyt-Verhältnisse führen, die unter anderem auch die DNA-Synthese beeinflussen kann. Schon eine Dosis von 50 R führt an den Kernen von Rattenthymuszellen zu Verschiebungen der Natrium- und Kaliumionen. Diese Elektrolyte sind aber sowohl für die Kerneiweißsynthese als auch für die DNA-Synthese entscheidend. Für die oxidative Phosphorylierung besteht ein optimales Natrium-Kalium-Verhältnis; nach Errera (s. in A. 7.) gibt es ein Optimum der Na^+-Konzentration für den Einbau von Aminosäuren in die Kerneiweiße. Auch die Bindungsfähigkeit der basischen Proteine für positive Ionen könnte durch Strahlung verändert werden.

Solange wir nicht die in höchster räumlicher und zeitlicher Ordnung ablaufende DNA-Synthese und die ihr vorhergehenden Mechanismen besser kennen, ist es schwierig, den eigentlichen Angriffspunkt der Strahlung präzis zu bestimmen.

7.2. Störungen der Protein-Synthese

Die Proteine des Organismus unterliegen einem ständigen Umsatz, dessen zum Teil erstaunlich hohe Geschwindigkeiten erst durch Verwendung radioaktiver Indikatoren aufgedeckt wurde.

Enzymeiweiße werden entsprechend der momentanen Stoffwechselsituation produziert. So ist Voraussetzung für die Zellteilung außer der Replikation der DNA die Vermehrung anderer Zellbestandteile vor, unter oder nach der Mitose.

Jede Patho- oder Nekrobiose wird in irgendeiner Weise in den Baustoffwechsel eingreifen und so können ionisierende Strahlen in recht unspezifischer Weise zu Synthesestörungen führen. Im folgenden aber sollen nur diejenigen Synthesestörungen besprochen werden, von denen zum mindesten vermutet werden kann, daß sie auf unmittelbarem Eingriff in die molekularbiologischen Mechanismen der Proteinsynthese beruhen.

An den verschiedensten Objekten, vor allem aber an Bakterien und Hefezellen, wurde nach Bestrahlung eine verminderte Eiweiß-Synthese beobachtet. Für eine merkliche Reduktion sind jedoch erhebliche Dosen erforderlich. Zum Studium der Synthesestörungen eignet sich besonders die Enzyminduktion, d. h. die Neubildung von bisher nicht oder nur in Spuren vorhandenen Enzymen bei Neuangebot eines entsprechenden Substrates oder bei spontanem oder erzwungenem Übergang in einen anderen Funktionszustand. So konnte im *Bakterium cadaveris* die Neusynthese von Lysin-Decarboxylase durch Bestrahlung untersucht werden. Sie nimmt exponentiell mit der Dosis ab und wird durch ca. 50000 R auf 37% reduziert (Abb. 7.2.). Nach Pollard und Vogler (B. 88.) wird ein anderes Enzym, die β-Galaktosidase in E. coli zwar ebenfalls vermindert produziert, wenn vor der Induktion bestrahlt wurde, die Bestrahlung nach Einsetzen der Produktion kann diese aber sogar erhöhen.

Die Abb. 7.3. zeigt wie eine Bestrahlung mit 22 kR nach 20 Minuten die Neubildung von drei Enzymen in recht unterschiedlicher Weise hemmt.

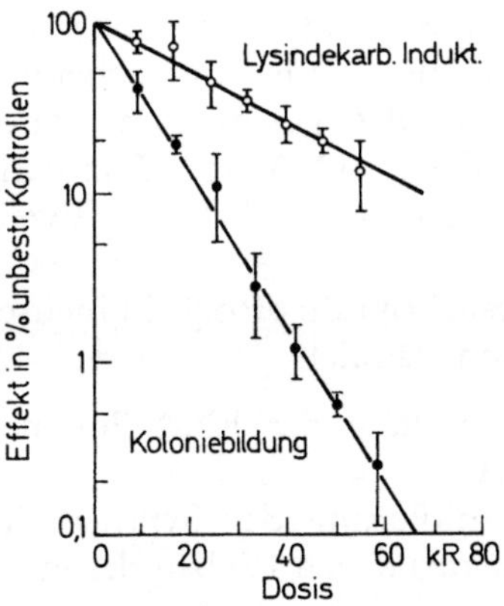

Abb. 7.2. Die Abnahme der Kolonienbildung und der induzierten Enzymsynthese (Lysindekarboxylase) von Bact. cadaveris nach Röntgenbestrahlung (H. Pauly B. 84.)

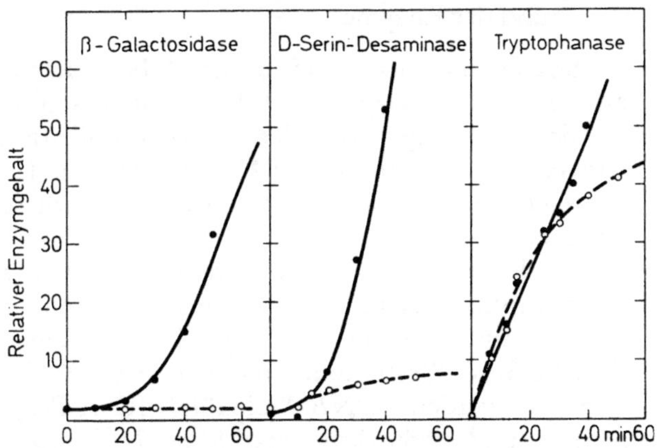

Abb. 7.3. Die Induktion von drei Enzymen in Bakterien-Zellen 20 min. nach einer Bestrahlung mit 22 krad. -●——●- unbestrahlte Kontrollen, -○——○- bestrahlte Proben (Pollard u. Davis, B. 89.)

In ähnlicher Weise wird die Antikörperbildung am stärksten gestört, wenn Bestrahlung vor Zufuhr des Antigens erfolgt, während die bereits ablaufende Antikörperbildung wesentlich resistenter ist.

In die Proteinsynthese kann Strahlung auf mannigfaltige Weise eingreifen. Der in der Basen-Sequenz der DNA niedergelegte genetische Code steuert die spezifische Protein-Synthese und damit direkt oder indirekt Aufbau und Funktionen der Zelle. Am DNA-Molekül wird unter Mitwirkung der DNA-Polymerase aus Nukleotiden die Boten-RNA (m-RNA von engl.: messenger-RNA) aufgebaut. Sie überträgt die Information zu den Syntheseorten der Proteine. Eine andere Form der RNA, die Transfer-RNA (t-RNA) führt aufgrund ihrer jeweiligen Basensequenz die entsprechenden Aminosäuren herbei, und an den Ribosomen werden diese Aminosäuren entsprechend dem Code der m-RNA zusammengefügt. Wir unterscheiden also die Transkription des genetischen Codes von der DNA auf die m-RNA, die Translation zu den Ribosomen und schließlich die Eiweiß-Synthese selbst.

Die Transkription erfolgt in mehreren diskreten Schritten, nämlich

a) der Bindung der RNA-Polymerase an die DNA,
b) der Initiierung der Synthese jedes RNA-Moleküls durch Einbau des ersten Nukleotids,
c) die Kettenverlängerung durch konsekutiven Anbau weiterer Nukleotide, entsprechend der Basensequenz der DNA und
d) der Freisetzung der synthetisierten RNA und der Enzyme.

Strahleninduzierte Defekte der DNA-Matrix, an der die Transkription erfolgt, können analog zu den Störungen bei der Autoreduplikation entweder zu Fehlern in der RNA und dann in den Proteinen führen, oder sie können die Synthese hemmen.

Seitdem es möglich ist, den Prozeß der Transkription auch im Reagenzglas ablaufen zu lassen, kann auch die Störung seiner einzelnen Schritte durch Bestrahlung in quantitativer Weise verfolgt werden. DNA-Moleküle, RNA-Polymerase und radioaktiv markierte Nukleotide werden in vitro zusammengefügt und dann wird der Einbau der Nukleotide in die neugebildete RNA gemessen. Mit diffizilen Techniken konnte U. Hagen (B. 42.) nachweisen, daß für die Hemmung der RNA-Synthese nicht so sehr die Schädigung der Enzyme und deren Bindung an die DNA und auch nicht die Störung des zweiten Schrittes, der Initiation der Synthese, sondern vor allem ein Abbruch der anschließenden Kettenverlängerung verantwortlich zu machen ist. Bei annähernd gleicher Zahl gebildeter RNA-Fäden ist deren Länge reduziert (Abb. 7.4.).

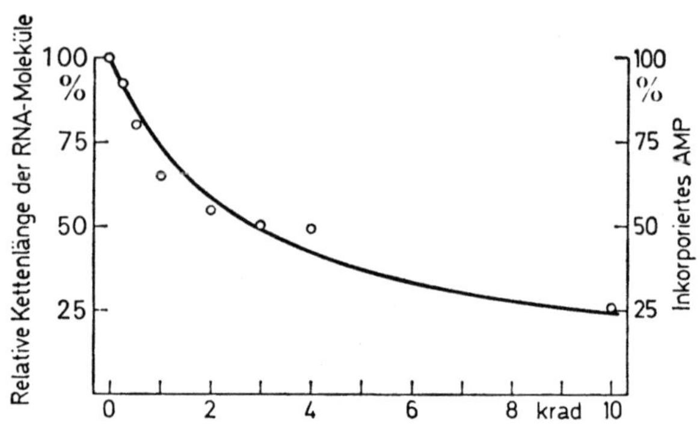

Abb. 7.4. Verminderung der Kettenlänge der neusynthetisierten RNA-Moleküle (o) sowie der Gesamtmenge der synthetisierten RNA (ausgezogene Kurve, ausgedrückt in der Menge des eingebauten radioaktiv markierten Adenosin-Monophosphates [AMP]) mit zunehmender Strahlendosis (U. Hagen, B. 41.)

Defekte der DNA-Struktur, vor allem Brüche der Zuckerphosphatbindung sind für den Effekt verantwortlich zu machen. Auch Veränderungen der DNA-Basen, wie eine Aufsprengung der Purin- und Pyrimidinringe, können zum Kettenabbruch führen. Ein großer Teil der Basenveränderungen verursacht wie bei der DNA-Replikation auch bei der Transskription eine fehlerhafte Basenpaarung. Das wurde sowohl nach Bestrahlung wie nach der Einwirkung von salpetriger Säure beobachtet.

Auch bei den strahleninduzierten Störungen dieses Mechanismus müssen wir aber im Auge behalten, daß sie nur bei extrem hohen Dosen beobachtet werden, und daß daraus noch nicht abgeleitet werden kann, daß die direkten Eingriffe in den Transskriptionsmechanismus von entscheidender Bedeutung für den Stoffwechsel der Zelle sind.

Sehr viel weniger als über die strahleninduzierten Störungen der Transkription ist darüber bekannt, wie Bestrahlung in die übrigen Schritte der Eiweißsynthese eingreift.

Man kann annehmen, daß die kleineren m-RNA und t-RNA-Moleküle eine geringere Strahlenempfindlichkeit haben als die DNA, und daß zudem ihre Schädigung deswegen geringere Auswirkungen auf die Eiweiß-Synthese hat, weil sie relativ kurzlebig sind, und ein einzelnes Molekül jeweils nur für eine beschränkte Zahl neugebildeter Eiweißmoleküle verantwortlich ist.

Sicherlich stellen die Ribosomen eine kritische Struktur dar, deren Störung eine mögliche Ursache von Synthesehemmungen sein kann.

Insbesondere aber ist zu beachten, daß die Betrachtung der Einzelkomponenten und ihrer strahlenchemischen Veränderungen kein vollständiges Bild der möglichen Strahlenwirkungen auf den Baustoffwechsel der Zelle gibt, denn erstens ist mit der Möglichkeit zu rechnen, daß durchaus unspezifische Eingriffe der Strahlung wie Änderungen des Zellmilieus, z. B. infolge von Permeabilitätsstörungen, sekundär die Synthese beeinflussen können, und zweitens muß an schwer faßbare Störungen von Regelmechanismen gedacht werden, welche die Koordinierung und Synchronisation der einzelnen Syntheseschritte steuern.

7.3. Die Reparation von DNA-Schäden in der Zelle

Die Strahlenschäden der Desoxyribonukleinsäure können in der lebenden Zelle restituiert und repariert werden, so daß sich auch ihre möglichen Folgen, also Mutationen und Störungen der Replikations- und Transskriptionsmechanismen vermindern. Die Geschichte der Entdeckung dieser Reparaturvorgänge ist ein Beleg für den gewichtigen Beitrag der Strahlenforschung zur modernen Molekularbiologie. 1948 hatte A. Kelner (B. 65.) beobachtet, daß die Überlebensrate UV-bestrahlter Bakterien bis zum 100000fachen größer ist, wenn diese innerhalb einer gewissen Zeit nach UV-Einwirkung mit sichtbarem Licht bestrahlt werden. Nachdem als eine der bedeutendsten UV-Wirkungen die Dimerisation von Thymin erkannt, und festgestellt worden war, daß sich die Dimere unter Belichtung wieder lösen können, war es naheliegend, darin die Ursache der *Photoreaktivierung* zu sehen. Sie erfolgt unter Beteiligung eines Enzyms, das sich an den defekten DNA-Doppelstrang anlegt und unter Nutzung der Lichtenergie die Reparation vollzieht.

Schon zahlreiche frühere Beobachtungen hatten darauf hingewiesen, daß Zellen verschiedenster Abkunft imstande sind, sich von einem Strahlenschaden zu erholen, wenn sie – auch ohne Lichteinwirkung – nach Bestrahlung unter geeigneten Bedingungen gehalten wurden. Untersuchungen von R. B. Setlow und W. L. Carrier (B. 102.) sowie von R. P. Boyce und P. Howard-Flanders (B. 15.) führten dann zu der Entdeckung der molekularen Reparationsmechanismen, die dieser „*Dunkelreaktivierung*" zugrunde liegen. Die Beobachtung und Aufklärung dieser Vorgänge gelang zunächst an Coli-Bakterien. Mittels der Methode der Zentrifugation isolierter DNA im Dichtegradienten, konnte nachgewiesen werden, daß in Bakterien innerhalb von Minuten nach Bestrahlung mit UV-Licht oder ionisierenden Strahlen eine Reparatur von Einzelstrangbrüchen erfolgt. Eine Reparation von Doppelstrangbrüchen dagegen ist fraglich, wird aber bei *Micrococcus radiodurans* vermutet. Wird den Bakterien nach Bestrahlung während der Reparationszeit ein radioaktiv markierter DNA-Vorläufer wie ^{3}H-Thymidin angeboten, so findet sich der Indikator nicht nur in den neu synthetisierten DNA-Abschnitten, sondern auch in den bereits vorhandenen DNA-Molekülen. Eine andere Methode zum Nachweis der Reparationsynthese besteht darin, daß man der Zelle statt Thymidin, das schwerere Bromuracil anbietet, so daß sich die DNA-Moleküle mit neu synthetisierten Teilen auf Grund ihrer unterschiedlichen spezifischen Dichte durch Sedimentation trennen lassen. So kann bewiesen werden, daß die Reparatur durch Einbau von Nukleotiden an der Schädigungsstelle des DNA-Stranges erfolgt. Die Fülle der experimentellen Beobachtungen wurde im Laufe der Zeit mosaikartig zu verschiedenen Modellen der zugrundeliegenden molekularen Mechanismen zusammengesetzt. Als wahrscheinlichstes gilt zur Zeit folgendes, in Abb. 7.5. links dargestellte Schema. Die Reparation kann nur in der doppelsträngigen DNA erfolgen, wenn die dem Defekt gegenüberliegende Stelle des Zwillingsfadens intakt ist. Der Defekt, z. B. ein Thymin-Dimer, führt zu einer strukturellen Deformation des Molekülfadens, an dem die beteiligten Enzyme angreifen können. Eine spezifische Endonuklease durchtrennt zunächst den DNA-Faden an einer Seite des Defekts (Inzision). Unter Beteiligung der (Kornbergschen) Polymerase erfolgt nun die Neusynthese des defekten Fadenstückes, wobei die Nukleotide in der „richtigen"

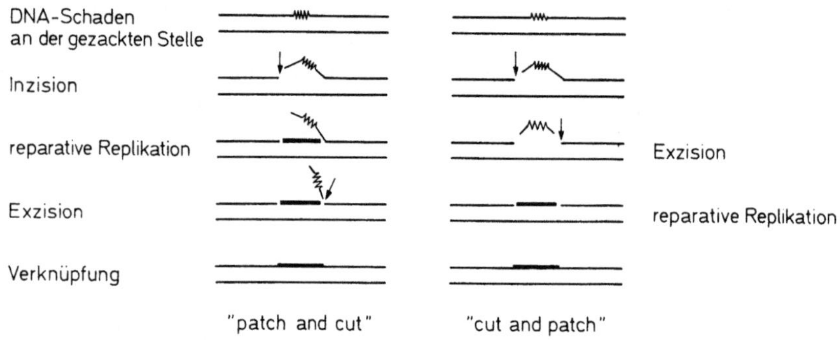

Abb. 7.5. Schema der Reparation von DNA-Schäden durch Exzision und Replikation

Anordnung eingefügt werden, die durch die Basensequenz an der gegenüberliegenden Stelle des DNA-Stranges diktiert wird. Eine besondere funktionelle Gruppe der Polymerase wirkt als Exonuklease und schneidet dann die fehlerhafte Stelle zusammen mit einigen benachbarten Nukleotiden heraus (Exzision), und schließlich fügt eine Ligase den Faden zusammen. Dieser Vorstellung, die unter dem Begriff „patch and cut" bekannt ist, wird als Alternative ein „cut and patch"-Mechanismus gegenübergestellt (Abb. 7.5. rechts). Danach folgt der Inzision sofort die Exzision und Degradation des defekten Stückes, und erst dann wird die Lücke durch Replikation gefüllt. Diese verschiedenen Reparationsschritte werden durch mehrere Gene gesteuert. Die unterschiedliche Strahlenresistenz verschiedener Bakterienstämme ist weitgehend bedingt durch genetische Unterschiede in der Fähigkeit zur Reparatur. Es konnten Bakterien-Mutanten isoliert werden, denen die Fähigkeit fehlt, die verschiedenen Reparationsschritte zu vollziehen; sie weisen deshalb eine hohe Strahlenempfindlichkeit auf.

Es ist wahrscheinlich, daß mit diesem „patch and cut"-Mechanismus nicht nur geschädigte Basen (Pyrimidindimere nach UV-Bestrahlung und zerstörte Basen nach Einwirkung ionisierender Strahlen) aus der DNA-Kette entfernt werden, sondern auch Strangbrüche geheilt werden, d. h. daß bei jedem geheilten Bruch auch ein kurzer Abschnitt der DNS-Kette ersetzt wird (Painter et al., B. 83.).

Die Wiederverknüpfung von DNA-Brüchen kann durch Chemikalien mit verschiedenen zellulären Angriffspunkten gestört werden: Coffein, Aktinomycin und Farbstoffe, wie Acriflavin und Kristallviolett, gehen eine direkte Verbindung mit der DNA ein und blockieren somit die Synthese. Hydroxyharnstoff und Fluordesoxyuridin stören den Stoffwechsel der DNA-Vorläufer. Zyanide, Dinitrophenol, EDTA (Äthylen-diamino-tetra-essigsäure) oder Jod-Essigsäure stören die Reparatur-Enzyme, Cofermente und die energieliefernden Prozesse.

Nach neueren Studien vor allem von H. S. Kaplan (A. 70. u. A. 74.) laufen offenbar bei Bakterien zahlreiche Reparationsmechanismen ab, die sich nicht nur durch ihre Geschwindigkeit – es handelt sich um Zeiten von weniger als zwei Minuten und mehr als einer Stunde – unterscheiden, sondern auch dadurch, daß an ihnen in unterschiedlicher Weise bestimmte Enzyme beteiligt sind, daß sie durch Stoffwechselgifte gehemmt oder nicht gehemmt werden, und daß sie verschieden stark vom Nährstoffgehalt und pH des Mediums, der O_2-Spannung und der Temperatur abhängen.

Welche der verschiedenen bei Bakterien beobachteten Reparationsmechanismen auch in Säugetierzellen gegeben sind und welche Bedeutung ihnen für die Minderung zytogenetischer und zytoletaler Wirkungen zukommt, ist noch nicht zu übersehen.

Jedoch konnte in der letzten Zeit der Nachweis erbracht werden, daß auch Säugetierzellen in Kultur imstande sind, DNA-Schäden zu reparieren, seien sie hervorgerufen durch UV-Licht, durch ionisierende Strahlen oder durch sogenannte alkylierende Agenzien. Wenn man bioptisches Material von tierischen Geweben UV-bestrahlte und anschließend in ^{3}H-Thymidin inkubierte, so fanden sich in den Autoradiographien die Spuren einer DNA-Synthese in Zellen, die zur Zeit nicht proliferierten. Diese „außerplanmäßige" DNA-Synthese nach UV-Bestrahlung tritt in der Haut von Mäusen, Ratten und Schweinen, in Leber und Niere und in Gefäßendothelien von Ratten, nicht jedoch in Neuronen des Kleinhirns oder in Zellen der quergestreiften Muskulatur auf (B. 71.) Dagegen bleibt die Fähigkeit zur Reparationssynthese auch in Plattenepithelkarzinomen der Mäusehaut bewahrt. Auch in Zellen menschlicher Tumoren wurde sie nachgewiesen (A. Norman et al., B. 82.). Sowohl nach UV-Bestrahlung als auch nach Bestrahlung mit 6 MeV-Elektronen mit ca. 20000 rad fand sich in Zellsuspensionen von zahlreichen Typen menschlicher Tumoren annähernd die gleiche Fähigkeit zur Reparation unter außerplanmäßiger DNA-Synthese wie in normalen Zellen. Diese Beobachtung schließt nicht aus, daß Störungen der Reparationsfähigkeit ein wichtiger Faktor der Karzinogenese sind.

In diesem Zusammenhang verdient folgender Befund Beachtung (*Cleaver*, B. 19.): Patienten, die an der Hautkrankheit Xeroderma pigmentosum leiden, sind extrem lichtempfindlich und haben eine hohe Anfälligkeit gegenüber Karzinomen und Melanomen der exponierten Hautbezirke. In Kulturen sind Fibroblasten der Unterhaut von solchen Patienten empfindlicher gegenüber UV-Bestrahlung, als die normaler Personen. Bestimmt man den Gehalt an Dimeren in der DNA der gezüchteten Zellen zu verschiedenen Zeitpunkten nach UV-Bestrahlung, so nimmt dieser normalerweise ab, nicht jedoch in Zellen von Xeroderma-pigmentosum-Patienten.

Besonderes Interesse verdient die Tatsache, daß die Fibroblasten von Xeroderma pigmentosum-Patienten nach Röntgenbestrahlung die gleiche Fähigkeit zur Reparation von DNA-Einzelstrangbrüchen aufweisen wie normale Fibroblasten. Offenbar betrifft also der Defekt nur die Fähigkeit der Reparatur von UV-induzierten Dimeren.

Neuerdings nimmt man an, daß die Zelle eine weitere Möglichkeiten zur Wahrung ihrer genetischen Integrität hat, die man Rekombinationsreparation oder postreplikative Reparation nennt. Bei der ersten DNA-Replikation nach Bestrahlung führt jeder lokale Defekt an der entsprechenden Stelle des neugebildeten Strangs zu einem Ausfall. Durch einen Stückaustausch zwischen den Einzelsträngen soll es dann zur Bildung intakter Doppelstränge gemäß Abb. 7.6. kommen.

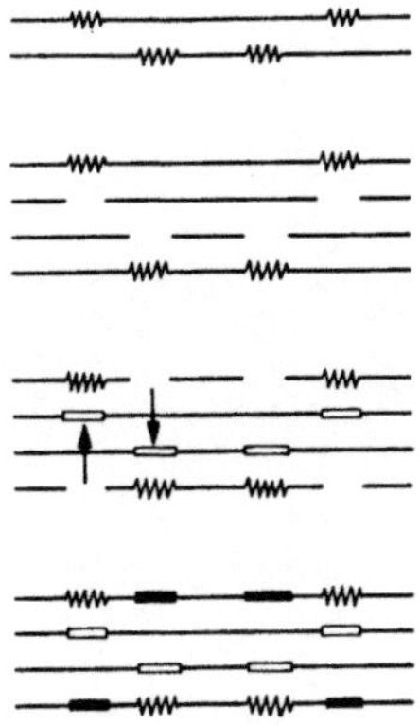

Abb. 7.6. Schema der Beseitigung von DNA-Schäden durch Rekombination

Die vitale Bedeutung dieser Reparationsmechanismen ist offensichtlich. Molekulare Veränderungen der DNA, die zu Mutationen führen, aber auch die DNA-Replikation und die Synthese der Boten-RNA blockieren können, werden in einem hohen Prozentsatz beseitigt. Offenbar ist die Fähigkeit zur Reparatur eine generelle Eigenschaft der lebenden Zellen, die zur Wahrung der genetischen Integrität nötig ist, und ihrerseits während der Evolution genetisch fixiert wurde. Sie wirkt somit als Regulator, indem sie die spontane Mutationsrate auf einer mit der Erhaltung der Art vereinbarten Höhe hält. Die Fähigkeit zur Reparation beschränkt sich dabei nicht auf die Beseitigung strahleninduzierter Schäden, sondern erstreckt sich auch auf Schäden durch chemische Mutagene und möglicherweise auch auf Defekte, die zufällig bei der Replikation der DNA auftreten.

8. Strahlenwirkungen auf die Kinetik biochemischer Prozesse und den Betriebsstoffwechsel der Zelle

Stoffwechselstörungen der Zelle können verursacht sein

a) durch Enzyminaktivierung oder einen sonstigen unmittelbaren Eingriff in das Stoffwechselgleichgewicht, z. B. Verschiebungen von Redoxpotentialen,

b) durch Störungen der Enzymsynthese und sekundär

c) durch Störungen der Zellpermeabilität und

d) durch zytogenetische Veränderungen.

Viele der nach Bestrahlung beobachteten Stoffwechselstörungen sind jedoch bereits unspezifischer Ausdruck einer Patho- und Nekrobiose der Zellen.

8.1. Veränderungen der Enzymkinetik

Lange Zeit beschäftigte man sich vorwiegend mit den durch Bestrahlung hervorgerufenen irreversiblen Schädigungen von Enzymen, wie sie durch Testung ihrer Aktivität zu einem beliebigen Zeitpunkt nach Bestrahlung erfaßt werden.

Weitere Aufschlüsse über die Beeinflussung der Kinetik zytochemischer Reaktionen haben Versuche erbracht, bei denen nicht nur die irreversiblen Verminderungen einer Fermentaktivität oder eines chemischen Umsatzes zu einem beliebig gewählten (und meist durch die Versuchsanordnung bedingten) Zeitpunkt nach Bestrahlung bestimmt wurden, sondern der Ablauf einer chemischen Reaktion vor, unter und nach Bestrahlung kontinuierlich verfolgt wurde.

Durch laufende Registrierung der strahleninduzierten Veränderungen lassen sich dabei die bereits in Kapitel 4. erwähnten reversiblen und irreversiblen Störungen nachweisen.

Als ein besonders günstiges Modellsystem erwies sich dabei die Biolumineszenz, ein in der ganzen Fauna und Flora, vor allem des Meeres, weit verbreitetes Phänomen. Die Intensität der Lichtemission von Leuchtbakterien (z. B. Achrobacter Fischeri) ist ein Maß für den Umsatz eines besonderen Enzymsystems, in dem Luziferin in Gegenwart von Sauerstoff durch das Ferment Luziferase oxidiert wird. Unmittelbar nach Beginn einer Röntgenbestrahlung sinkt die vorher konstante Lichtintensität ab und zwar umso steiler, je höher die Dosisleistung ist. Nach Bestrahlungsende setzt eine Erholung ein, und die Intensität stellt sich auf einen neuen Gleichgewichtszustand ein, der aber umso tiefer unter dem Ausgangswert liegt, je höher die applizierte Dosis ist (Abb. 8.1. und Kurve d der Abb. 4.1.).

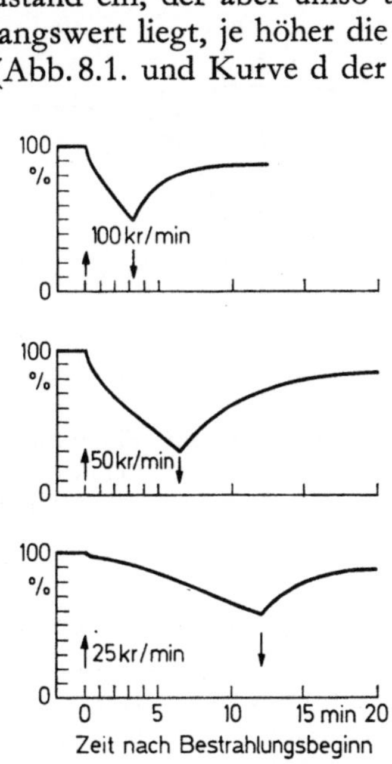

Abb. 8.1. Intensitätsabfall des Lichtes von Leuchtbakterien unter Röntgenbestrahlung mit verschiedenen Dosisleistungen und partielle Erholung nach Bestrahlung (B. 54.)

Die reversible Komponente hängt also primär von der Dosisleistung, die irreversible Komponente von der Dosis ab.

Diese Vorgänge lassen sich mit dem in 4.1. (Abb. 4.3.) vorgelegten mathematischen Modell analysieren.

Als ein weiteres Beispiel für solche reaktionskinetischen Studien sei die Strahlenwirkung auf eine isolierte Enzymreaktion in vitro erwähnt. Der von Dehydrogenasen katalysierte Umsatz kann laufend durch photometrische Bestimmung des beteiligten Cofermentes NAD bzw. seiner reduzierten Form NADH verfolgt werden. Setzt man eine Dehydrogenasereaktion an, z. B. mit Glutamatdehydrogenase (GDH) nach dem Schema:

$$\text{Glutaminat} + \text{NAD} \underset{}{\overset{\text{GDH}}{\rightleftarrows}} \alpha\text{-Ketoglutarat} + \text{NADH} + \text{NH}_4,$$

so spielt sich ein Gleichgewichtszustand mit einem bestimmten Verhältnis der Konzentrationen von NAD und NADH ein. Wird dann bestrahlt, so setzt unmittelbar nach Bestrahlungsbeginn eine Abnahme der NADH-Konzentration ein, die sich nach Bestrahlungsende partiell wieder ausgleicht. Gegensinnig dazu verschiebt sich die NAD-Konzentration (Abb. 8.2.).

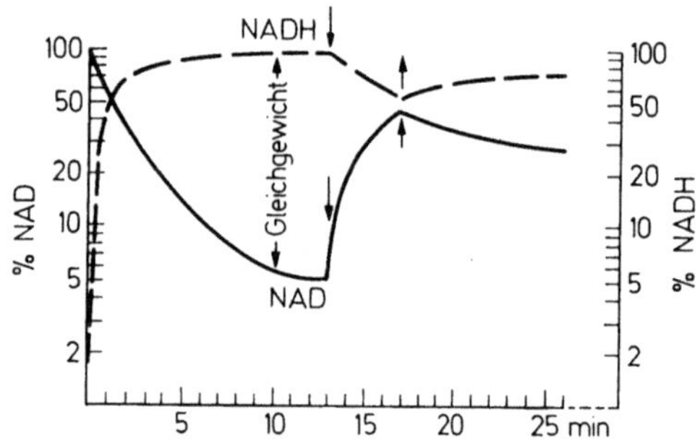

Abb. 8.2. Strahlenwirkung auf die Glutaminat-Dehydrogenase-Reaktion nach Einstellung des Gleichgewichts. Beginn und Ende der Bestrahlung sind durch Pfeile markiert. (L. Schachinger)

Es läßt sich zeigen, daß die reversible Wirkung auf das System vorwiegend bedingt ist durch eine Dehydrogenierung von NADH und daß die irreversible Wirkung auf einer Zerstörung von NAD bzw. NADH beruht.

Bemerkenswert ist, daß sich die Strahlenveränderungen von NAD und NADH in den verschiedenen Dehydrogenasesystemen unterschiedlich auswirken können. Wenn auch die Dosen und Dosisleistungen, nach denen im in vitro-Experiment Einwirkungen auf die Enzymkinetik nachgewiesen werden können, relativ hoch sind, so ist es durchaus möglich, daß auch schon kleine Strahlenbelastungen die Reaktionsgeschwindigkeiten von Enzym- oder anderen Redoxsystemen beeinflussen können, und daß in den komplexen, aufs feinste aufeinander abgestimmten Stoffwechselprozessen der lebenden Zelle schon kleinste Verschiebungen die Gleichgewichtslage stören können.

8.2. Die Glykolyse

Sowohl an Thymozyten wie an Knochenmarkszellen wurden in vitro kurz nach Bestrahlung mit kleineren Dosen eine Erhöhung und im übrigen eine Erniedrigung der glykolytischen Aktivität beobachtet, wobei die wirksamen Dosen aber ebenfalls im krad-Bereich liegen.

Auch die anaerobe Glykolyse, z. B. von Yoshida-Ascites-Sarkomen, wird erst nach Dosen von einigen 10000 rad deutlich gehemmt.

8.3. Die oxidative Phosphorylierung

In der Atmungskette, die in den Mitochondrien lokalisiert ist, erfolgt die Phosphorylierung von ADP zu ATP. Das Verhältnis des zur Phosphorylierung verbrauchten Phosphors zu dem in der Atmung verbrauchten Sauerstoff, also der "P/O Quotient" ist ein Maß für die Kapazität des Gewebes zur oxidativen Phosphorylierung. Eine Entkoppelung von Atmung und Phosphorylierung wird sich in einem Absinken des P/O-Quotienten bemerkbar machen. Nach Totalbestrahlung von Ratten und Mäusen wurde in Milz- und Thymuszellen ein solcher Abfall innerhalb von Stunden beobachtet. Da dieser Effekt oft erst einsetzt, nachdem eindeutige morphologische Zeichen des Zelluntergangs festzustellen sind, und da auch zahlreiche Systemeffekte sekundär auf die oxidative Phosphorylierung wirken, kann aus diesen Versuchen nicht gefolgert werden, ob und in welchem Ausmaß die oxidative Phosphorylierung selbst durch Bestrahlung gestört wird. Bei Mitochondrien, z. B. von Milz-, Leber- oder Tumorzellen der Maus, die nach

Isolierung in vitro bestrahlt wurden, sind erhebliche Dosen nötig, um die oxidative Phosphorylierung zu stören.

Dabei erfolgt der Abfall des P/O-Quotienten jeweils bei Erreichen einer bestimmten Dosis in insgesamt zwei Stufen. Offenbar ist das darauf zurückzuführen, daß einer der Orte der Phosphorylierung in der Atmungskette eine erhöhte Strahlenempfindlichkeit hat. (L. Schachinger, B. 99.).

Die innerhalb des Zellkerns ablaufende oxidative Phosphorylierung, die der Nutzung von ATP bei der Replikation und Transskription der DNA und der Karyokinese im allgemeinen dient, soll empfindlicher sein als die in Mitochondrien, und schon bei Dosen unter 1000 rad abnehmen (s. in A. 62.).

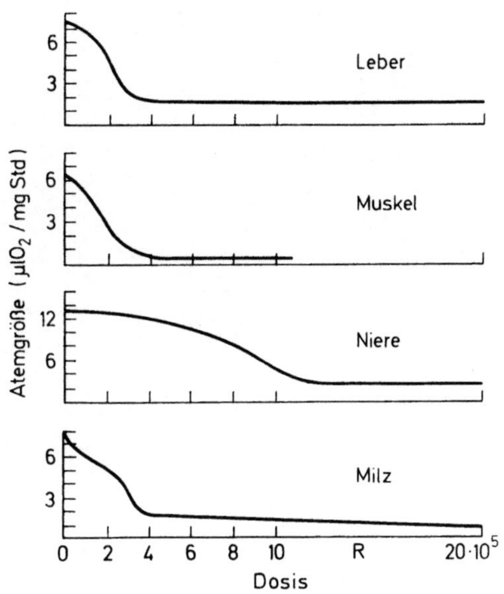

Abb. 8.3. Die Abnahme des O_2-Verbrauchs von Gewebeschnitten der Ratte nach Röntgenbestrahlung (H. Pauly B. 86.)

8.4. Die Zellatmung

Der Sauerstoffverbrauch des Gewebes und die Bildung von CO_2, wie sie unter anderem in der von O. Warburg entwickelten Apparatur gemessen werden, kann als integrales Maß für die Stoffwechselaktivität gelten. Es war ein überraschendes Ergebnis zahlreicher Untersuchungen, daß sowohl bei Bakterien, Hefen und Protozoen als auch bei Säugetierzellen, wie etwa Ehrlich-Ascites-Tumorzellen, Änderungen des O_2-Verbrauchs erst bei Dosen zwischen 100 bis 1000 krad auftreten. Auch der Sauerstoffverbrauch von Schnitten normaler und maligner Gewebe wird erst durch Dosen von 10 bis 100 krad signifikant reduziert. Ein Beispiel aus zahlreichen ähnlichen Untersuchungen gibt Abb. 8.3. Die Komplexizität des Kurvenverlaufes ergibt sich dadurch, daß der O_2-Verbrauch verschiedener Zelltypen des Gewebes und auch vielleicht verschiedene chemische Prozesse der einzelnen Zelle mit einer unterschiedlichen Empfindlichkeit und nach einer jeweils anderen Dosiswirkungsbeziehung inaktiviert werden.

9. Strahlenzytologie: Proliferationsstörungen und Zelltod

Einleitung

Da ionisierende Strahlen alle Moleküle und makromolekularen Strukturen der Zelle, wenn auch mit unterschiedlichem Wirkungsgrad, verändern, können sie auf mannigfaltige Weise in das komplizierte Regelsystem der lebenden Zelle eingreifen, zu temporären oder bleibenden funktionellen Störungen, einer biochemisch oder morphologisch faßbaren Pathobiose und schließlich zum Tode führen.

Aus der Natur der biochemischen Strahlenwirkungen und aus generellen Regeln der Zytopathologie leiten sich einige prinzipielle Aussagen über die zellulären Strahleneffekte ab:

a) Alle lebenden Zellen und alle ihre Lebensprozesse im einzelnen können durch die Einwirkung ionisierender Strahlen gestört und schließlich vernichtet werden, wenn auch mit ganz erheblichen Unterschieden ihrer Empfindlichkeit.

b) Die zellulären Strahlenwirkungen sind hinsichtlich der Art und des Ortes ihres Angriffs auf Zellmoleküle und Strukturelemente unspezifisch. Auch wenn, je nach Gegebenheiten, die Veränderung bestimmter Moleküle, wie Enzyme oder Nukleinsäuren, das „Leitmotiv" des Geschehens abgeben, so ist es, wie jahrzehntelange biochemische Forschungen gezeigt haben, vergebliche Mühe, *die* kritische Substanz oder Zellstruktur oder *die* entscheidende biochemische Wirkung ausfindig zu machen, auf der alle biologischen Strahlenschäden beruhen.

c) Auch die Manifestation zellulärer Strahlenschäden (und damit auch die der höheren Organismen im ganzen) ist insofern weitgehend unspezifisch, als keine der zytologischen Veränderungen nur durch ionisierende Strahlen ausgelöst werden. Nur die besondere Kombination und der zeitliche Ablauf verschiedener pathischer Prozesse lassen oft mit einer gewissen Wahrscheinlichkeit auf eine Verursachung durch ionisierende Strahlen schließen, wobei noch zu beachten ist, daß gewisse Zellgifte, z. B. Stickstoff-Lost, sehr ähnliche zytopathologische Effekte hervorrufen, und deshalb Radiomimetika genannt werden.

d) Die Strahlenschädigung kann nur aus der Dynamik des Lebendigen heraus verstanden werden. Sie ist – außer bei extrem hohen Strahlendosen – nicht als eine massive Materialzerstörung zu betrachten, die ähnlich einer Hitzedenaturierung unmittelbar zum Tode führt. Selbst bei letalen Dosen ist das Ausmaß der molekularen Veränderung relativ gering, und diese führen erst im Ablauf der einzelnen Lebensprozesse zur Störung oder Entgleisung des Systems. Umgekehrt können Schädigungen im Zuge vitaler Prozesse repariert, eliminiert oder kompensiert werden.

e) Somit ist verständlich, daß Art und Grad der Strahlenschäden bei Zellen unterschiedlicher Phylogenese, bei den verschiedenen Zelltypen der gleichen Spezies und selbst bei denselben Zellen in verschiedenen physiologischen Zuständen erheblich variieren.

f) Auch ein bestimmter Endeffekt, wie der Zelltod, kann auf durchaus verschiedenartigen pathogenetischen Mechanismen beruhen. So ist es kaum zu erwarten, daß die Inaktivierung von Bakteriensporen bei Dosen von 1 Mrad, von Hefezellen mit Zehntausenden rad und von Säugetierzellen durch ca. 100 rad auf gleichartigen Schädigungsprozessen beruhen. Selbst bei den gleichen Zellen wird möglicherweise der Ablauf der Letalmechanismen nach kleinen und großen Dosen unter einem anderen molekularen Leitmotiv stehen.

9.1. Der Begriff der Strahlenempfindlichkeit

Das Vorhergehende macht es verständlich, daß die Strahlenempfindlichkeit der Zelle schwer zu fassen und zu definieren ist.

Eine generelle Skala der Strahlenempfindlichkeit läßt sich überhaupt nicht aufstellen, denn wie sollte man die Funktionsstörung einer Muskel- oder Nervenzelle, mannigfaltige Stoffwechselstörungen, die verschiedenen Formen des Zelluntergangges und schließlich genetische Schäden quantitativ miteinander vergleichen.

Aber selbst wenn man die Strahlenempfindlichkeit auf einen Endpunkt, wie den Zelltod, bezieht, ergeben sich beträchtliche methodische Schwierigkeiten.

Das Absterben der Zellen nach Bestrahlung hat zellspezifische Erscheinungsformen mit einem unterschiedlichen zeitlichen Ablauf. Die Manifestation hängt zudem entscheidend vom Funktionszustand der Zelle ab.

Fast in allen früheren Lehrbüchern der Strahlenbiologie und -therapie finden sich Skalen der Strahlenempfindlichkeit der verschiedenen Zelltypen. Sie können nur als bedingt richtig gelten: Zum ersten beruhen diese Vergleiche vorwiegend auf histologischen Beobachtungen und betreffen somit nicht so sehr zellimmanente Unterschiede der Strahlenempfindlichkeit als vielmehr die zellulären Strahlenreaktionen auf den geweblichen Strahlenschaden im ganzen. Zum anderen wird dabei Inkomparables gegenübergestellt, nämlich das vitale Verhalten von Zellen, die sich in Teilungsruhe befinden und ihrer spezifischen Zelleistung nachgehen, und das von proliferierenden Zellen. Eine der strahlenempfindlichsten Zellfunktionen ist die Fähigkeit zur Proliferation. In dieser Hinsicht reagieren Säugetierzellen, von einigen Ausnahmen abgesehen, recht einheitlich. Ein pathologischer Ablauf oder die völlige Verhinderung der Zellteilung führt meist zum Untergang der betreffenden Zelle oder ihrer Nachkommen. Schon bei Dosen von ca. 10 rad und weniger sind innerhalb von Stunden die ersten Zelluntergänge zu beobachten. Dagegen können bei wesentlich höheren Dosen die spezifischen Leistungen einer differenzierten Zelle ungestört fortlaufen, und ihr morphologisches Bild kann unverändert sein. Um Zellen der Leber, der Niere, der Muskulatur oder des Bindegewebes zum sofortigen morphologisch nachweisbaren Untergang zu bringen, sind Dosen von 10000 bis 100000 rad notwendig.

Diese morphologische und funktionelle Intaktheit differenzierter, in Teilungsruhe befindlicher Zellen besagt noch nicht, daß auch deren Fähigkeit zur Proliferation erhalten geblieben ist, auch wenn es Hinweise dafür gibt, daß sie auch im Hinblick auf diesen Effekt resistenter sind, oder daß sie sich bei genügend langen Intervallen zwischen Bestrahlung und Eintritt in die Zellteilung erholen können.

So ist folgende von Bergonie und Tribondeau (B. 9.) schon 1906 aufgestellte Regel auch heute noch gültig, aber in dem besprochenen Sinn zu verstehen:

„Die Röntgenstrahlen wirken um so intensiver auf Zellen, je höher deren reproduktive Aktivität, je größer deren karyokinetische Potenz ist, und je weniger ihre Morphologie und ihre Funktionen endgültig fixiert sind."

9.2. Proliferationsstörungen

Unser Interesse konzentriert sich somit auf die wichtigste zelluläre Strahlenwirkung, die Störung der Proliferation. Dabei werden wir uns im folgenden vor allem auf Studien an Säugetierzellen – auch menschlichen – stützen und nur gelegentlich andere Zelltypen einbeziehen.

Das Verständnis der Proliferationsstörungen macht eine knappe Einführung in die Zellkinetik notwendig.

9.2.1. Zur Kinetik der Zellproliferation

9.2.1.1. Der Zellzyklus

Tritt eine Zelle in Teilung ein, so durchläuft sie in jeweils charakteristischen Zeiten die verschiedenen Phasen des Generationszyklus. Mikroskopisch erkennen wir an den Teilungsfiguren die Mitose (M) im engeren Sinn. Unter Verwendung von radioaktiv markiertem Thymidin können wir, wie im folgenden Einschub beschrieben, die Phase der DNA-Synthese (S-Phase) bestimmen, der eine Zwischenphase (G_1) vorhergeht und der eine 2. Zwischenphase (G_2) bis zur nächsten Mitose folgt (Abb. 9.1.). Die biochemischen Prozesse, die Voraussetzung für die Zellteilung sind, und im einzelnen während dieser Zwischenphasen ablaufen, sind noch wenig bekannt.

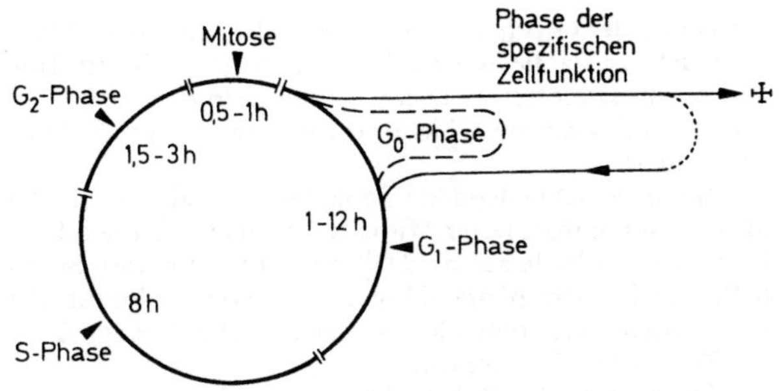

Abb. 9.1. Schematische Darstellung des Zellzyklus. Nähere Erläuterungen im Text. Die angegebenen Zeiten sind typische Werte für die mittlere Dauer der einzelnen Zyklusphasen von Säugetierzellen in Kultur

Die Dauer des Zyklus und seiner einzelnen Phasen sind unter gleichen Bedingungen für jeden Zelltypus charakteristisch und liegen für Säugetierzellen annähernd bei den in Abb. 9.1. angegebenen Werten.

Die größte zeitliche Variation weist die G_1-Phase auf. Vieles spricht dafür, daß manche proliferierenden Zellen mehr oder weniger lange Pausen zwischen 2 Zellzyklen eingehen und sich dabei in einem Zustand der Teilungsruhe befinden, der gelegentlich als G_0 bezeichnet wird, vermutlich aber einer verlängerten G_1-Phase entspricht. Oft versteht man unter G_0 auch eine, z. B. durch Sauerstoff- oder Nahrungsmangel erzwungene Teilungsruhe. Streng unterscheiden davon sollte man die Phase der spezifischen Zelltätigkeit, in die neu gebildete Zellen eines Gewebes unter Differenzierung eintreten, und in der sich ja schließlich der überwiegende Teil aller Körperzellen befindet.

9.2.1.2. Wachstumscharakteristika von Zellpopulationen

In wachsenden Zellpopulationen, wie einer Zellkultur unter optimalen Wachstumsbedingungen, vermehren sich die Zellen in regelmäßig aufeinanderfolgenden Zyklen mit konstanten mittleren Generationszeiten. Die Zellzahl N wächst logarithmisch nach der folgenden Gleichung, wobei N_0 die Zellzahl zum Zeitpunkt $t = 0$ ist, λ ein Koeffizient:

$$N = N_0 \cdot e^{\lambda t} \qquad (9.1.)$$

Die *Verdoppelungszeit* der Zellpopulation ist, wenn alle Zellen proliferieren und sich bei jeder Mitose verlustlos zweiteilen, gleich der *Generationszeit*. Im vielzelligen Organismus ist diese Form des Wachstums nur selten gegeben, so in embryonalen Geweben während gewisser Phasen der Organogenese oder bei malignen Geschwülsten im Anfangsstadium. Die Mausergewebe, wie das hämopoetische System, die Haut, die Schleimhäute des Magen-Darm-Kanals, die männlichen Keimdrüsen, befinden sich im Zustand eines Fließgleichgewichtes. Die Gesamtzellzahl und der jeweilige Anteil der Stammzellen und der Zellen verschiedenen Reifegrades sind unter physiologischen Bedingungen weitgehend konstant, da sich Neubildung, Übergang von einem Zustand zum anderen und Zellelimination die Waage halten.

Der überwiegende Teil der Zellen im erwachsenen Organismus befindet sich in Teilungsruhe. Manche Zellen, wie die Ganglienzellen des Nervensystems haben für immer ihre Teilungsfähigkeit verloren. Die meisten Körpergewebe, wie drüsige Organe und Stützgewebe, weisen einen mäßigen physiologischen Zellumsatz auf, können aber auf eine entsprechende Stimulation, wie erhöhte Leistungsanforderung, pathologischen Zellverlust, Verwundung oder Entzündung mit erhöhter Proliferation antworten.

In einer Population befinden sich somit in den seltensten Fällen alle Zellen eines Typus gleichzeitig in permanenter Proliferation. Die proliferative Aktivität kann durch Bestimmung des *Proliferationsquotienten* (engl.: growth fraction) ermittelt werden. Er ist gleich dem Verhältnis der Zahl proliferierender Zellen zur Gesamtzellzahl der Population.

Bei einer quantitativen Erfassung der Zellkinetik ist ferner zu berücksichtigen, daß Zellen aus der Population ausscheiden – sei es, indem sie, z. B. vom Knochenmark an das Blut, abgegeben werden, sei es, daß sie aufgrund ihres physiologischen Alterns absterben, oder sei es, daß sie unter pathologischen Bedingungen zugrunde gehen.

Somit ist die *Zellverlustrate* eine weitere Größe, welche Wachstum, stationären Zustand oder Schwund einer Zellpopulation bestimmt. Abnahme des Proliferationsquotienten, zunehmender Zellverlust und schließlich Verlängerung des Zellzyklus können in einer Zellpopulation zu einer Abweichung vom exponentiellen Wachstum führen, wie das in übervölkerten Zellkulturen und z. B. in malignen Geschwülsten beobachtet wird.

9.2.1.3. Methoden zur Erfassung der Zellkinetik

Die mitotische Aktivität einer Zellpopulation und Mitosestörungen können durch Bestimmung des *mitotischen Index* quantitativ erfaßt werden. Dieser entspricht dem Verhältnis der Zellen mit mikroskopisch sichtbaren Teilungsfiguren zur Gesamtzahl der Zellen einer Population (z. B. Mitosezellen pro 1000 ausgezählte Zellen).

Wesentlich detailliertere Einblicke in die Zellkinetik verschaffen uns Isotopenmethoden, mit denen die Synthese von DNA, RNA und Eiweißen verfolgt werden kann. Insbesondere die Verwendung von radioaktiv markiertem Thymidin, das ausschließlich in die DNA eingebaut wird, ermöglicht es, den Anteil der proliferierenden Zellen, die Intensität der DNA-Synthese in der Einzelzelle und mit besonderen Methoden, wie einer Doppelmarkierung, auch ihre Dauer und die Dauer der übrigen Zyklusphasen zu bestimmen. Verwendet wird am häufigsten Thymidin, das mit Tritium (^{3}H) oder mit Radiokohlenstoff (^{14}C) markiert ist. In Autoradiographien von Zellausstrichen und Geweben sind diejenigen Zellkerne, die sich während der Zufuhr des Indikators in DNA-Synthese befanden, durch Schwärzung der photographischen Schicht infolge der emittierten β-Strahlung des Tritium oder des Radiokohlenstoff erkennbar.

Bei einem kurzzeitigen Angebot von markiertem Thymidin läßt sich in den Autoradiographien der *Markierungsindex*, also das Verhältnis markierter zu insgesamt ausgezählten Zellen, bestimmen. Er ist ein relatives Maß der Proliferationsaktivität, denn er entspricht dem Anteil der Zellen, die sich zum Zeitpunkt der Markierung in der Phase der DNA-Synthese (S-Phase) befinden.

Wenn alle Zellen an der Proliferation teilnehmen und in annähernd gleichen Zeiten die einzelnen Zyklusphasen durchlaufen, entspricht im stationären Zustand der Markierungsindex I_M, dem Verhältnis der Dauer der S-Phase T_S zur Dauer des gesamten Zellzyklus T_C:

$$I_M = \frac{T_S}{T_C} \qquad (9.2.)$$

Aus der Zahl der Schwärzungspunkte über dem einzelnen Zellkern (Silberkornzahl/Zelle) kann in Autoradiographien, die unter gleichen Bedingungen gewonnen wurden, auf die relative Rate der DNA-Synthese geschlossen werden. Bietet man den Zellen für eine Zeit, die mindestens die Dauer eines Zellzyklus umfaßt, kontinuierlich oder in geeigneter Fraktionierung markiertes Thymidin an, so werden alle Zellen markiert, die sich zu dieser Zeit in Proliferation befinden. Der Markierungsindex entspricht dann dem *Proliferationsquotienten*.

Zur Bestimmung der *Dauer des Zellzyklus* und *seiner einzelnen Phasen* bedient man sich am häufigsten folgenden Verfahrens:

Nach einem kurzzeitigen Angebot von markiertem Thymidin werden in regelmäßigen Zeitabständen nach der Markierung Proben entnommen, und in diesen wird der Index markierter Mitosen (engl.: labelled mitoses index, l. m. J.), d. h. das Verhältnis der radioaktiv markierten Mitosen zu den insgesamt beobachteten Mitosen, bestimmt. Durchliefen alle Zellen der Population den Zyklus in genau den gleichen Zeiten, so zeigte der Index markierter Mitosen einen zeitlichen Verlauf wie die punktierten Linien der Abb. 9.2. Nach einem fixen Intervall, das der Dauer der G_2-Phase (T_{G_2}) entspräche, wären alle Mitosen markiert, da die in der S-Phase markierten Zellen dann in die Mitose eintreten. Dieser Zustand, in dem 100% der Mitosen markiert sind, hielte so lange an, wie die S-Phase (T_S) dauert.

Beim anschließenden Zellzyklus ergäbe sich der gleiche Block markierter Mitosen (nur daß sich die Silberkornzahl pro Zelle auf die Hälfte verringert hätte). Somit ließe sich aus dem Abstand korrespondierender Punkte der zwei aufeinanderfolgenden Zellzyklen die Gesamtdauer des Zellzyklus, T_C, ablesen.

Da jedoch die Zyklusphasen von den Zellen einer Population nicht mit genau der gleichen Geschwindigkeit durchlaufen werden, resultieren im Experiment wellenförmige Kurvenverläufe des l. m. J. wie in Abb. 9.2.

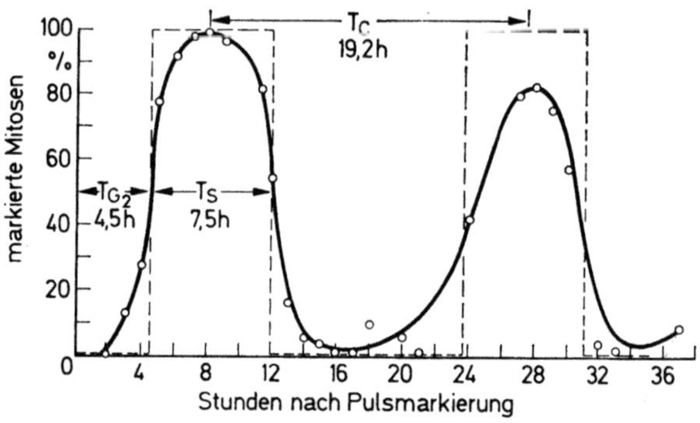

Abb. 9.2. Der zeitliche Verlauf des Index markierter Mitosen. Gestrichelte Linie: Verlauf der Kurve für den hypothetischen Fall, daß die jeweiligen Zyklusphasen aller Zellen die gleiche Dauer haben. Durchgezogene Linie: Experimentelle Beobachtung

Das führt auch dazu, daß der Gipfel der zweiten Welle wesentlich niedriger liegt als der erste. Die Mittelwerte von T_{G_2}, T_S und T_C erhält man aus dem Abstand der Zeitpunkte, an denen der Index der markierten Mitosen jeweils den 50%-Wert erreicht.

Die Dauer der Mitose, T_M, läßt sich entweder wie üblich aus dem mitotischen Index errechnen (vorausgesetzt, daß alle Zellen in Teilung befindlich sind) oder annähernd aus folgender Beziehung:

$$T_M = T_S \cdot \frac{\text{Mitoseindex}}{\text{Markierungsindex}} \qquad (9.3.)$$

Die Dauer der postmitotischen G_1-Phase ergibt sich aus der Differenz der Zykluszeit und der Summe der Zeiten der übrigen Zyklusphasen.

$$T_{G_1} = T_C - (T_{G_2} + T_S + T_M) \qquad (9.4.)$$

In dem gewählten Beispiel der Abb. 9.2. wurden auf diese Weise folgende Werte ermittelt:

T_{G_1} = 6,5 Stunden
T_S = 7,5 Stunden
T_{G_2} = 4,5 Stunden
T_M = 0,7 Stunden

Für die verschiedenen Säugetierzellen unter den üblichen Kulturbedingungen liegen die Zykluszeiten zwischen 8 und 32 Stunden.

Der Proliferationsquotient Q_P ergibt sich aus dem Markierungsindex (I_m) und dem Verhältnis der Gesamtzyklusdauer (T_C) zur Dauer der S-Phase T_S:

$$Q_P = I_m \cdot \frac{T_C}{T_S} \qquad (9.5.)$$

9.2.2. Strahleninduzierte Hemmung der Zellvermehrung

Wird eine im logarithmischen Wachstum befindliche Zellpopulation kurzzeitig bestrahlt, so tritt, gemessen an der Zellzahl oder an der Zellmasse, nach einer mit zunehmender Dosis sich verkürzenden Latenzzeit eine temporäre Verlangsamung des Wachstums ein, die sich mit zunehmender Dosis verstärkt und länger anhält, so daß das Wachstum schließlich stagnieren, und die Zellzahl durch Autolyse sogar abfallen kann. Bei nicht zu hohen Dosen setzt sich nach dieser strahleninduzierten Krise das Wachstum der überlebenden Zellen mit der ursprünglichen Geschwindigkeit fort.

Bei Bakterien sind beträchtliche Dosen nötig, um eine meßbare Wachstumsverzögerung hervorzurufen. Um Größenordnungen höher ist die Strahlenempfindlichkeit von Säugetierzellen.

Eine Analyse der Wachstumskurven, direkte mikroskopische Beobachtung der Zellen und andere besondere Versuchsanordnungen zeigen, daß folgende Strahlenwirkungen für diese strahleninduzierten Wachstumsstörungen verantwortlich sind:

a) eine temporäre Mitosehemmung,
b) eine über mehrere Generationen anhaltende erhöhte Letalität mit anschließender Lyse der Zellen,
c) eine Veränderung der Zellzykluszeiten.

Verbunden sind diese Vorgänge mit dem Auftreten pathologischer Mitoseformen, den morphologischen Erscheinungen des Zelltodes und schließlich zytogenetischen Effekten.

9.2.3.1. Beeinflussung der mitotischen Aktivität

Nach einer kurzfristigen Strahlenexposition wird eine zeitweilige Hemmung oder Blockierung der mitotischen Aktivität der Zellen beobachtet. Auch schon Dosen in der Größenordnung von 1 rad können sowohl in Pflanzen, z. B. den Wurzelspitzen von *Vicia faba*, wie in Gewebekulturen, in physiologischen Mausergeweben und in Geschwülsten zeitweilig die Mitoseaktivität vermindern. Am Corneal-Epithel der Ratte erwies sich dieser Effekt zwischen 50 und 400 rad dosisproportional. In der Haut ist die mitotische Aktivität schon nach Dosen unter 50 rad vermindert und nach 200 rad für 15–25 Stunden komplett gestoppt. Ähnliche Empfindlichkeiten weisen das Keimepithel der menschlichen Gonaden, das Knochenmark, die Lymphknoten und die Schleimhäute des Magen-Darm-Kanals auf.

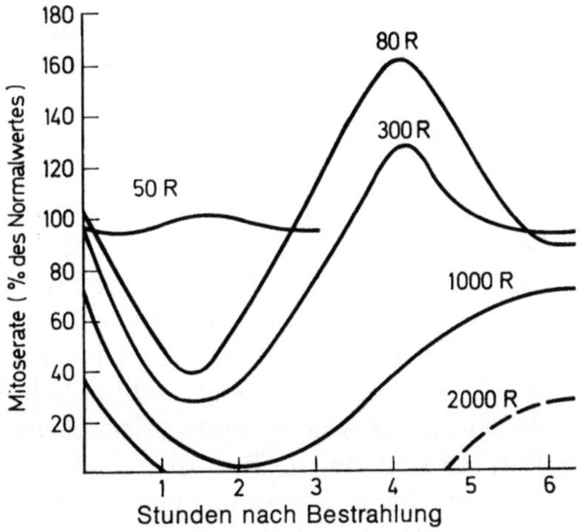

Abb. 9.3. Mitoserate in einer Kultur von Hühnerfibroblasten im Verlauf der ersten 6 Std. nach Bestrahlung mit 50–2000 R (γ-Strahlen) bei einer Dosisleistung von 33 R/min. (Aus Spear, A. 19.)

Der zeitliche Verlauf des mitotischen Index nach Bestrahlung wurde schon 1923/24 von Alberti und Politzer (B. 1.) am Corneal-Epithel bestrahlter Urodelen-Larven ermittelt. Abb. 9.3. zeigt entsprechende Kurven von Hühner-Fibroblasten für verschiedene Strahlendosen. Nach einer gewissen Latenzzeit fällt der mitotische Index ab, und zwar um so tiefer, je höher die Dosis ist. Danach setzt eine partielle oder völlige Erholung ein. Der mitotische Index kann sogar über den Ausgangswert hinausschießen, ein Phänomen, das später erklärt werden soll. Einen weitgehend ähnlichen Verlauf der mitotischen Aktivität beobachtet man in Kulturen von Säugetierzellen. In ähnlicher Weise läßt sich die proliferative Aktivität aufgrund der Markierung der Zellen nach Zufuhr von radioaktivem Thymidin durch Ermittlung des Markierungsindex bestimmen.

Wählt man einen geeigneten Zeitpunkt nach Bestrahlung zur Bestimmung der mitotischen Aktivität, so ergibt sich für den Grad der Mitosehemmung eine eindeutige Abhängigkeit von der Höhe der Strahlendosis. Der Abschluß der ersten Zellteilung verzögert sich um so mehr, je höher die Dosis ist.

In Kulturen chinesischer Hamsterzellen, L-Zellen, HeLa-Zellen und Mäuse-Lymphomzellen wird bis zu Dosen von 1000 rad eine annähernd linear mit der Dosis ansteigende Verzögerung beobachtet, die je nach Zellart zwischen 0,5 und 2,5 min/rad liegt. Offenbar hängen diese Unterschiede mit der natürlichen Dauer der Generationszeit des Zelltypus zusammen: Je länger die Generationszeit, um so stärker ist die Verzögerung pro rad.

Mit abnehmender Dosisleistung nimmt der Effekt ab; er kann, wie das an Tradescantia-Pollen beobachtet wurde, nach Unterschreitung einer bestimmten Schwelle der Dosisleistung sogar völlig unterbleiben. Offenbar kann sich die Zelle von dem die Mitosehemmung hervorrufenden Schaden schon unter einer langdauernden Bestrahlung erholen, sodaß schließlich bei sehr niedrigen Dosisleistungen der Schaden völlig kompensiert wird. Bei nicht zu hohen Dosisleistungen kann sich unter Bestrahlung nach einem initialen Mitoseabfall ein neuer stationärer Zustand der mitotischen Aktivität einstellen.

Henshaw (B. 47.) hat zeigen können, daß Bestrahlung sowohl der Eier sowie der Spermien von Seeigeln die erste Teilung nach Befruchtung verzögert, und daß sich Seeigeleier – nicht aber Spermien – in längeren Intervallen zwischen Bestrahlung und Befruchtung von diesem Schaden erholen können. Der Erholungsprozeß ist offenbar an Stoffwechselvorgänge gebunden, die nur im Ei gegeben sind.

Neuere Untersuchungen, insbesondere an Säugetier-Zellkulturen, mittels H_3-Thymidin-Markierung ergaben, daß die Verzögerung der Mitose beruht:

a) auf einer Blockierung der Zellen in der G_2-Phase,

b) auf einer Verlängerung der G_1- und der S-Phase.

Mitoseblock in G_2

Der Block in G_2 beruht darauf, daß bestrahlte Zellen den Teilungszyklus zunächst ungestört bis zu etwa der Mitte der G_2-Phase durchlaufen und dort für eine dosisabhängige Zeit arretiert bleiben. Zellen, die z. Z. der Bestrahlung diesen Punkt bereits überschritten haben, durchlaufen die Mitose ungestört. Dosen von ca. 10 rad bewirken schon eine meßbare Blockierung in G_2. Vermutlich fällt dieser Zeitpunkt mit der Phase der Eiweißsynthese oder einem anderen die Mitose vorbereitenden Schritt zusammen. Darauf weisen auch die Tatsachen hin, daß Puromycin die Zellen im gleichen Punkt der G_2-Phase arretiert. Da die Zellen somit alle mit entsprechender statistischer Streuung bis zu diesem Punkt aufaufen und dort arretiert werden, bewirkt die Bestrahlung eine mehr oder weniger ausgeprägte *Synchronisation* der Zellpopulation. Nach Ende des Mitoseblockes treten die Zellen annähernd gleichzeitig in die Mitose ein, so wie Fußgänger, die an einer Kreuzung durch Rotlicht gestoppt werden, bei Grün als Kohorte loslaufen. Dies ist die Erklärung für den in Abb. 9.3. gezeigten Überschuß des mitotischen Index nach Überwinden der kritischen Phase.

Wenn man also nur zu einem bestimmten Zeitpunkt nach Bestrahlung eine erhöhte mitotische Aktivität beobachtet, so darf das nicht als eine „biopositive“ Strahlenwirkung gewertet werden, ein Begriff, der überhaupt fragwürdig ist.

Verlängerung des Zellzyklus und seiner Phasen

Die mittlere Generationszeit von Säugetierzellen wird durch Dosen zwischen 300 und 600 rad etwa um die Hälfte verlängert. Nach einer Zusammenstellung von W. K. Sinclair (B. 103.) liegt bei verschiedenen Zellen in Kultur die Verlängerung pro rad für die G_1-Phase bei 0,3 min.

Ausgeprägt ist die Verlängerung der Phase der DNA-Synthese, die durch einige 100 rad von ca. 7 Stunden auf etwa 10 Stunden verlängert wird. Sie tritt nur bei den Zellen auf, die sich während der Bestrahlung schon in der S-Phase befinden. Dabei wird zwar die gleiche Menge DNA wie normal synthetisiert, aber mit verminderter Rate.

Die Verlängerung der Generationszeit und seiner Phasen hängt – wie das vor allem an synchronisierten Zellkulturen zu zeigen ist – von der Phase ab, in der sich die Zelle z. Z. der Bestrahlung befindet. Die Verlängerung ist um so größer, je weiter die Zelle im Zyklus fortgeschritten ist. Sie nimmt beim Übergang von G_1 nach S zu und erreicht ihr Maximum in der späten S-Phase oder bei manchen Zellarten zu Beginn der G_2-Phase. Für HeLa-Zellen wurden so folgende

Verzögerungen in min/rad gefunden: Bei Bestrahlung in früher G_1 0,1, in später G_1 0,3, in früher S-Phase 0,64, in später S-Phase 0,83 und in G_2 0,6. Hat eine Zelle die erste Teilung durchschritten, so können auch die folgenden Teilungen oder ihre einzelnen Phasen verzögert sein, wenn auch meistens in geringerem Ausmaß.

Die partielle Synchronisation, die durch eine Bestrahlung hervorgerufen wird, und die später zu besprechende Tatsache, daß die Zellen in gewissen Phasen des Zellzyklus strahlenempfindlicher sind als in anderen, gaben frühzeitig Anlaß zu einer gezielten Fraktionierung in der Strahlentherapie. Sie ging aus von den älteren Untersuchungen und Beobachtungen, die O. Jüngling und H. Langendorff (B. 62.) über phasische Änderungen der Strahlenempfindlichkeit nach einer Erstbestrahlung gemacht hatten.

Aufgrund der neueren, an Säugetierzellen gewonnenen Beobachtungen wird heute versucht, die Strahlentherapie durch vorhergehende Synchronisation der Tumorzellen, z. B. mit 5-Fluoruracil, Vincristin oder Hydroxyharnstoff, zu verbessern.

9.2.3.2. Pathologische Mitoseformen

Eine der Ursachen, aber sicher nicht die einzige, für die Erschwerung des Mitoseablaufes nach Bestrahlung sind Chromosomenverklebungen. In allen Zelltypen, bei denen die charakteristischen Teilungsfiguren auftreten, wird vor allem bei Bestrahlungen der späten Prophase ein Verkleben von Chromosomenmaterial während der Anaphase beobachtet. Dabei kann es zu Verklebungen einzelner benachbarter Chromosomen oder zu einer totalen Verklumpung der ganzen Chromosomenmasse kommen (Abb. 11.3.). Während der Chromosomenseparation kommt es zur Ausbildung von Chromosomenbrücken, die beim weiteren Auseinanderrücken strangförmig ausgezogen werden, bis sie sich lösen oder die Zellteilung verhindern. Ein Teil des Chromosomenmaterials kann sich aus dem Verband der Chromosomen lösen, in einer der gebildeten Tochterzellen liegenbleiben und eine Art „Mikronukleus" bilden. Solche Vorgänge sind mit einer Ungleich-Verteilung und einem Defekt des genetischen Substrates verbunden und können zytogenetische Folgen haben, sofern sie überhaupt mit dem weiteren Zelleben vereinbar sind. In Tumorzellen werden Chromosomenverklebungen auch ohne Strahlenwirkung relativ häufig beobachtet, sind aber nach Bestrahlung sehr viel ausgeprägter. Es ist fraglich, ob und bis zu welchem Grade die Chromosomenverklebungen auf direkte Angriffe der Strahlung an den DNA-Molekülen, z. B. auf Vernetzungen und Viskositätsänderungen, zurückzuführen sind, oder ob sie Ausdruck einer strahleninduzierten Stoffwechselstörung mit Veränderungen der Chromosomenoberfläche oder des sie umgebenden Materials sind. Die Ähnlichkeit mit Veränderungen, wie sie durch Stickstofflost hervorgerufen werden, ist auffällig.

Chromosomenverklebungen und andere pathologische Mitoseformen treten in einer Zellpopulation am häufigsten zu dem Zeitpunkt nach Bestrahlung auf, in dem die mitotische Aktivität ihr Minimum erreicht hat.

Eine Störung des geordneten Mitoseablaufes kann auf vielfachen Wegen zu abnormalen Zellen führen.

So kann eine Bestrahlung zum kompletten Ausfall der Mitose nach vollzogener DNA-Synthese, also zu Zellen mit doppeltem DNA-Gehalt führen; es können polyploide Zellen entstehen. Unterbleibt nach der Karyokinese die Bildung zweier Zellen, so entwickeln sich mehrkernige Riesenzellen.

9.3. Zelltod und Zellinaktivierung

Schon innerhalb der ersten Stunde nach Bestrahlung können im histologischen Bild oder in Zellkulturen mannigfaltige Formen des Zellunterganges beobachtet werden.

Eine erste Welle degenerierter Zellen setzt mit dem Wiederanstieg der mitotischen Aktivität ein (Abb. 9.4.). Somit ist es berechtigt, von einer „mitotischen Zelldegeneration" oder einem „mitosegekoppelten Zelltod" zu sprechen und diesen abzugrenzen von dem erst bei wesentlich höheren Dosen beobachteten Untergang von Zellen in Teilungsruhe, dem „Interphasetod". Die Besprechung der morphologischen Zeichen der Patho- und Nekrobiose des Zelltodes und der Autolyse, die nach Bestrahlung in einem Gewebe beobachtet werden, bleibt einer Abhandlung über die pathologische Anatomie der Strahlenschäden vorbehalten.

Zwar ist bei einer gegebenen Dosis der Prozentsatz betroffener Zellen mit großer Genauigkeit vorauszusehen, nicht aber das Schicksal der

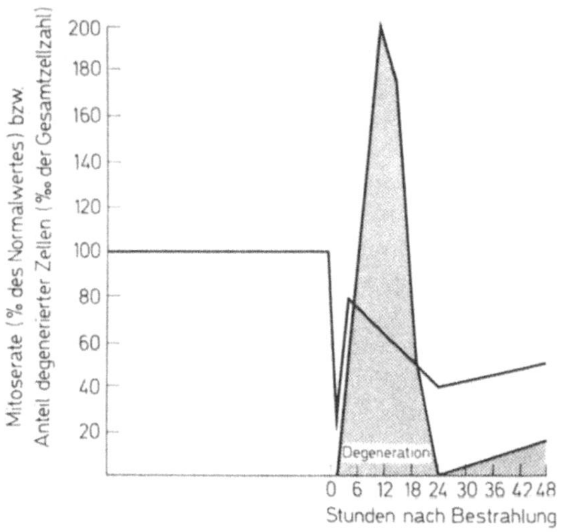

Abb. 9.4. Mitoserate (ausgezogene Linie) und Anteil degenerierter Zellen (graue Fläche) in einer Hühnerfibroblastenkultur in den ersten 48 Std. nach einer Bestrahlung mit 96 R. (Aus Spear, A. 19.)

einzelnen Zelle. Außerdem muß sich der letale Schaden nicht in der bestrahlten Zelle selbst auswirken, sondern kann sich in einer statistischen Verteilung während der folgenden Zellgenerationen manifestieren. Die Stochastik der Strahlenwirkung, deren prinzipielle Bedeutung bereits in Kapitel 2. behandelt wurde, tritt gerade beim zytoletalen Effekt stark in den Vordergrund. Beobachtungen an bestrahlten Zellkulturen, wie sie in Abschnitt 9.3.3. ausführlicher dargestellt sind, weisen darauf hin, daß die Entscheidung über Leben und Tod einer bestrahlten Zelle nicht im Augenblick der Bestrahlung gefallen ist, sondern daß über mehrere Zellgenerationen hinweg die Wahrscheinlichkeit für ein Versagen der Zellteilung erhöht wird.

Gelingt es nicht wenigstens einem der Nachkommen der bestrahlten Zelle zu überleben, so ist deren „Stammbaum" endgültig erloschen. Dies nennen wir Zellinaktivierung oder, vereinfacht, Zelltod.

Im Hinblick sowohl auf eine Strahlenschädigung normaler Gewebe als auch auf die Therapie maligner Geschwülste interessiert nicht so sehr der Untergang der einen oder anderen Tochterzelle, als vielmehr dieser proliferative Tod, denn von dessen Häufigkeit hängt es ab, wie stark der physiologische Zellumsatz des gesunden Organismus oder das Wachstum eines malignen Tumors geschädigt ist.

Der Grad der Zellinaktivierung wird üblicherweise dadurch bestimmt, daß man bestrahlte Zellen aussät und nach einer zweckmäßig gewählten Zeit die Zahl der gebildeten Kolonien bestimmt, wie das aus der Mikrobiologie bekannt ist. Für die verschiedenen Zelltypen ergeben sich bei Bestrahlung mit verschieden hohen Dosen Dosiswirkungskurven der Inaktivierung von jeweils charakteristischer Form und Steilheit. Der Grad der Strahlenempfindlichkeit kann gerade wegen der unterschiedlichen Formen der Dosiswirkungskurven zwar nicht durch eine einzige Größe angegeben werden, dennoch gibt eine Gegenüberstellung der Dosen, die bei den verschiedenen Zelltypen die Zahl der Überlebenden auf einen bestimmten Prozentsatz reduzieren, Anhaltspunkte für die großen Unterschiede der Strahlenempfindlichkeit von Zellen der verschiedenen phylogenetischen Stufen. In Abb. 9.5. sind einige Beispiele charakteristischer Dosiswirkungskurven von Phagen, Bakterien und Hefen wiedergegeben und denen von Säugetierzellen gegenübergestellt, die später ausführlich besprochen werden.

Bei einer der bestuntersuchten Bakterienarten, den Coli-Bakterien, verlaufen die Dosiswirkungskurven oft exponentiell oder mit einer schwach ausgeprägten Schulter, wobei die D_{37} bzw. D_0 meistens zwischen 10 und 20 krad liegen, und bei besonders resistenten Mutanten auf 50 krad ansteigen können. Der *Mikrococcus radiodurans* zeichnet sich, wie sein Name sagt, durch eine

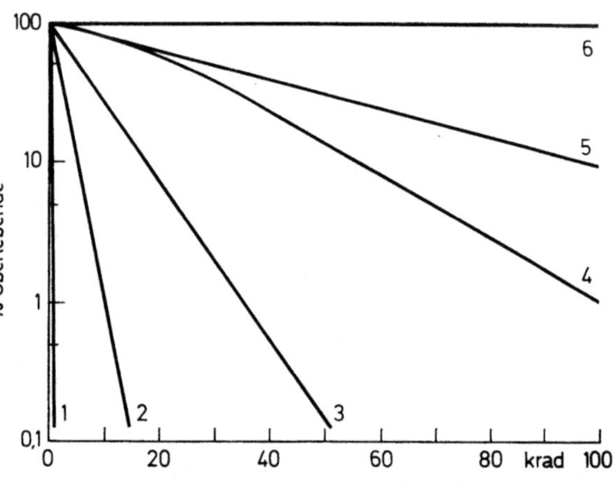

Abb. 9.5. Dosiswirkungskurven von: 1 Säugetierzellen; 2 Escherichia coli B; 3 einer resistenten Mutante E. coli B/r; 4 diploiden Hefezellen; 5 Phagen (Staph. K); 6 Micrococcus radiodurans. (Nach einer Zusammenstellung in A. 5.)

besondere Strahlenresistenz aus. Bis zu Dosen von etwa 600 krad bleibt bei diesem die Zahl der Überlebenden unverändert und fällt dann erst ab (Abb. 2.2.). Eindeutige Erklärungen für diese ungewöhnliche Kurvenform und Strahlenresistenz, die uns wesentliche Einblicke in die Wirkungsmechanismen ionisierender Strahlen geben könnten, stehen noch aus. Die initialen Strahlenschäden der DNA, gemessen an der Verminderung des Molekulargewichts bei vergleichbaren Dosen, sind annähernd die gleichen wie beim strahlenempfindlicheren E. coli. Teils wird die hohe Strahlenresistenz des Mikrococcus radiodurans auf seinen hohen Katalasegehalt bezogen, teils auf eine besonders hohe Fähigkeit zur Reparation der strahlengeschädigten DNA-Moleküle.

Hefezellen sind seit langem ein beliebtes Objekt der strahlenbiologischen Forschung. Mit ihnen läßt sich besonders gut demonstrieren, wie der Ploidiegrad die Strahlenempfindlichkeit bestimmt. Haploide Hefezellen sind empfindlicher als diploide. Bei höheren Ploidiegraden allerdings kann die Strahlenempfindlichkeit wieder zunehmen.

Eukaryonten sind strahlenempfindlicher als Prokaryonten. Die LD_{50} von Säugetierzellen bei Bestrahlung in vitro, aber auch bei Bestrahlung proliferierender Zellen in vivo, liegen um 100 bis 300 rad, sind also um eine bis mehrere Größenordnungen niedriger als bei den bisher besprochenen Beispielen. Manche besonders empfindliche Säugetierzellen, z. B. die Oozyten und die Retinazellen der neugeborenen Maus, manche Spermatogonientypen und Lymphozyten werden bereits durch Strahlendosen von 10 rad und weniger auf die Hälfte reduziert.

Diese extremen Differenzen der Strahlenempfindlichkeit lassen es als unwahrscheinlich erscheinen, daß der Zelltod in allen Fällen durch die gleichen molekularen Wirkungsmechanismen hervorgerufen wird. Nichts zeigt vielleicht deutlicher die derzeitigen Grenzen der strahlenbiologischen Forschung als die Unmöglichkeit einer einheitlichen Erklärung dieser Empfindlichkeitsunterschiede der verschiedenen Zelltypen. So wertvoll die zahlreichen strahlenbiologischen Untersuchungen an den verschiedensten pflanzlichen Objekten, Bakterien oder Einzellern sind – manche grundlegenden Einblicke in den Wirkungsmechanismus ionisierender Strahlen wurden primär an Bakterien und Hefen gewonnen –, so vorsichtig muß man bei der Übertragung von Beobachtungen an solchen Objekten auf die Strahlenschäden der Säugetierzellen oder gar auf die Reaktionsweisen höherer Organismen sein. Somit ist es berechtigt, das Hauptgewicht bei der Besprechung der Strahlenzytologie auf die Säugetierzelle zu legen.

9.3.1. Inaktivierung von Säugetierzellen in vitro

9.3.1.1. Methodisches

Th. Puck und Mitarb. haben um 1955 eine Methode entwickelt, mit der sich die meisten Säugetierzellen, soweit sie noch ihre Teilungsfähigkeit bewahrt haben, in Suspension oder als Kolonien auf Glas- und Kunststoffoberflächen züchten lassen (B. 92.). So läßt sich ihr Wachstum und ihre Proliferationsfähigkeit mit hoher Präzision bestimmen. Damit war die Möglichkeit gegeben, auch die Wirkung ionisierender Strahlen auf normale und maligne Zellen verschiedenster geweblicher Abkunft quantitativ zu untersuchen. Die Züchtung gelang dadurch, daß die Zellen auf einer Schicht stark bestrahlter Zellen gleicher Art gehalten wurden, von deren Stoffwechsel- und Zerfallsprodukten sie sich parasitär ernähren. Später fanden sich auch andere geeignete Nährmedien. Die erste so gezüchtete Zellart stammte von einem weiblichen Genitalkarzinom, wurde nach den Initialen der Patientin HeLa genannt, und wird seit Jahrzehnten in vielen Laboratorien der Welt gehalten. Häufig werden mesenchymale und epitheliale Zellen aus verschiedenen Organen der Maus, der Ratte oder des chinesischen Hamsters benutzt. In Suspension vermehren sich die Zellen nach einer gewissen Inkubationszeit (lag-Phase) zunächst nach einer Exponentialfunktion (log-Phase), bis sich die Vermehrung verlangsamt und bei einer kritischen Zellkonzentration stagniert (Abb. 9.6. a). Den Boden von Kulturgefäßen überziehen die Zellen mit einer einzelligen Lage (Abb. 9.6. b). Bei Aussaat in starker Verdünnung bildet sich innerhalb von 8–14 Tagen aus je einer Zelle eine sichtbare Kolonie, so daß, wie in Bakterienkulturen, die Zahl der proliferationsfähigen Zellen durch Auszählung dieser Kolonien bestimmt werden kann (Abb. 9.6. c). Bei guten Versuchsbedingungen bilden sich aus etwa 90% der ausgesäten Zellen Kolonien.

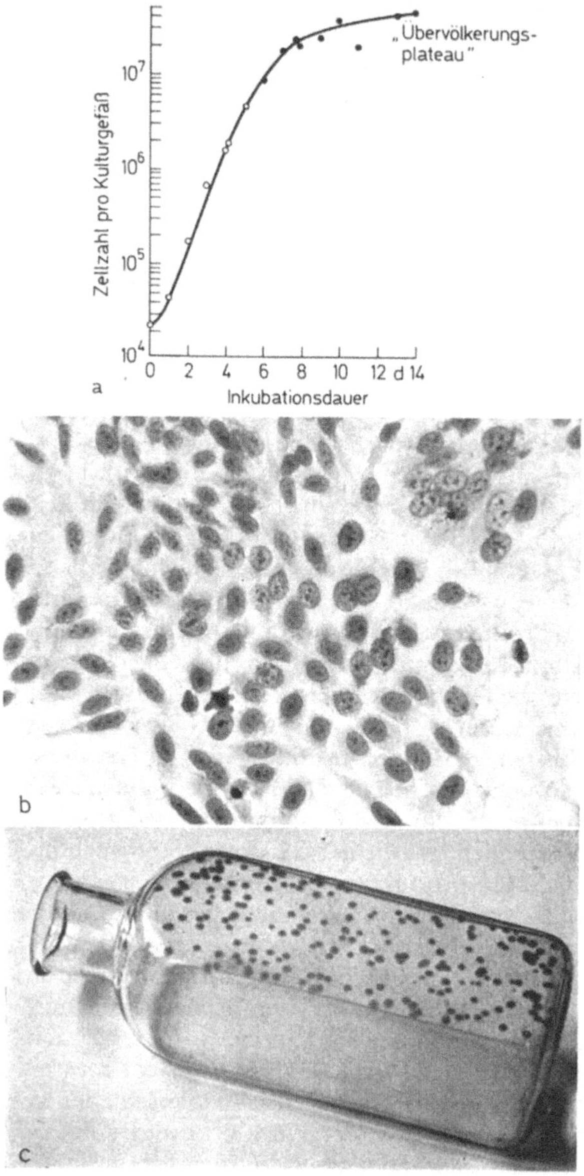

Abb. 9.6. a) Wachstumskurve von gezüchteten Zellen des chinesischen Hamsters in halblogarithmischer Darstellung. Nach einer kurzen Anlaufzeit vermehren sich die Zellen zunächst exponentiell (gerader Teil der Kurve), dann verlangsamt sich wegen „Übervölkerung" der Kultur die Wachstumsrate, und die Kurve strebt einem Plateau zu. b) Einschichtig wachsende HeLa-Zellen. c) Aus jeweils einer ausgesäten Zelle in vierzehn Tagen gewachsene Kolonien von HeLa-Zellen am Boden einer Kulturflasche

Unter Einwirkung chemischer oder physikalischer Agenzien, welche die Proliferationsfähigkeit der Zellen hemmen, nimmt der Anteil der zur Kolonienbildung fähigen Zellen ab. In der Regel werden diejenigen Kolonien gezählt, die mindestens 50 Zellen enthalten. Dabei können sich sehr wohl in den nicht mitgezählten, sogenannten Mikrokolonien noch Zellen befinden, die ihre Proliferationsfähigkeit bewahrt haben. Andererseits tragen die unterschiedlich großen Makrokolonien in recht verschiedenem Maße zum Wachstum der Gesamtpopulation bei. Trotz dieser Einschränkungen hat die Anwendung der Methode zu wichtigen Schlußfolgerungen über die Zellinaktivierung geführt, die, wie auch analoge in vivo-Experimente (s. 9.3.2.) bestätigen, auf die zellulären Strahlenreaktionen im lebenden Organismus anwendbar sind.

Die Methode erlaubt es, noch das Überleben von einer unter 100000 Zellen relativ genau zu erfassen. Die Säugetierzytologie hat damit eine Präzision erreicht, wie sie bisher nur in der Mikrobiologie gegeben war. Unsere Kenntnisse der zellulären Strahlenwirkungen, die in den vorhergegangenen Jahrzehnten aus Untersuchungen von Viren, Bakterien, Einzellern, sowie Zellen höherer Pflanzen, gewonnen worden waren, wurden durch die Verwendung isolierter Säugetierzellen beträchtlich erweitert. Besser als von diesen Objekten lassen sich aus der Beobachtung der Säugetierzellen in vitro Schlüsse auf das Verhalten menschlicher Zellen auch in vivo ziehen.

9.3.1.2. Dosiswirkungsbeziehung der Zellinaktivierung

Alle bisher untersuchten teilungsfähigen Zellen der verschiedenen normalen und malignen Gewebe von Säugetieren einschließlich des Menschen reagieren in Kultur erstaunlich einheitlich auf ionisierende Strahlen. Die Anzahl der koloniebildenden „überlebenden" Zellen nimmt mit der Strahlendosis ab. Bei Einwirkung locker ionisierender Strahlen, also z. B. Röntgen- oder γ-Strahlen, ergeben sich sigmoide Dosiswirkungskurven (Abb. 9.7. a). Halblogarithmisch aufgetragen (Abb. 9.7. b) stellen sie sich als sogenannte „Schulterkurven" dar, deren Beschreibung und Interpretation im Kapitel 2. vorweggenommen wurde. Mit relativ geringen Variationen verlaufen diese Kurven bei den meisten Zellen unter identischen Versuchsbedingungen, gemäß den Kurven der Abb. 9.7.

Sie beginnen also nicht horizontal, sondern schon im kleinen Dosisbereich mit einer endlichen Neigung. Diese Neigung nimmt zunächst be-

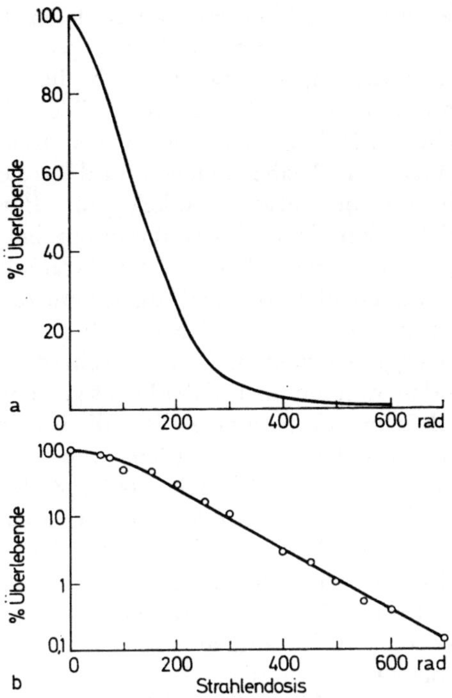

Abb. 9.7. Überlebenskurven von HeLa-Zellen nach Bestrahlung in vitro in Abhängigkeit von der Dosis a) in linearem Maßstab, b) in halblogarithmischem Maßstab. (Nach Puck u. Marcus, B. 92.)

trächtlich, nach einer Dosis um 500 rad aber nur noch geringfügig zu, oder die Kurve geht in eine Gerade über (Kurve b 2 der Abb. 2.6. und Kurve in Abb. 2.5. b). Auch die üblichen Bestimmungsgrößen solcher Dosiswirkungskurven bei den verschiedenen Zelltypen haben recht eng beieinanderliegende Werte.

Die D_0 (Definition s. in 2.3.3.) liegt bei den meisten getesteten Zellen zwischen 100 und 200 rad, in der Mehrzahl der Fälle um 150 rad, die Extrapolationszahl n meist zwischen 2 und 3. Die mittlere Inaktivierungsdosis $\bar{D}$ liegt um 200 rad und die relative Varianz um 2,5.

Es verdient, darauf hingewiesen zu werden, daß auch alkylierende Zytostatika, wenn ihre Wirkung mit der gleichen Methode getestet wird, zu ähnlichen Schulterkurven der Zellinaktivierung führen, so daß sich, z. B. gemessen an der D_0, Dosisäquivalente dieser „Radiomimetika" ermitteln lassen. (Gelegentlich werden aber, wie bei Einwirkung von Thio-TEPA (Triäthylenthiophosphamid), Kurven mit horizontalem Beginn beobachtet, d. h. daß dieses Agens erst von einem gewissen Grenzbereich der Dosis ab zu meßbaren Zellinaktivierungen führt. Andere Agenzien, wie z. B. Stickstoff-Lost, weisen nicht selten eine exponentielle Dosiswirkungsbeziehung auf.) Bei jedem Versuch, die Mechanismen der Strahlenwirkung aufgrund der Dosiswirkungsbeziehungen zu interpretieren, hat man diese Tatsache zu berücksichtigen, um voreilige Erklärungen zu vermeiden, die sich auf spezifische Wirkungsmechanismen eines Agens, wie der ionisierenden Strahlen, beziehen, nicht aber anwendbar sind auf andere Agenzien mit gleichartigen Dosiswirkungsbeziehungen.

Wir wollen bei allen folgenden Ausführungen beachten, daß die gleichartige Sensibilität der verschiedenen Zelltypen immer dann gegeben ist, wenn sich die Zellen in permanenter Proliferation befinden. Damit ist noch nichts darüber ausgesagt, wie sich die gleichen Zellen in einem Zustand der Zellruhe oder gar der Differenzierung im lebenden Organismus verhalten.

9.3.1.3. Abhängigkeit der Wirkung von der Strahlenqualität

Wie die meisten Organismen reagieren auch Säugetierzellen umso stärker auf ionisierende Strahlen, je größer deren mittlerer LET (s. 1.5.10.1.) ist. Die Dosiswirkungskurven der Zellinaktivierung, wie wir sie im vorhergehenden Abschnitt für die Einwirkung von Röntgen- oder γ-Strahlen beschrieben haben, werden mit steigendem LET im ganzen steiler, und ihre Form ändert sich, indem die Schulter immer

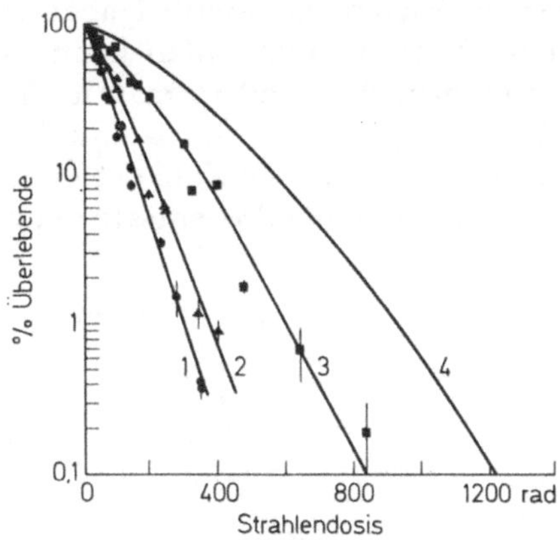

Abb. 9.8. Dosiswirkungskurven menschlicher Nierenzellen bei Bestrahlung in vitro mit α-Teilchen verschiedener Energie (bzw. unterschiedlichem LET) und nach Röntgenbestrahlung. 1–3: α-Teilchen mit einem LET von 85, 60,8 und 24,6 keV/μm. 4: Röntgenstrahlen (Barendsen, A. 39.)

kleiner wird, bis sie bei Strahlung mit LET-Werten zwischen 60 und 100 keV/μm Weglänge völlig verschwindet, so daß rein exponentielle – in halblogarithmischer Darstellung als Gerade verlaufende – Kurven entstehen (Abb. 9.8.). Entsprechend diesem Übergang von Schulterkurven zu Exponentialkurven verringern sich die Extrapolationszahl und die relative Steilheit (s. S. 42) von Werten, die bei Röntgenbestrahlung zwischen 2 und 3 liegen, auf 1. Die Neigung der Geraden, in die viele Schulterkurven übergehen, ist wesentlich flacher als die der Geraden nach Einwirkung dicht ionisierender Strahlen, d. h. die D_0 der Schulterkurven ist größer als die D_{37} der Exponentialfunktion bei Einwirkung dicht ionisierender Strahlen. So hat die exponentielle Dosiswirkungskurve, wie sie bei Bestrahlung mit den 5,3-MeV-α-Teilchen des ^{210}Po beobachtet wird, eine D_{37} von 65 rad gegenüber einer D_0 von ca. 180 rad bei 250 kV Röntgenstrahlen. Gemessen an diesen Größen liegt also die RBW bei ca. 3. Diese generelle Abhängigkeit der Form von Dosiswirkungskurven vom LET gilt im Prinzip für alle Photonen- und Teilchenstrahlen.

Aus den unterschiedlichen Kurvenformen für Strahlenarten mit verschiedenem LET läßt sich ablesen, daß die relative biologische Wirksamkeit keine konstante Größe ist, sondern sich mit dem Grad des beobachteten Effektes ändert, und zwar deswegen, weil die Wirksamkeit einer sehr dicht ionisierenden Strahlung bzw. die Reaktivität der Zellen gegenüber dieser Strahlung über den ganzen Dosisbereich hinweg konstant ist, bei locker ionisierenden Strahlen aber mit zunehmender Dosis zunimmt. Man kann sich das leicht veranschaulichen, indem man in Abb. 9.8. graphisch diejenigen Dosen der α- und der Röntgenstrahlung abliest, die die Zahl der Überlebenden auf einen bestimmten Prozentsatz reduzieren.

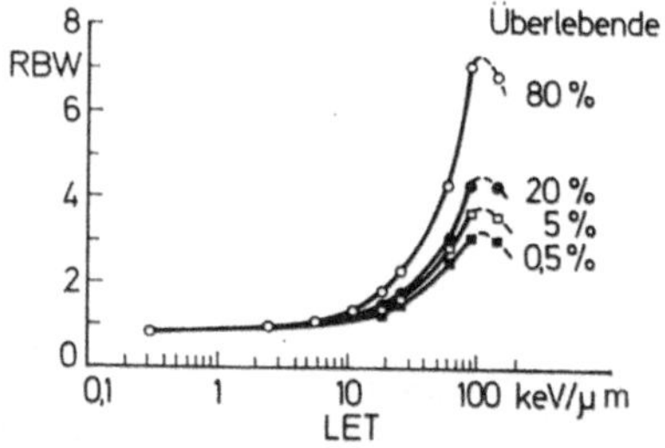

Abb. 9.9. Die Abhängigkeit der relativen biologischen Wirksamkeit vom LET für verschiedene Dosis- bzw. Wirkungsbereiche. (Barendsen, A. 39.)

Bestimmt man in dieser Weise die Abhängigkeit der RBW vom LET für verschiedene Überlebensraten, so ergeben sich die Kurvenscharen der Abb. 9.9. Der RBW-Wert beginnt zwischen LET-Werten von 5 bis 10 keV/μm merklich von 1 abzuweichen und erreicht ein Maximum bei etwa 100 keV/μm. Bei 80% Überlebenden liegt dieses Maximum bei 7, für 0,5% Überlebende bei 3. Bei Strahlung mit LET-Werten über 100 keV/μm nimmt die RBW wieder ab. Offenbar handelt es sich hier um eine Art Sättigungseffekt, indem bei sehr dicht ionisierenden Strahlen ein Teil der Dosis verschwendet wird. Für proliferierende Zellen, die im lebenden Organismus bestrahlt wurden, wie Knochenmarksstammzellen, Ehrlich-Aszites-Zellen und andere Tumorzellen, für die Methoden zu einem quantitativen Test entwickelt wurden, gelten im Prinzip – wenn auch mit gewissen Abweichungen – die gleichen Abhängigkeiten der relativen biologischen Wirksamkeit vom LET, wie sie in vitro beobachtet werden.

Die unterschiedliche Wirksamkeit verschieden dicht ionisierender Strahlen äußert sich jedoch keineswegs ausschließlich in den beschriebenen Dosiswirkungsbeziehungen.

Wie wir im folgenden sehen werden, spielt bei dicht ionisierenden Strahlen die Fähigkeit der Zellen, sich von einem subletalen Schaden zu erholen, kaum eine Rolle. Eng damit verbunden ist die Tatsache, daß sich bei Fraktionierung oder Protrahierung die Wirksamkeit einer Dosis dicht ionisierender Strahlen nur unwesentlich oder gar nicht ändert, im Gegensatz zu dem ausgeprägten Zeitfaktor bei Einwirkung locker ionisierender Strahlen. Außerdem ist die zelluläre Strahlenwirkung bei dicht ionisierenden Strahlen wesentlich weniger abhängig von der Sauerstoffspannung und anderen Milieufaktoren, die bei locker ionisierenden Strahlen von Bedeutung sind.

9.3.1.4. Intrazelluläre Erholungsvorgänge

Die typischen Schulterkurven, wie sie bei einer kurzfristigen Einwirkung locker ionisierender Strahlen in vitro und in vivo beobachtet werden, lassen sich durch die Annahme interpretieren, daß die Zellen, die eine gegebene Dosis überlebt haben, einen „subletalen Strahlenschaden" erlitten haben, der sich mit der Dosis akkumuliert. Je größer diese Vorschädigung ist, um so größer wird die „Reaktivität" der Zellpopulation (s. 2.3.2.). Von dieser Vorschädigung können sich die Zellen erholen. Dieses intrazelluläre Erholungsphänomen wird nach *Elkind* benannt, der es durch fraktionierte Bestrahlung aufgedeckt hat. Wird eine Zellpopulation mit einer Erstdosis von etwa 500 rad Röntgen- oder γ-Strahlung bestrahlt, so daß noch etwa 10% der Zellen überleben, und wird nach verschieden langen Intervallen eine zweite Dosis gegeben, so weichen die daraus resultierenden Dosiswirkungskurven mehr und mehr von der Kurve der Einzeitbestrahlung ab (Abb. 9.10.). Nur bei sehr kurzen Intervallen

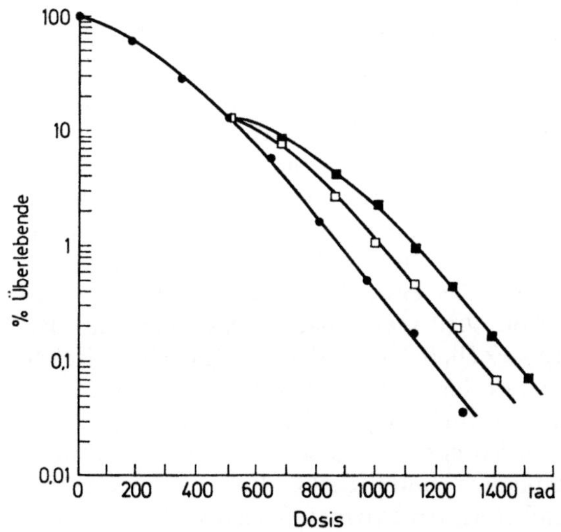

Abb. 9.10. Die Dosiswirkungskurven chinesischer Hamsterzellen bei einzeitiger und fraktionierter Bestrahlung. Die fraktionierte Bestrahlung besteht aus einer ersten Dosis von 500 rad und verschiedenen Zweitdosen nach einem Intervall von 2,5 (mittlere Kurve) bzw. 23 Std. (rechte Kurve) (Elkind u. Sutton, B. 30.)

wirken die beiden Dosen wie eine Einzeitbestrahlung gleicher Höhe: die Dosiswirkungskurve setzt sich gradlinig fort. Aber schon bei 30 min Bestrahlungspause hebt sich die Kurve der Zweitbestrahlung durch eine kleine Schulter von der Geraden ab, und diese Schulter prägt sich mit zunehmendem Intervall immer stärker aus. Nach 12–18 Std. ist die Schulter so ausgeprägt wie bei einer unbestrahlten Population. Die Überlebenden der Erstdosis haben sich also in der Bestrahlungspause völlig vom subletalen Strahlenschaden der Erstdosis erholt. Dieser Vorgang wiederholt sich bei mehrfacher Anwendung gleich hoher Dosen immer wieder, so daß insgesamt eine flacher verlaufende Dosiswirkungskurve entsteht.

Unterteilt man eine Dosis in kleinere Einzeldosen, so ist der Fraktionierungseffekt noch ausgeprägter.

Wie sich die relative Wirksamkeit einer Zweitdosis mit der Länge der Bestrahlungspause ändert, veranschaulicht Abb. 9.11. Die relative Überlebenswahrscheinlichkeit der Zellen nimmt mit der Länge des Intervalls steil zu und erreicht bereits nach 1–2 Std. ein erstes Maximum. Es folgt dann eine Welle wiederum verringerter Überlebenswahrscheinlichkeit mit einem Tief nach 4–6 Std. und danach steigt die Überlebensrate wieder an. Etwa 12–18 Std. nach der Erstbestrahlung haben sich die Überlebenden so erholt, daß ihre Empfindlichkeit der unbestrahlter Zellen entspricht. Dieses Erholungsphänomen

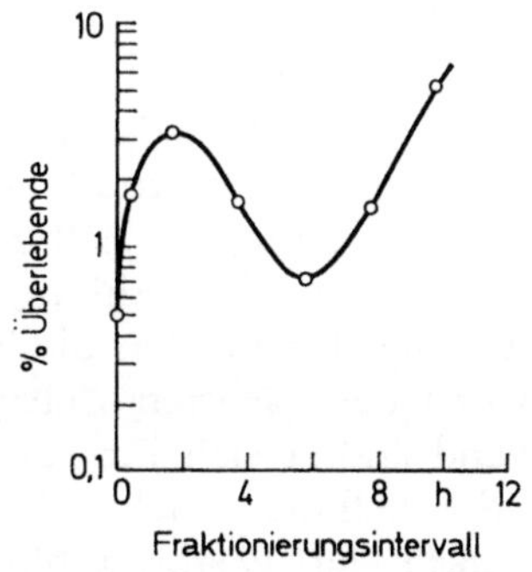

Abb. 9.11. Die Abhängigkeit der Überlebensrate chinesischer Hamsterzellen nach fraktionierter Bestrahlung (747 rad + 804 rad) von der Länge des bestrahlungsfreien Intervalls. (Elkind u. Sutton, B. 30.)

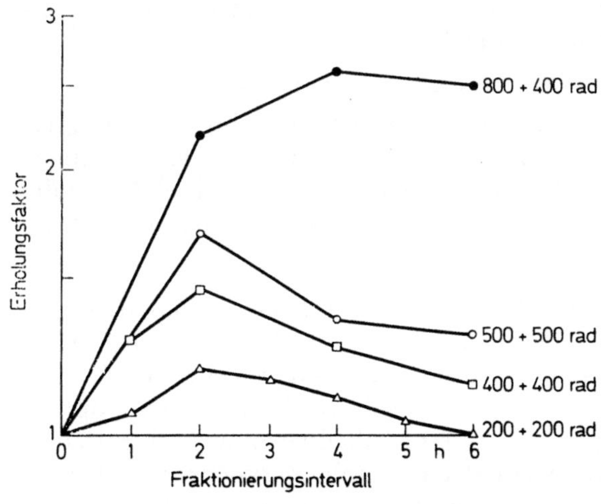

Abb. 9.12. Die Abhängigkeit des Erholungsfaktors (d. h. des Quotienten der Überlebensraten bei fraktionierter und einzeitiger Bestrahlung) vom Fraktionierungsintervall bei unterschiedlicher Höhe der Einzeldosen. (Berry, B. 11.)

ist bei allen Säugetierzellen, die in vitro bestrahlt wurden, im Prinzip ähnlich, und wurde auch bei fraktionierter Bestrahlung proliferierender Zellen von normalen Geweben und Tumoren in vivo beobachtet, so an den Keimzellen der Epidermis, an Dünndarmepithelien, Knochenmarkszellen und bei verschiedenen Tiertumoren. Gewisse Unterschiede der Erholungsfähigkeit und der Formen der Erholungskurven dürften zum Teil durch den Zelltyp, zum Teil durch physiologische Bedingungen während und nach der Bestrahlung erklärbar sein. Die Erholung steigt umso steiler, und der Erholungseffekt ist umso größer, je größer die Einzeldosis ist (Abb. 9.12.).

Bestrahlung hemmt, wie in 9.2.2. beschrieben, zeitweilig den Mitosezyklus, und zwar je nach der Teilungsphase, in der sich die Zelle z. Z. der Bestrahlung befindet, in recht unterschiedlicher Weise. Da die Zellen in bestimmten Zyklusphasen eine starke, in anderen eine geringe oder keine Mitoseverzögerung erleiden, kommt es durch die Vorbestrahlung zu einer partiellen Synchronisierung der Zellproliferation. Nach der durch die Vorbestrahlung hervorgerufenen Arretierung durchlaufen die Zellen synchron die Phasen des nächsten Zellzyklus, und dementsprechend ändert sich ihre Strahlenempfindlichkeit. So befinden sich Hamsterzellen ca. 4–6 Std. nach der Erstbestrahlung in der besonders empfindlichen G_2-Phase, und das erklärt die Senke in der Erholungskurve (Abb. 9.11.).

Der periodische Wechsel der Strahlenempfindlichkeit nach einer Vorbestrahlung, wie er in Abb. 9.11. dargestellt ist, beruht also auf 2 Vorgängen, nämlich

1) der intrazellulären Erholung und
2) der durch die Erstbestrahlung bedingten Störung des Zellzyklus und dem anschließenden phasenförmigen Wechsel der Strahlenempfindlichkeit infolge partieller Synchronisation.

Bei Elimination des 2. Faktors zeigt sich, daß der reine intrazelluläre Erholungsvorgang selbst annähernd exponentiell und mit einer Halbwertzeit von ca. 1 1/2 Std. verläuft. Bei Zellpopulationen, die mit physikalischen und chemischen Mitteln vor der Bestrahlung synchronisiert werden, kann man ferner feststellen, daß die Erholungsfähigkeit abhängig ist von der Zyklusphase, in der bestrahlt wird. Besonders gut ist die Erholung, wenn die Bestrahlung gegen Ende der DNA-Synthese (S-Phase) erfolgt. Bei Bestrahlung in der späten G_1-, der frühen S- und der G_2-Phase ist die Erholungsfähigkeit der Zelle geringer.

Bei Einwirkung dicht ionisierender Strahlen, bei denen sich exponentielle Dosiswirkungskurven ergeben, spielen intrazelluläre Erholungsvorgänge der beschriebenen Art keine oder eine vernachlässigbar kleine Rolle; die Wirkung einer fraktionierten Bestrahlung ist dann nahezu identisch mit der einer Einzeitbestrahlung gleicher Dosis. Strahlen mittleren LET-Bereichs führen entsprechend der Abnahme der Schulter auch zu einer entsprechenden Abnahme der Erholungsfähigkeit.

Die biochemische Deutung des Elkindschen Erholungsphänomens steht noch aus. Bisher ergeben sich nur aus Experimenten mit Variationen der Versuchsbedingungen gewisse Hinweise auf die Richtung, in der die Erklärung zu suchen ist. Eine Herabsetzung der Inkubationstemperatur von 37° auf 20° verzögert den Erholungsvorgang bei manchen Zellen, z. B. HeLa-Zellen, erheblich. Das erste Maximum wird statt nach 2 (s. Abb. 9.12.) erst nach 8 Std. erreicht. Bei anderen Zellen, wie denen des chinesischen Hamsters oder einer Leukämiezelle der Maus, ist die temperaturbedingte Hemmung geringer. Erst im eingefrorenen Zustand wird der Erholungsmechanismus unterdrückt. Die Hemmung der energieliefernden Prozesse – also z. B. der oxidativen Phosphorylierung durch Dinitrophenol – hemmt die Erholung nicht, sondern fördert sie eher. Auch in reinen Salzlösungen ohne Nährstoffe läuft die Erholung ab. Die Blockierung des Proteinstoffwechsels, z. B. durch Cycloheximid oder Puromycin, oder die Hemmung der DNA-Synthese durch Fluoruracil sind wirkungslos. Nur Actinomycin D, das die Bildung der Boten-RNA hemmt, blockiert die Erholung, andere, die RNA-Synthese hemmende Stoffe tun dies nicht.

9.3.1.5. Die Rolle der Erholung für den Zeitfaktor der zellulären Strahlenwirkung

Die intrazelluläre, meist in 12 Std., spätestens in 24 Std. abgeschlossene Erholung von einem Strahlenschaden muß weittragende Bedeutung haben, sowohl für die Strahlentherapie als auch für die Entwicklung von Strahlenschäden unter

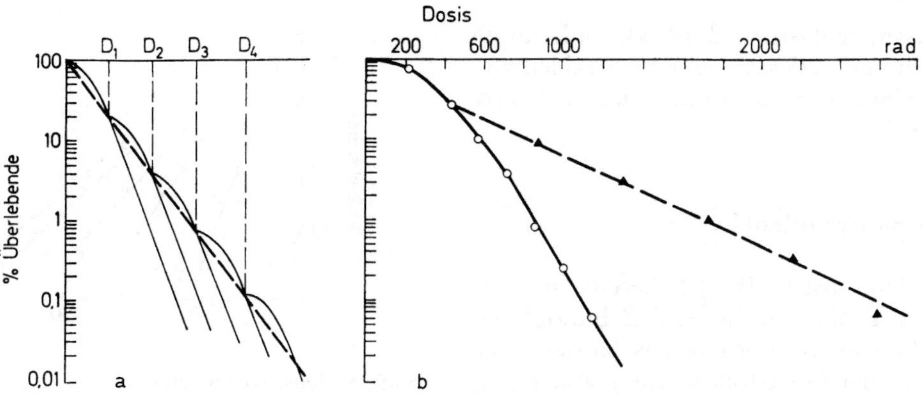

Abb. 9.13. a) Schema der wiederholten Restitution der Schulter bei mehrfach fraktionierter Bestrahlung mit der Einzeldosis D. b) Die Überlebensraten chinesischer Hamsterzellen nach einmaliger Bestrahlung (Kreise) sowie nach mehrmaliger Bestrahlung mit 433 rad bei Bestrahlungsintervallen von je 23 h. (Nach Elkind u. Sutton, B. 30.)

wiederholter oder protrahierter Bestrahlung. Die Behandlungspläne der Strahlentherapie sehen im allgemeinen Fraktionierungen mit Intervallen von 24 Std. und mehr vor. In diesen Zeiten sind die intrazellulären Erholungsvorgänge jeweils voll abgelaufen. Die Wirkung einer fraktionierten Dosis wird schon aufgrund dieser Mechanismen – andere sind noch zu besprechen – geringer sein als die einer Einzeitdosis gleicher Höhe, und zwar um so geringer, je kleiner die Höhe der Einzeldosis ist. Wiederholte Dosen mit 24 Std.-Intervallen ergeben Dosiswirkungskurven wie in Abb. 9.13. Aus b ergibt sich, daß bei der Aufteilung einer Dosis von ca. 2800 rad in 6 Fraktionen die Überlebensrate mehr als 10000mal größer ist als bei einer Einzeitbestrahlung. Obwohl wir auch mit anderen Restitutions-, Reparations- und Regenerationsprozessen einerseits auf der molekularen und andererseits auf der geweblichen Ebene zu rechnen haben, kann allein schon die Elkind-Erholung die klinischen Erfahrungen über den Zeitfaktor der Strahlenwirkung auf normale und maligne Gewebe bis zu einem gewissen Grad erklären. Geht man davon aus, daß auch schon während einer stark protrahierten Bestrahlung die Erholungsprozesse ablaufen, so lassen sich unter Berücksichtigung der Erholungskonstanten Dosiswirkungskurven von Langzeitbestrahlungen mit verschiedenen Dosisleistungen errechnen (Abb. 9.14.). Mit Abnahme der mittleren Dosisleistung und entsprechender Verlängerung der Bestrahlungsdauer verflachen sich die Dosiswirkungskurven. Es bleibt jedoch, auch wenn die Dosisleistung extrem klein wird, eine irreversible Komponente der Strahlenwirkung zurück, die sich in einer flachen exponentiellen Kurve äußert. Ihre Neigung entspricht der Anfangsneigung der Schulterkurven. Somit ist, auch wenn durch die intrazelluläre Erholung alle reversiblen Strahlenwirkungen völlig ausgeschaltet werden, mit einem Restschaden zu rechnen. Möglicherweise wird bei einer Dosisleistung von 1 rad pro Stunde nur noch die irreversible Komponente zur Wirkung kommen. Die experimentellen Belege dieser Vorstellungen über die verminderte Wirkung sehr kleiner Dosisleistungen sind allerdings noch spärlich.

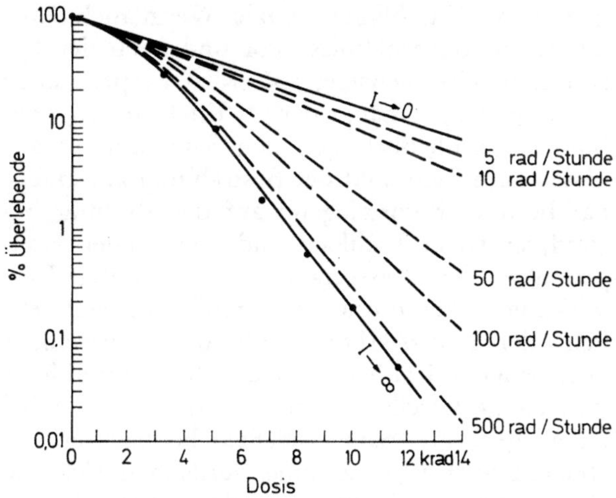

Abb. 9.14. Berechnete Dosiswirkungskurven für Säugetierzellen unter Bestrahlung mit niedriger Dosisleistung. Die unterste Kurve ist die von Elkind experimentell bestimmte Dosiswirkungskurve von chinesischen Hamsterzellen, die punktierten Kurven sind berechnet unter der Annahme, daß sich unter der Bestrahlung die Zellen mit einer Halbwertszeit von 3 Std. vom subletalen Strahlenschaden erholen. Die oberste Kurve ergibt sich, wenn die Dosisleistung so klein ist, daß sich die Erholungsvorgänge voll auswirken

Eine Zusammenfassung des Fraktionierungs- und Protrahierungseffekts bei der Strahlenwirkung auf Säugetierzellen findet sich bei Fox u. Nias (B. 34.).

9.3.1.6. Der Sauerstoffeffekt

Seitdem H. Holthusen (B. 51.) bereits in den 20iger Jahren beobachtet hatte, daß biologische Strahlenwirkungen vom Stoffwechselzustand der Zellen und von der Sauerstoffspannung abhängen, konnte an zahlreichen Objekten bestätigt werden, daß die Wirksamkeit ionisierender Strahlen entscheidend durch den Sauerstoffgehalt beeinflußt wird. Insbesondere L. H. Gray und seine Schule (B. 40.) haben den Sauerstoffeffekt aufs sorgfältigste studiert, einerseits um Aufschlüsse über den Wirkungsmechanismus ionisierender Strahlen zu gewinnen, andererseits wegen seiner Bedeutung für die Strahlentherapie. Ob es sich um die Inaktivierung von Bakterien, pflanzlichen und tierischen Zellen, um die Erzeugung von Chromosomenaberrationen oder komplexere Reaktionen höherer Organismen, wie den akuten Strahlentod oder die Regression von Geschwülsten handelt, stets zeigt es sich, daß die Wirksamkeit locker ionisierender Strahlen bei guter Sauerstoffversorgung zwei bis dreimal so groß ist wie in völliger Anoxie. Wenn auch dabei die Sauerstoffverhältnisse vor und nach der Bestrahlung eine gewisse, später zu besprechende Rolle spielen, so hängt der O_2-Effekt im engeren Sinne ausschließlich von den Sauerstoffverhältnissen zum Zeitpunkt der Bestrahlung ab. Offenbar beruht er vorwiegend auf der Bildung besonderer freier Radikale und chemischer Endprodukte der Wasserradiolyse, die unter Einwirkung locker ionisierender Strahlen ausschließlich oder in verstärktem Maße bei Anwesenheit von Sauerstoff auftreten. Auch bei Bestrahlung von Säugetierzellen in vitro und in vivo wird ein ausgeprägter Sauerstoffeffekt beobachtet. Bei abnehmender O_2-Spannung verflachen sich die Dosiswirkungskurven wie das Beispiel der Abb. 9.15. zeigt. Nimmt man als Maß für den O_2-Effekt die Neigung des geraden Teils der Dosiswirkungskurven bzw. die entsprechende D_0, so liegen die Werte für den maximal erreichbaren Sauerstoffverstärkungseffekt der verschiedenen Zelltypen in der Regel zwischen 2 und 3, wobei ein Wert von 2,5 selten überschritten wird. Die Extrapolationszahl bzw. die relative

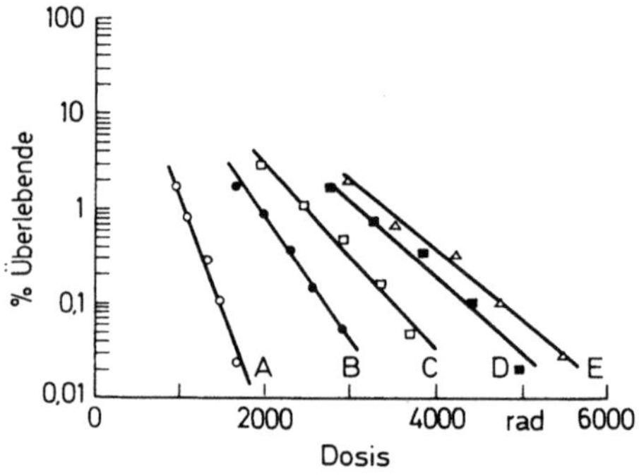

Abb. 9.15. Dosiswirkungskurven chinesischer Hamsterzellen nach Bestrahlung A: in Luft und bei verschiedenen Sauerstoffpartialdrücken B: 1,65 mm Hg; C: 0,26 mm Hg; D: 0,075 mm Hg; E: 0,0075 mm Hg. (Elkind u. Mitarb., B. 31)

Varianz der Kurven ändert sich in dem vorliegenden Beispiel wenig. Gelegentlich wird jedoch beobachtet, daß sich mit abnehmender O_2-Spannung auch die Schulter der Dosiswirkungskurven verkleinert, und in Anoxie rein exponentiell verlaufende Dosiswirkungskurven entstehen. Wenn sich aber nicht nur die Steilheit der Kurven, sondern auch die Kurvenform ändert, dann bedeutet das, daß der O_2-Effekt nicht über den gesamten Dosisbereich hinweg konstant ist. Er muß – wie sich aus den Kurven nach euoxischer und anoxischer Bestrahlung ablesen läßt – im kleinen Dosisbereich geringer sein als bei hohen Dosen. Praktisch macht er sich erst bei Dosen über 100 bis 200 rad bemerkbar.

Trägt man die Wirksamkeit einer gegebenen Dosis gegen die O_2-Konzentration auf, so erhält man bei Säugetierzellen Kurven, wie sie bereits von anderen Objekten her bekannt sind. In Abb. 9.16. ist die relative Wirksamkeit in Anoxie gleich 1 gesetzt. Mit zunehmendem O_2-Gehalt

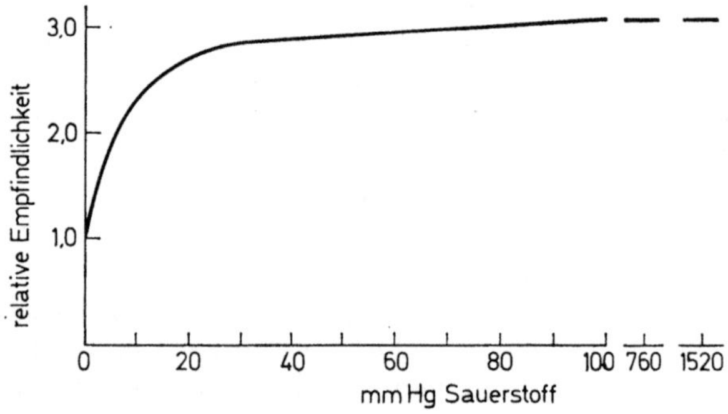

Abb. 9.16. Die Abhängigkeit des Strahleneffektes vom Sauerstoffpartialdruck

steigt die Wirksamkeit zunächst steil an und erreicht schon bei der O_2-Spannung des venösen Blutes einen Wert von über 2, während eine weitere Erhöhung der Sauerstoffspannung bis auf 100% die Empfindlichkeit nur noch wenig erhöht.

Mit zunehmendem LET der verwendeten Strahlen nimmt der O_2-Faktor ab und nähert sich bei sehr dicht ionisierenden Strahlen dem Wert 1. Wir haben in Abschn. 5.4. bereits darauf hingewiesen, daß dies vor allem darauf beruht, daß es bei hohem LET infolge starker Wechselwirkung der innerhalb der Bahnspur gebildeten freien Radikale auch ohne Anwesenheit von Sauerstoff zu einer relativ hohen örtlichen Konzentration oxidierender Radikale und Moleküle, wie H_2O_2, kommt.

Die unter Hypoxie bzw. Anoxie beobachteten Dosiswirkungskurven sind wesentlich weniger durch die Art der zeitlichen Dosisverteilung beeinflußbar als die unter guter Sauerstoffversorgung gewonnenen Kurven.

Bei HeLa-Zellen erhöht sich die D_0 unter Hypoxie bei Verringerung der Dosisleistung von ca. 100 rad/min auf 0,5 rad/min von 405 rad auf 435 rad.

Langdauernde Hypoxie verändert den Stoffwechselzustand der Zelle und kann damit, z. B. durch Verschiebungen von Redoxsystemen, auch deren Strahlenempfindlichkeit verändern. Vor allem aber hängt die proliferative Aktivität von der O_2-Spannung ab. Mit zunehmender Hypoxie verlangsamt sich der Teilungsrhythmus, vor allem die DNA-Synthese, und bei einem gewissen Grad von Hypoxie kann die Zellteilung reversibel zum Erliegen kommen, ohne daß die Zellen schon nekrobiotisch sind. Während dieses Zustandes ist möglicherweise nicht nur wegen des klassischen Sauerstoffeffektes die Strahlenresistenz erhöht. Der endgültige Beweis für diese Annahme steht noch aus.

Auch in der Nachbestrahlungsperiode sind Ausbildung des Schadens und Erholungsprozesse von der Sauerstoffkonzentration abhängig. Längerer Aufenthalt in Hypoxie kann – jedenfalls bei manchen Objekten – die Erholungsfähigkeit hemmen. Es ist noch nicht klar, ob der Elkindsche Erholungsprozeß selbst O_2 benötigt. Elkind beobachtete, daß die Erholung selbst bei der minimalen O_2-Spannung von 0,01 µMol/l ungestört verläuft, und schließt daraus, daß sie nicht auf energieliefernden Prozessen beruhen kann.

Bei synchronisierten Zellen des chinesischen Hamsters wurde jedoch unter Anoxie keine Elkind-Erholung beobachtet.

Praktische Schlußfolgerungen für die Strahlentherapie

Die Abhängigkeit der zellulären Strahlenempfindlichkeit von der Sauerstoffspannung hat große strahlentherapeutische Bedeutung. Während normales Gewebe bei gesundem Kreislauf im allgemeinen eine hinreichende Gefäß- und Sauerstoffversorgung hat, ist sie in vielen Geschwülsten pathologisch und unzureichend. Die physiologische Sauerstoffspannung fällt in einem atmenden Gewebe im Abstand von etwa 150 µm von den Gefäßen nahezu auf Null ab (B. 107.). Die gefäßnahen Zonen des Tumorparenchyms sind optimal mit Sauerstoff versorgt. Zwischen ihnen und den nekrotischen Zonen befindet sich eine Zone normaler, aber hypoxischer Zellen. Sie sind allein schon wegen des klassischen Sauerstoffeffektes strahlenresistenter. Der Anteil hypoxischer resistenter Zellen ist für die Kurabilität der Tumoren von entscheidender Bedeutung. Wenn die strahlenempfindlichen Zellen durch relativ kleine Dosen inaktiviert werden, wird der weitere Verlauf der Dosiswirkungskurve praktisch ausschließlich durch die resistenteren Zellen bestimmt. Bei einer Mischpopulation aus euoxischen und anoxischen Zellen biegen somit die Kurven nach oben ab (Abb. 9.17.).

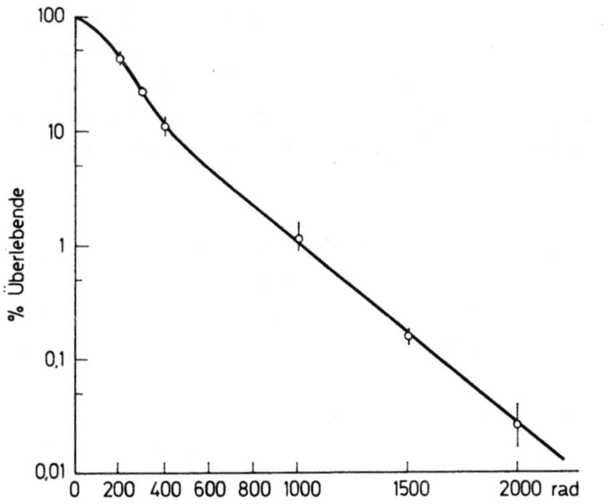

Abb. 9.17. Dosiswirkungskurve bei Bestrahlung einer gemischten Population von 90% euoxischen und 10% hypoxischen HeLa-Zellen. Die Zellen wurden in diesem Falle so gezüchtet, daß sie in Form kugeliger Zellaggregate wuchsen, in deren Zentren die Sauerstoffspannung erniedrigt ist (A. 78.)

Ein Zahlenbeispiel mag die Rolle der Hypoxie für die Tumortherapie veranschaulichen.

Enthält ein Tumor von ca. 1 cm^3 ca. 10^9 Zellen, und ist von diesen 1% anoxisch und um einen Faktor 2,5 resistenter, so wird für eine Ausschaltung des Tumors in 90% der Fälle eine Dosis von ca. 6000 rad benötigt, statt einer Dosis von ca. 3200 rad bei voller Euoxie. Darüber hinaus aber wird ein Sauerstoffeffekt zweiter Art eine Rolle spielen, denn die nicht proliferierenden, zum Teil differenzierten und in Teilungsruhe befindlichen Zellen des Tumors können eine höhere Strahlenresistenz haben als die proliferierenden. Nach Inaktivierung der proliferierenden Zellen und deren Abräumung können aber die ruhenden Zellen wegen besserer Versorgung mit Sauerstoff und anderen Substanzen ihre Proliferationsfähigkeit wiedergewinnen. Die nach einem Bestrahlungsinsult einsetzende Reoxygenierung (Thomlinson, B. 107.) mit gleichzeitiger Erhöhung der Strahlenempfindlichkeit ist ein Vorgang, der durch geeignete Fraktionierungsmethodik ausgenutzt werden kann.

Diese Überlegungen haben Anlaß zu verschiedenen Versuchen gegeben, die strahlentherapeutischen Erfolge zu erhöhen. Durch Bestrahlung in Sauerstoffüberdruck von 2–3 atü versucht man die Oxygenierung und damit die Strahlenempfindlichkeit des Tumorgewebes zu erhöhen. Umgekehrt versucht man, die Strahlenempfindlichkeit normaler Gewebe durch Behandlung in Hypoxie herabzusetzen. Schließlich bemüht man sich um den Einsatz dicht ionisierender Strahlen in der Strahlentherapie, z. B. Neutronen, Protonen und auch π-Mesonen, da ihnen gegenüber die anoxischen Zellen annähernd die gleiche Strahlenempfindlichkeit haben wie euoxische.

9.3.1.7. Die chemische Beeinflußbarkeit der Strahlenempfindlichkeit

Die Strahlenwirkung auf Zellen kann durch chemische Agenzien verstärkt oder vermindert werden. Deren Wirkung beruht in der Regel entweder auf einer Modifizierung der Bildung von freien Radikalen oder auf der Beeinflussung von Prozessen, die unter und nach der Bestrahlung die strahleninduzierten Läsionen reparieren.

Die meisten Strahlenschutzstoffe wirken nur, wenn sie zum Zeitpunkt der Bestrahlung intrazellulär vorliegen. Ein typisches Beispiel für solche Strahlenschutzstoffe ist das Cysteamin. Um wirksam zu sein, muß die Substanz erst in die Zelle aufgenommen werden, d. h. die Strahlenschutzwirkung des Cysteamin ist erst einige Minuten nach der Zugabe der Substanz voll ausgeprägt. Dosiseffektkurven von mit Cysteamin vorbehandelten Zellen verlaufen umso flacher, je höher die Konzentration des Cysteamin ist (Abb. 9.18.).

Wahrscheinlich greift das Cysteamin durch Reaktionen mit den strahleninduzierten Radikalen in den Schädigungsprozeß ein, so daß bei gleicher Strahlendosis weniger Radikale zur Reaktion mit den empfindlichen Makromolekülen der Zellen zur Verfügung stehen (s. 5.9.). Ähnlich wie das Cysteamin, aber in der Regel schwächer, wirken viele andere Stoffe, insbesondere solche, die ebenfalls SH-Gruppen besitzen. Cysteamin schützt nicht alle Zellen in gleichem Ausmaß gegenüber einer Bestrahlung. Insbesondere während des Zellzyklus treten große Unterschiede auf, wobei Zellen in strahlenempfindlichen Zyklusstadien weitaus stärker geschützt werden als Zellen in strahlenresistenten Zyklusstadien. Dieser Befund deutet darauf hin, daß die intrazelluläre SH-Konzentration, die während des Zellzyklus große Änderungen durchmacht, für die zyklusspezifischen Unterschiede der Strahlenempfindlichkeit (s. 9. 3.1.8.) mitverantwortlich ist.

Die Möglichkeiten, die zytoletale Strahlenwirkung nach der Bestrahlung durch chemische Agenzien zu verringern, sind sehr begrenzt. Die Zugabe verschiedener Substanzen, die die Zellproliferation nach Bestrahlung zeitweise blockieren, kann die Erholung vom potentiell letalen

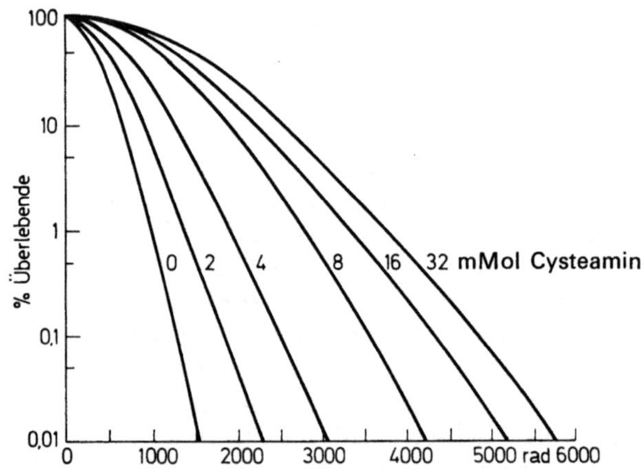

Abb. 9.18. Dosiswirkungskurven menschlicher Nierenzellen in vitro bei Bestrahlung mit Röntgenstrahlen in Nährmedien mit Cysteamin in unterschiedlicher Konzentration. (Vos et al., B. 112.)

Strahlenschaden in gewissem, wenn auch begrenztem Ausmaß, ermöglichen.

Manche Chemikalien können Säugetierzellen gegenüber einer Bestrahlung sensibilisieren zum einen, indem sie physikochemische Prozesse, wie die Radikalbildung, beeinflussen, zum anderen, indem sie unter und nach der Bestrahlung ablaufende Reparationsvorgänge in den Zellen hemmen. Ein typisches Beispiel für den ersteren Mechanismus ist der Sauerstoff, für den anderen das Bromdesoxyuridin (BUdR).

Über den Sauerstoffeffekt ist das wichtigste in 9.3.1.6. gesagt worden. Für den Strahlentherapeuten könnte es von Bedeutung sein, wenn Substanzen gefunden würden, die ähnlich wie Sauerstoff die Zellen sensibilisieren, aber nicht wie Sauerstoff metabolisiert werden, so daß auch in hypoxischen Bereichen (z. B. eines Tumors) noch eine genügende Konzentration des Sensibilisators vorhanden wäre. Verschiedene Substanzen, deren sensibilisierende Wirkung auf ähnlichen Mechanismen wie die des Sauerstoffs beruht und die daher ausschließlich hypoxische Zellen sensibilisieren, sind experimentell und klinisch getestet worden (z. B. Paranitroacetophenon oder N-Äthylmaleimid). Zu dieser Gruppe dürfte das vereinzelt auch klinisch verwendete Vitamin K-Derivat Menadion gehören.

Von verschiedenen Stoffen ist bekannt, daß sie die Reparatur von subletalen und potentiell letalen Strahlenschäden hemmen. Die am besten untersuchte Substanz dieser Art ist das Antibiotikum und Cytostatikum Actinomycin D.

Von besonderem theoretischen und praktischen Interesse ist die Sensibilisierung von Säugetierzellen durch halogenierte Pyrimidine, insbesondere durch BUdR. Es ist in seiner sterischen Konfiguration dem Thymidin ähnlich und wird deshalb wie dieses in die DNA proliferierender Zellen eingebaut. Erst in diesem Zustand entfaltet es seine strahlensensibilisierenden Eigenschaften, wobei die Sensibilisierung umso größer ist, je mehr BUdR in die DNA eingebaut ist. Seine sensibilisierende Wirkung tritt erst langsam nach Zugabe zum Medium (bzw. nach Beginn einer Dauerinfusion) ein und hängt außer von der Konzentration der Substanz im Medium (s. Abb. 9.19.) auch von der Dauer der Einwirkung ab. Erst nach etwa 48stündiger Expositionsdauer (d. h. mehr als 3 Zell-Generationszeiten) in fast toxischen Konzentrationen ist bei schnell wachsenden Zellen in Zellkultur eine maximale Inkorporation und damit Sensibilisierung erreicht. Man kann also mit Bromdesoxyuridin und verwandten Substanzen (u. a. Joddesoxyuridin, Bromdesoxycytidin) spezifisch die proliferierenden Zellen sensibilisieren, ohne daß ruhende Zellen beeinflußt werden. Versuche, proliferierende Tumorzellen menschlicher Geschwülste, insbesondere von Hirntumoren, mit BUdR selektiv zu sensibilisieren, sind z. T. ermutigend verlaufen. Es wird angenommen, daß die sensibilisierende Wirkung des in die DNA-Kette eingebauten BUdR darauf beruht, daß Enzyme, die normalerweise nach der Bestrahlung defekte Stellen im DNA-Strang (z. B. Strangbrüche) reparieren, infolge der veränderten sterischen Verhältnisse nicht angreifen können.

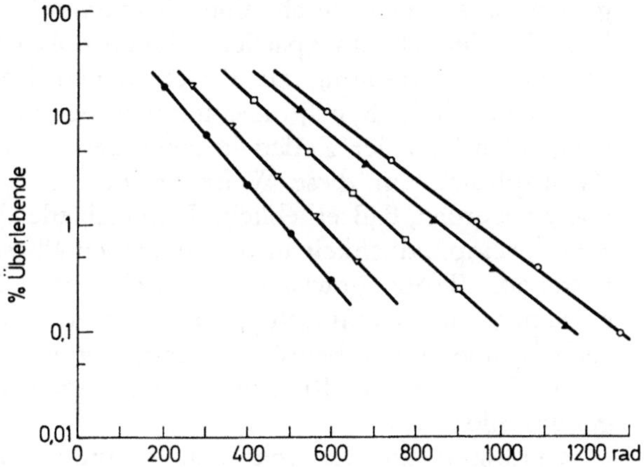

Abb. 9.19. Dosiswirkungskurven chinesischer Hamsterzellen nach sechstätiger Inkubation in Bromdesoxyuridinlösungen verschiedener von links nach rechts abnehmender Konzentration und anschließender Röntgenbestrahlung. (Mohler u. Elkind, B. 76.)

9.3.1.8. Die Abhängigkeit der Strahlenempfindlichkeit vom Zellzyklus

Unter künstlichen Kulturbedingungen sind die Säugetierzellen den regulierenden Einflüssen des Organismus entzogen, die auch ihre Proliferation determinieren. Solange sie sich in der logarithmischen Wachstumsphase befinden, durchlaufen sie in kontinuierlicher Aufeinanderfolge den Generationszyklus mit einer jeweils charakteristischen mittleren Dauer, die zwischen 10 und 24 Std. liegt. Infolge beträchtlicher Streuung der Zyklusdauer um diesen Mittelwert verläuft die Zellteilung einer Population, selbst wenn sie von einer einzigen Zelle ausgeht, asynchron. Mit verschiedenen physikalischen und chemischen Eingriffen, u. a. auch durch eine Vorbestrahlung, läßt sich jedoch eine partielle Synchronisation erreichen. Bestrahlung zu verschiedenen Zeitpunkten nach der Synchronisation trifft den überwiegenden Teil der Zellen in einer bestimmten Zyklusphase. Auf diese Weise konnte nachgewiesen werden, daß erhebliche Unterschiede der Strahlenempfindlichkeit in den einzelnen Phasen bestehen. Trotz gewisser Abweichungen im einzelnen, die teils im Zelltyp, teils in den Untersuchungsmethoden begründet sind, ergibt sich nach W. Sinclair (B. 103.) in großen Zügen folgendes Bild:

Gemessen an der mittleren Neigung der halblogarithmischen Dosiswirkungskurven für die Zellinaktivierung (Abb. 9.20.) ist die empfindlichste Phase die mikroskopisch sichtbare Mitose und häufig die G_2-Phase. Dann folgen mit abnehmender Strahlenempfindlichkeit die G_1-Phase und die S-Phase. Während des Ablaufs von G_1 scheinen aber wiederum Fluktuationen der Strahlenempfindlichkeit aufzutreten, die sich um so deutlicher bemerkbar machen, je länger die G_1-Phase physiologischerweise bei den verschiedenen Zelltypen ist oder je mehr sie künstlich verlängert wird. Eine anfangs resistente Periode kann gegen Ende von G_1, d. h. vor Beginn der DNA-Synthese in eine besonders empfindliche Periode übergehen. Während der DNA-Synthese nimmt die Strahlenresistenz zu und kann sogar gegen deren Ende den höchsten Wert innerhalb des Zellzyklus überhaupt erreichen. Die G_2-Phase ist bei den meisten Zellarten strahlenempfindlicher als die S-Phase und erreicht mitunter zeitweilig die Empfindlichkeit der Mitosephase.

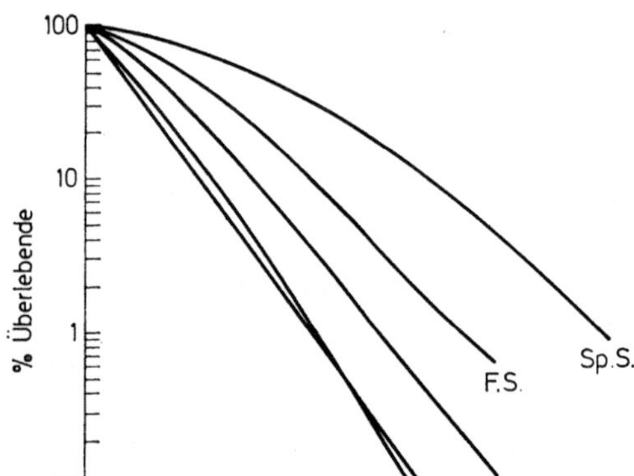

Abb. 9.20. Dosiswirkungskurven synchronisierter Zellen des chinesischen Hamsters bei Bestrahlung in verschiedenen Zellzyklusphasen. M: Mitosephase, G_1: G_1-Phase; F.S.: frühe S-Phase; Sp. S.: späte S-Phase; G_2-Phase. (Sinclair, B. 103.)

Von besonderem Interesse ist es, daß sich nicht nur die mittlere Neigung der Dosiswirkungskurven, sondern auch die Kurvenform zyklusabhängig verändert. Bei Bestrahlung in der Mitose ergibt sich oft annähernd eine Exponentialfunktion, bei den anderen Phasen bildet sich in dem Maße, in dem sich die Kurven verflachen, auch mehr und mehr eine Schulter aus. In Analogie zu anderen bereits besprochenen Fällen, wo die Änderung eines Parameters, z. B. dem LET oder der O_2-Spannung, zur Änderung der Kurvenform führte, sind also die Unterschiede der Strahlenempfindlichkeit zwischen verschiedenen Zyklusphasen dosisabhängig; sie sind im kleinen Dosisbereich größer als bei hohen Dosen. Im Mittel aber unterscheidet sich die resistenteste und die sensibelste Phase um nicht mehr als den Faktor 2,5. Die Ursachen für die phasenabhängigen Unterschiede der Strahlenempfindlichkeit sind noch weitgehend ungeklärt.

Ohne ins Spekulative gehen zu wollen, läßt sich aber aus den ausgeprägten Unterschieden der Kurvenformen – hier nahezu exponentielle, dort mehr oder weniger ausgeprägte Schulterkurven – schließen, daß in den verschiedenen Zyklusphasen unterschiedliche Mechanismen zur Zellinaktivierung führen. Vom treffertheoretischen Standpunkt aus müßte man annehmen, daß die Inaktivierung in der empfindlichen Phase der Mitose einem Eintreffermechanismus, in anderen Phasen Mehrtreffermechanismen mit unterschiedlicher Trefferzahl folgen. Entsprechend unserem allgemeineren, in Kapitel 2 vorgelegten Modell muß man annehmen, daß die Kompensationsfähigkeit der Zelle gegenüber den Strahlenschäden in den verschiedenen Stadien unterschiedlich ist. Da bei Schulterkurven auch meist das Elkindsche Erholungsphänomen auftritt, ist anzunehmen, daß auch die Erholungsvorgänge in den verschiedenen Zellstadien verschieden sind. Whitmore hat bei synchronisierten L-Zellen das Elkindsche Erholungsphänomen in den verschiedenen Zellzyklusstadien untersucht (B. 114.). Dabei ergab sich eine klare Korrelation des Ausmaßes des Erholungseffektes zu der Extrapolationszahl der Dosiswirkungskurve in dem betreffenden Zyklusstadium. Auch bei anderen synchronisierten Zellen (chin. Hamster) wurde gefunden, daß das Elkindsche Erholungsphänomen um so ausgeprägter ist, je größer die Schulter in der betreffenden Zyklusphase ist.

Bisher haben wir nur die Unterschiede der Strahlenempfindlichkeit innerhalb des Zellzyklus bei kontinuierlich zyklierenden Zellen besprochen.

Überraschenderweise wissen wir außerordentlich wenig über die Strahlenempfindlichkeit mehr oder weniger stark ausdifferenzierter Zellen, die sich in temporärer oder permanenter Teilungsruhe befinden. Es ist seit langem bekannt, daß die nicht-proliferierenden Zellen parenchymatöser Organe oder mesenchymalen Gewebes erst nach Dosen von mehreren 1000 rad Zeichen des akuten Zelltodes erkennen lassen. Wir müssen aber bedenken, daß sich möglicherweise eine Strahlenschädigung zwar wenig auf die spezifische Leistung der Zelle auswirkt, aber dann bemerkbar macht, wenn diese Zelle physiologischerweise oder erzwungenermaßen in Teilung eintritt. Wie stark die Proliferationsfähigkeit einer in Teilungsruhe befindlichen Zelle durch Bestrahlung beeinträchtigt wird, und ob und in welchem Maße sich ihre Strahlenempfindlichkeit in dieser Hinsicht von einer proliferierenden Zelle unterscheidet, darüber liegen wenig quantitative Angaben vor. Wenn Zellen in Kultur zu künstlicher Teilungsruhe gezwungen werden, z. B. in einer übervölkerten Suspension oder in einem Hungermedium, so scheint die Strahlenempfindlichkeit eher zuzunehmen. Hierbei handelt es sich offenbar um eine partielle Anreicherung am Ende der G_1-Phase. Dieser pathologische Zustand ist aber nicht ohne weiteres vergleichbar mit der physiologischen Teilungsruhe. Einzelne Experimente, bei denen ein Organ, wie die Leber, bestrahlt wurde, und anschließend die regenerative Kapazität gemessen wurde, weisen darauf hin, daß die Proliferationsfähigkeit der ausdifferenzierten Leberparenchymzellen im Prinzip in gleicher Weise durch Bestrahlung gehemmt werden kann, wenn auch eine höhere Resistenz als während des Teilungszyklus besteht. Insbesondere aber ist es noch völlig ungeklärt, inwieweit sich eine in Teilungsruhe befindliche Zelle von dem Strahlenschaden erholen kann, wenn das Intervall zwischen Bestrahlung und Teilung verlängert wird.

Praktische Schlußfolgerungen für die Strahlentherapie

Wenn es gelänge, die Zellen eines Tumors und am besten nur diese und nicht auch die des normalen Gewebes zu synchronisieren, und sie dann in ihrer empfindlichsten Phase zu bestrahlen, so müßte das zu einer erheblichen Verbesserung der Strahlentherapie führen. Versuche dieser Art sind im Gange, ohne daß schon Abschließendes über ihre Erfolge gesagt werden kann. Eine partielle Synchronisierung von Geweben – auch in vivo – ist mit verschiedenen Pharmaka möglich, insbesondere solchen, die den Beginn der DNA-Synthese hemmen, wie Hydroxyharnstoff oder Fluorurazil.

Die Wirksamkeit dieser Methoden ist jedoch prinzipiell begrenzt. Aufgrund der großen Variabilität der Wachstumscharakteristika, z. B. der Generationszeiten der Tumorzellen untereinander, ist in der Praxis eine Synchronisation in einem solchen Ausmaß, daß dadurch die Wirksamkeit der Bestrahlung entscheidend erhöht wird, nicht möglich. Im übrigen erfassen die Synchronisations-Methoden immer nur die schnell proliferierenden Zellen in der Nähe der Blutgefäße, die aus anderen Gründen schon relativ strahlenempfindlich sind, nicht dagegen die resistenten, z. T. ruhenden oder wegen Sauerstoffmangels langsamer proliferierenden Zellen, deren Strahlenresistenz schließlich für die Kurabilität des Tumors entscheidend ist.

Der zweite Punkt von praktischer Bedeutung wurde bereits erwähnt. Wahrscheinlich sind die in Teilungsruhe befindlichen mehr oder weniger stark ausdifferenzierten Zellen des Tumorparenchyms, deren Anteil in den verschiedenen Tumortypen auch mit Größe und Alter des Tumors variiert, von besonderer Strahlenresistenz. Die Unterschiede der Strahlenempfindlichkeit zwischen proliferierenden Zellfraktionen und ruhenden sind möglicherweise wesentlich größer als die innerhalb des Zellzyklus.

In diesem Fall müßten die ruhenden Tumorzellen der kritische Faktor für den therapeutischen Erfolg sein. Die Kurabilität der Tumoren müßte sich erhöhen, wenn es gelänge, die ruhenden Zellen zur Proliferation zu zwingen und damit ihre Strahlenempfindlichkeit zu erhöhen. Wenn die in Teilungsruhe befindlichen Tumorzellen nach Inaktivierung der proliferierenden Zellen ihrerseits die Proliferation wieder aufnehmen, so müßte durch eine geeignete fraktionierte Bestrahlung der therapeutische Erfolg verbessert werden können.

9.3.2. Die Zellinaktivierung bei Bestrahlung in vivo

Sehr bald, nachdem die Grundprinzipien der zellulären Strahlenwirkung an Zellkulturen ermittelt worden waren, erwies sich, daß gewisse Typen proliferierender Zellen auch innerhalb des Organismus ein weitgehend gleichartiges Verhalten zeigen, und daß manche Strahlenreaktionen des Organismus, etwa das Knochenmarksyndrom oder das Magen-Darm-Syndrom der akuten Strahlenkrankheit, weitgehend auf die Inaktivierung der Stammzellen der entsprechenden Mausergewebe zurückgeführt werden können. Die Form der Dosiswirkungskurven der betreffenden Zellen ist prinzipiell die gleiche, wie sie in vitro beobachtet wurde. Die Werte der Bestimmungsgrößen, wie D_0, Extrapolationszahl oder mittlere Inaktivierungsdosis und relative Varianz, liegen, wenn auch mit gewissen Fluktuationen, innerhalb des gleichen Bereichs. Das Elkindsche Erholungsphänomen wurde ebenso bestätigt wie die Abhängigkeit von dem LET der Strahlung, vom Sauerstoffgehalt während der Exposition und von vielen anderen effektbeeinflussenden Faktoren. Getestet wurden auf diese Weise die Inaktivierung der Stammzellen des Knochenmarks, der Epidermis, der Dünndarmschleimhaut, des Knorpels und anderer Gewebe. Die Methoden seien nur insoweit beschrieben, als es zum Verständnis der Ergebnisse notwendig ist.

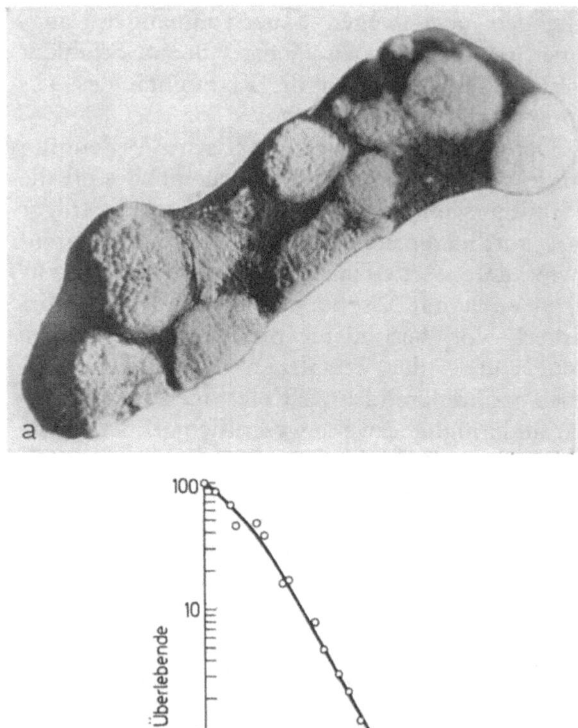

Abb. 9.21. a) Kolonien injizierter Knochenmarkszellen in der Milz einer totalbestrahlten Maus. b) Dosiswirkungskurve von Knochenmarkstammzellen nach Bestrahlung mit Cobalt-60-γ-Strahlen vor der Transplantation auf letalbestrahlte Mäuse (Till u. McCulloch, B. 108.)

Mäuse werden einer tödlichen Totalbestrahlung unterworfen, so daß das Knochenmark weitgehend zerstört und die immunologischen Abwehrkräfte ausgeschaltet werden. Bei einer Injektion von Knochenmarkszellen eines anderen Tieres entwickeln sich in der Milz Knötchen hämopoetischen Gewebes, die jeweils aus einer einzigen übertragenen, vermehrungsfähigen oder, wie man sagt, klonogenen Zelle entstehen (Abb. 9.21. a). Ist das Spendertier vorbestrahlt, so vermindert sich die Zahl der Milzkolonien, d. h. es muß eine entsprechend größere Zahl von Zellen übertragen werden, um die gleiche Zahl von Kolonien zu erzeugen. Eine auf diese Weise gewonnene Dosiswirkungskurve zeigt die Abb. 9.21. b. Die D_0 dieser Schulterkurve beträgt 105 rad, die Extrapolationszahl 2,5.

Die Untersuchung anderer Gewebe beruht mutatis mutandis auf einem ähnlichen Vorgehen: ein umschriebenes Stück des Gewebes wird mit so hohen Dosen bestrahlt, daß die proliferierende Zellschicht, z. B. der Haut, der Epidermis, des Dünndarm-Kryptenepithels, der Knorpelzellsäulen der Epiphysenplatte, nahezu völlig vernichtet ist. Eine Regeneration erfolgt dann innerhalb einiger Wochen in Form kleiner Zellnester, von denen offenbar jedes aus einer einzelnen der wenigen überlebenden Stammzellen hervorgeht. Die Dosen, die auf diese Weise getestet werden können, sind relativ groß, der Dosisbereich relativ klein. Dennoch ist aus den so ermittelten Teilstücken von Dosiswirkungskurven zu schließen, daß auch hier eine analoge Art der Dosiswirkungsbeziehung besteht, wie wir sie von in vitro-Bestrahlungen her kennen.

Aus Versuchen, die Überlebensrate von Tumorzellen, die im lebenden Tier bestrahlt worden waren, quantitativ zu bestimmen, geht hervor, daß sich die Strahlenempfindlichkeit proliferierender Tumorzellen nicht prinzipiell von der normaler Gewebe unterscheidet. Als Beispiel für diese aufschlußreichen Untersuchungen diene eine von Hewitt entwickelte Methode (B. 48.). Zellen einer lymphozytären Leukämie der

Maus werden intraperitoneal überimpft. Es wird zunächst die Zellzahl bestimmt, die in 50% der Tiere eine Leukämie hervorruft. Sie beträgt in diesem Falle 2. Durch Vorbestrahlung des Spendertieres vergrößert sich entsprechend der Dosis die Zahl der Zellen, die übertragen werden müssen, um in 50% der Tiere Leukämie hervorzurufen. Wiederum entspricht die Form der Dosiswirkungskurve im großen und ganzen den uns vertrauten Bildern: die D_0 liegt mit 162 rad und die Extrapolationszahl mit einem Wert von 2 in dem üblichen Bereich. In ähnlicher Weise wurde die Inaktivierung von Aszites-Tumorzellen verschiedener Abkunft getestet, ebenso vereinzelt solid wachsende Tumoren, deren künstlich isolierte Zellen quantitativ übertragen wurden.

Die Zusammenstellung der wichtigsten Ergebnisse von in vivo-Versuchen mit den die Strahlenempfindlichkeit charakterisierenden Größen gibt Tabelle 9.1., welche die Daten verschiedener Untersucher zusammenfaßt.

Tab. 9.1. Kenngrößen von Dosiseffektkurven (D_0 und Extrapolationszahl n) bei Bestrahlung normaler und maligner Mäusegewebe mit locker ionisierenden Strahlen und Testung in vivo (aus Trott, A. 78.)

	D_0 (in rad)	Extrapolationszahl n
Zellen normaler Gewebe		
Haut, Basalzellen der Epidermis	135	16–60
Dünndarm, Zellen der Lieberkühnschen Krypten	97–109	58–160
Wachsende Epiphyse Knorpelzellen	190	6
Haar, Melanozyten des Haarbalgs	180	6
Knochenmark, Stammzellen	72–105	2–3
Zellen maligner Neubildungen		
Lymphozytäre Leukämie (CBA)	162	2
P-388-Leukämie	160	1,6
AKR/J Lymphom	133	1,9
Ehrlich-Ascitestumor	109	2,4

9.3.3. Die Interpretation der zellulären Dosiswirkungskurven

Unter Anlehnung an die klassische Treffertheorie werden Dosiswirkungskurven der beschriebenen Art auf Eintreffer-, Mehrtreffer- oder Mehrbereichsmechanismen zurückgeführt. Bei den exponentiellen Inaktivierungskurven durch dicht ionisierende Strahlen ist auch heute die nächstliegende Erklärung, daß der Durchgang eines einzigen Teilchens durch ein empfindliches Volumen, vielleicht den Zellkern, das Treffereignis darstellt.

Fraglich ist die treffertheoretische Deutung der Schulterkurven im Sinne von Mehrtreffer- oder Mehrbereichskurven. Kurven, die nach einer anfänglichen Schulter in eine Gerade übergehen, werden als Mehrbereichskurven betrachtet; sie müßten aber horizontal beginnen. Einige biologische Gegebenheiten sprechen jedoch dagegen, daß die meist zwischen 2 und 3 liegende Extrapolationszahl einer entsprechenden Zahl von empfindlichen Bereichen in der Zelle entspricht. Zudem haben wir zahlreiche Beispiele dafür gebracht, daß Schulterkurven unter Änderung eines Parameters, und zwar nicht nur des LET, sondern z. B. auch der Sauerstoffspannung kontinuierlich von Kurven mit ausgeprägter Schulter allmählich in Exponentialfunktionen übergehen. Auch bei Bestrahlung innerhalb verschiedener Zellzyklusphasen sehen wir verschiedenartige Kurvenformen. Es ist extrem unwahrscheinlich, daß sich unter diesen Bedingungen die Zahl der empfindlichen Bereiche ändert. Einfacher und weniger starr ist eine Interpretation, die Mehrtreffer- und Mehrbereichsmechanismen als Spezialfälle einschließt. Das ist ausführlicher in Kapitel 2 dargestellt. Den Schulterkurven der halblogarithmischen Darstellung entsprechen in linearer Darstellung sigmaförmig verschliffene Dosiswirkungskurven, die mehr oder weniger stark von einer hypothetischen Stufenfunktion abweichen. Die Abweichungen sind um so größer, je größer die Rolle von Zufallsfaktoren bei der Ausbildung des Effektes ist. Die Treffertheorie befaßt sich vorwiegend mit der Zufälligkeit der Energiedepositionen in einzelnen Zellen oder ihren empfindlichen Bereichen. Je mehr Treffer zur Auslösung eines Effektes nötig sind, umso größer wird die relative Steilheit der Dosiswirkungskurven. Da aber außer der Energiedeposition auch noch andere – biologische – Zufallsfaktoren mitspielen, kann aus der Dosiswirkungskurve allein nicht auf die Zahl der benötigten Treffer oder die Zahl der vorhandenen Trefferbereiche geschlossen werden. Wir können aber aus der Form ablesen, wie groß diese Trefferzahlen oder Bereichszahlen mindestens sein müssen, denn wären sie kleiner, dann müßte die Dosiswirkungskurve eine geringere relative Steilheit haben. So läßt sich aus den typischen Dosiswirkungskurven der Zellinaktivierung durch locker ionisierende Strahlen mathematisch ableiten, daß mindestens 2 bis 4 Treffer

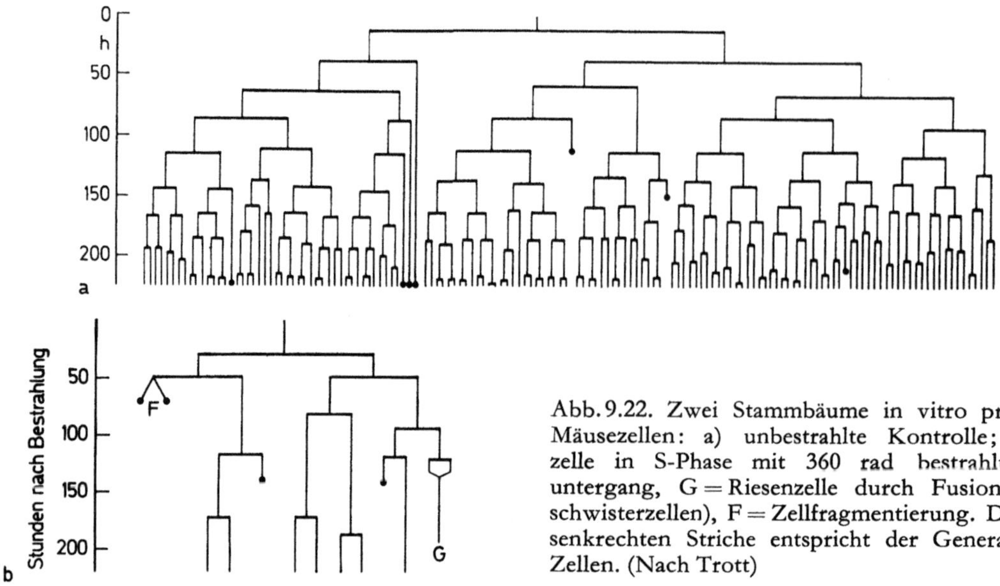

Abb. 9.22. Zwei Stammbäume in vitro proliferierender Mäusezellen: a) unbestrahlte Kontrolle; b) Mutterzelle in S-Phase mit 360 rad bestrahlt (● — Zelluntergang, G = Riesenzelle durch Fusion zweier Geschwisterzellen), F = Zellfragmentierung. Die Länge der senkrechten Striche entspricht der Generationszeit der Zellen. (Nach Trott)

nötig sind, und daß das kritische Volumen einen Durchmesser von mindestens 1 μ haben muß. Da aber, wie im folgenden gezeigt wird, biologische Zufallsfaktoren bei der Entwicklung des Schadens mitspielen, liegen die tatsächlichen Werte wesentlich höher.

Das Schicksal einer Zelle ist nicht bereits im Augenblick der Energieabsorption besiegelt. Eine bestrahlte Zelle macht bei nicht zu hohen Dosen locker ionisierender Strahlen meist noch die folgende Teilung ungestört durch. Erst bei ihren Nachkommen treten gehäuft, über mehrere Generationen hinweg, Todesfälle auf. Offenbar besteht nach Bestrahlung eine mehrere Generationen lang anhaltende kritische Phase, in der die Wahrscheinlichkeit zur Entgleisung während der Mitose erhöht ist. Es ist eine Frage des Zufalls, ob wenigstens einer der Nachkommen der bestrahlten Zelle diese kritische Phase überlebt und in vitro zu einer Kolonienbildung führen oder in vivo zum Wachstum des Gewebes beitragen kann, oder ob die Nachkommenschaft der bestrahlten Zelle ausstirbt. Um diese Vorgänge systematisch zu verfolgen, wurden die Entwicklung des Stammbaums einzelner unbestrahlter und bestrahlter Zellen kinematographisch verfolgt, und die Generationszeiten und die Todesfälle, d. h. das Versagen der Zellteilung, sowie andere pathologische Ereignisse, registriert. Abb. 9.22. stellt den Stammbaum einer bestrahlten Zelle (b) dem einer unbestrahlten Zelle (a) gegenüber. Dem Augenschein nach sind die Todesfälle über die folgenden Generationen mehr oder weniger zufällig verteilt. Abb. 9.23. zeigt für verschiedene Dosen, wie sich die Wahrscheinlichkeit eines Zellunterganges nach Bestrahlung in den nächsten 2 Generationen erhöht, dann aber wieder abnimmt und zum Ausgangswert zurückkehrt. Dieses Zufallselement der zellulären Strahlenwirkung verdient Beachtung vor allem auch, weil es die Grenzen der Methode zeigt, den Grad der Zellinaktivierung aufgrund der verminderten Kolonienbildung zu messen.

Die Schulterkurven sind dadurch charakterisiert, daß ihre Neigung, die uns als Maß für die Reaktivität der Population dient, mit wachsender Dosis zunimmt, bis sie entweder in ihrem geraden Teil konstant wird oder sich weiterhin nur noch

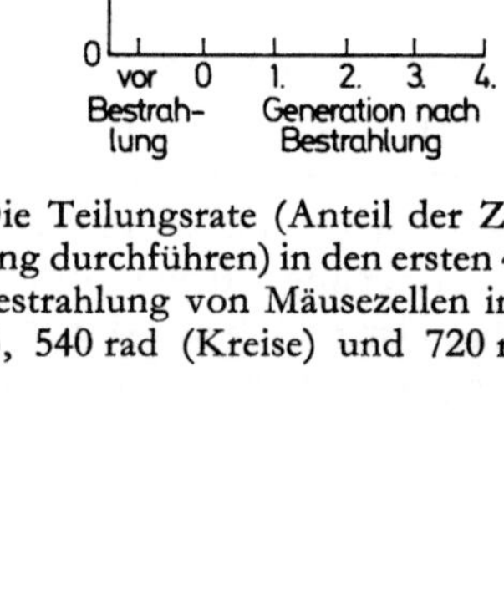

Abb. 9.23. Die Teilungsrate (Anteil der Zellen, die noch eine Zellteilung durchführen) in den ersten 4 Generationen nach einer Bestrahlung von Mäusezellen in vitro mit 360 rad (Punkte), 540 rad (Kreise) und 720 rad (Quadrate) (A. 78.)

wenig ändert. Man kann sich das dadurch erklären, daß die Zellen genauso wie gegenüber gewissen Giften die Fähigkeit haben, den Strahlenschaden zu kompensieren. Wenn nun diese Kompensationsfähigkeit, über deren Natur zunächst noch keine Aussage gemacht werden muß, mit zunehmender Dosis geringer wird und sich schließlich erschöpft, so sind Kurven der betrachteten Art zu erwarten. So läßt sich eine typische Schulterkurve dadurch konstruieren, daß man eine exponentielle Abnahme der Kompensationsfähigkeit mit der Dosis bzw. eine exponentielle Zunahme der Reaktivität annimmt (vergl. Abb. 2.5.). Andere Beobachtungen stützen diese Annahme: Durch künstliche Eingriffe läßt sich die Schulter verkleinern oder beseitigen. Unter Anoxie gehen Schulterkurven mehr und mehr in eine Exponentialfunktion über. Schutzsubstanzen, welche ein Teil der Strahlenwirkung abfangen oder kompensieren, bewirken eine umso größere Schulter, je höher sie dosiert werden. Wir können das so verstehen, daß unter Bestrahlung die Substanz verbraucht wird, so daß schließlich ihr Schutzeffekt entfällt. Manche Zellarten, wie die einer besonderen Mäuseleukämie, sind besonders strahlenempfindlich, haben eine D_0 von nur 65 rad und auch bei Einwirkung von Röntgenstrahlen eine exponentielle Inaktivierungskurve. Möglicherweise ist in diesem besonderen Fall die Malignisierung der Zelle mit einem Verlust an Kompensationsmechanismen verbunden. Die extrem hohe Strahlenresistenz des *Mikrococcus radiodurans* muß nicht unbedingt auf einer besonderen Widerstandsfähigkeit gegenüber den initialen Wirkungen der ionisierenden Strahlen beruhen, sondern kann auch Ausdruck einer besonders hohen Fähigkeit zur Kompensation oder Reparation des Strahlenschadens sein.

10. Zytophysiologische Störungen

Die bisher besprochenen biochemischen und zytoletalen Veränderungen stehen seit langem im Vordergrund des strahlenbiologischen Interesses. Ionisierende Strahlen können jedoch auch zelluläre Reaktionen hervorrufen, wie sie Gegenstand der animalischen und vegetativen Physiologie sind. Sie verdienen deshalb Beachtung, weil sie uns weitere Einblicke in die Wirkungsmechanismen ionisierender Strahlen vermitteln, weil möglicherweise auch gewisse Funktionsstörungen, z. B. des Magen-Darm-Kanals oder des Nervensystems während der akuten Strahlenkrankheit, auf sie zurückzuführen sind, und weil schließlich sogar manche nachhaltigen Strahlenschäden, die wir mit biochemischen und morphologischen Methoden erfassen, nicht ausschließlich auf direkten Schädigungen der betreffenden molekularen Substrate beruhen, sondern wenigstens zum Teil Folge solcher flüchtiger Zustandsänderungen sein können. Dabei ist vor allem an Änderungen der Membranpermeabilität, des aktiven Transports und verwandter Phänomene zu denken.

10.1. Störungen der Zellpermeabilität

Das für alle Zellen charakteristische Elektrolyt-Ungleichgewicht mit einem Kaliumüberschuß im Zellinneren und einem extrazellulären Natriumüberschuß und das damit verbundene elektrische Potential der Zelle werden durch charakteristische Eigenschaften der Zellmembran und durch energieliefernde Prozesse aufrechterhalten. Die Erregbarkeit von Nerven- und Muskelzellen ist mit Elektrolytverschiebungen und Potentialänderungen verbunden. Auch alle anderen Funktionen der Zelle hängen von einer intakten Zellmembran ab. Gleiches gilt für intrazelluläre Membranen und andere makromolekulare Komplexe, die wie die äußere Zellmembran aus Lipoproteid-Doppelschichten bestehen. Nur bei Wahrung der räumlichen Ordnung können die Stoffwechselprozesse der Zelle gerichtet ablaufen.

10.1.1. Elektrolytverschiebungen

Es gibt zahlreiche direkte und indirekte Hinweise dafür, daß unter Einwirkung ionisierender Strahlen, und zwar schon bei relativ kleinen Dosen, temporäre Störungen der Zellpermeabilität und der damit verbundenen physiologischen Zellfunktionen auftreten können, daß aber irreversible Schädigungen der Membranen nur durch Dosen der Größenordnung von 10000 bis 100000 rad hervorgerufen werden. Mit radioaktiven Indikatoren kann nachgewiesen werden, daß unmittelbar unter Einwirkung ionisierender Strahlen Kalium aus der Zelle ausströmt, und Natrium vermehrt eintritt.

Erythrozyten – ein Lieblingsobjekt für Permeabilitätsstudien – haben auch frühzeitig zum Nachweis strahleninduzierter Störungen gedient. Dosen von über 10 krad führen in vitro zu einer Hämolyse, die osmotischer Natur ist. Bei kleineren Dosen und vor Eintritt der Hämolyse wird eine Volumenvergrößerung und ein erhöhter Natriumeinstrom und Kaliumausstrom beobachtet (Abb. 10.1.). Elektrolytverschiebungen wurden ferner nach Dosen über 50 krad an Riesennervenfasern des Tintenfisches, an Aszites-Tumorzellen und Muskelzellen beobachtet (Nachmansohn, B. 78.; Rothenberg, B. 95.; Bergeder, B. 8.). Quellung von Zellen und Zellorganellen, wie Mitochondrien, sind ein frühzeitig einsetzendes Zeichen einer Strahlenschädigung. Auch die Durchlässigkeit für organische Moleküle kann sich ändern.

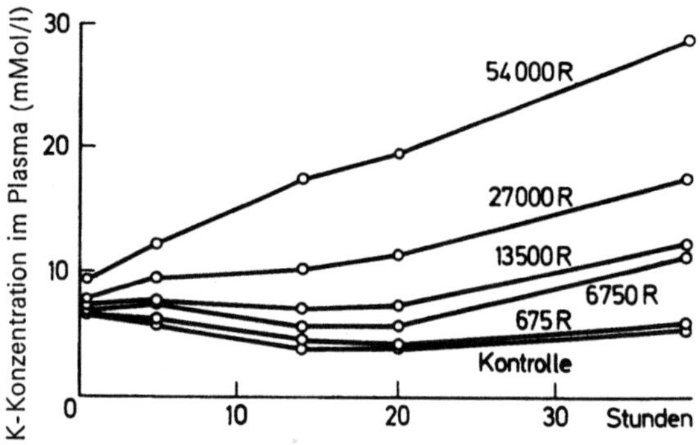

Abb. 10.1. Zunahme der Kaliumkonzentration im Plasma nach Bestrahlung menschlichen Blutes infolge des Kaliumverlustes der Erythrozyten. (Aus Ellinger, A. 6.)

10.1.2. Bioelektrische und verwandte Phänomene

Als ein indirekter Hinweis auf Permeabilitätsstörungen kann die Beobachtung gelten, daß ionisierende Strahlen die elektrischen Potentiale von Zellen beeinflussen können.

Änderungen der zellulären Ruhe- und Aktionspotentiale unter der Bestrahlung wurden zuerst an Pflanzen beobachtet. Die bekannten Turgorbewegungen, mit denen *Mimosa pudica* auf Berührung, chemische oder thermische Reize reagiert – Zusammenschlagen von Fiederblättchen und ganzen Blättern und Abknicken in den Stielgelenken – können auch durch Röntgenbestrahlung ausgelöst werden, so daß man in Anlehnung an Bezeichnungen wie Seismonastie, Geonastie und Nyctinastie von Radionastie sprechen kann. Zu ihrer Auslösung sind Dosisleistungen von mindestens 4500 R/min nötig. Die Mindestbestrahlungszeit, die dabei ca. 20 sec beträgt, verkürzt sich mit steigender Dosisleistung. Ähnliche Reaktionen können in anderen „sensitiven Pflanzen", wie der Venusfliegenfalle *Dionaea muscipula* oder der Gauklerblume, *Mimulus guttatus*, ausgelöst werden. Die bestrahlten Bezirke werden elektrisch negativ gegenüber der übrigen Pflanze, wobei innerhalb von Minuten eine Potentialdifferenz von ca. 50 mV erreicht wird (B. 56.). Zusammen mit den Turgorbewegungen werden Aktionspotentiale ausgelöst, deren Verlauf und deren Reizleitungsgeschwindigkeit durchaus der bei anderen Reizen entspricht. Nach Bestrahlung, auch mit unterschwelligen Dosen und Dosisleistungen, besteht eine Refraktärperiode bis zu einer Stunde. Auch in anderen Pflanzen wie z. B. *Phlox* und *Tradescantia* treten die beschriebenen Potentialdifferenzen auf, jedoch, wie zu erwarten, keine Aktionspotentiale. Da die Turgorbewegungen der sensitiven Pflanzen auf plötzlichen Änderungen im Schwellungszustand bestimmter Zellkomplexe mit entsprechenden Wasser- und Elektrolytverschiebungen beruhen, stützen diese Beobachtungen die Annahme, daß ionisierende Strahlen die Permeabilität von Zellmembranen ändern können.

An den großen Zellen der Alge *Nitella* ließen sich durch intrazelluläre Messungen mittels Mikroelektroden direkt die elektrophysiologischen Vorgänge unter Bestrahlung erfassen (B. 32., B. 59., B. 96.). Bei Röntgenbestrahlung (50 kV) mit Dosisleistungen ab 6 kR/min setzt unmittelbar nach Bestrahlungsbeginn ein Abfall des Membranpotentials ein, das ca. 150 mV beträgt. Oft schon unter Bestrahlung, meist aber erst nach Bestrahlungsende steigt das Potential wieder an (Abb. 10.2. a.). Anschließend folgt dann eine zweite, länger anhaltende Depolarisation. Die erste Depolarisationswelle ist mit einem Abfall des elektrischen Widerstandes der Membran verbunden. Auch an den Algenzellen kann Bestrahlung bei Dosisleistungen von 30 krad/min ein Aktionspotential auslösen (Abb. 10.2. b). Die Ansprechbarkeit gegenüber elektrischer Reizung wird durch vorhergegangene Bestrahlung erhöht, indem sich die Reizschwelle erniedrigt. Die Form der Aktionspotentiale ändert

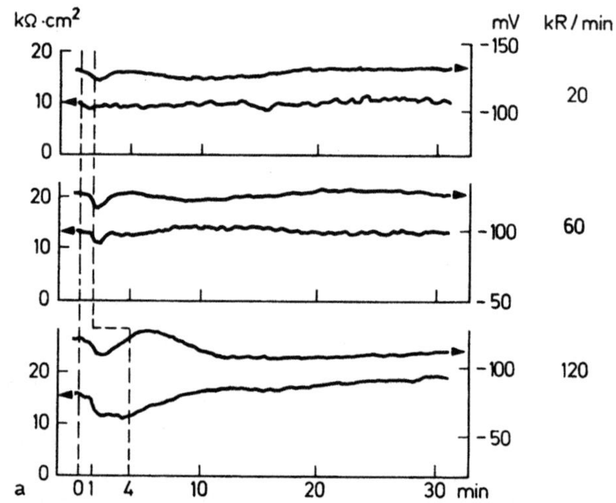

Abb. 10.2. a) Zeitliche Änderungen des Membranpotentials (obere Kurve) und des Widerstandes (untere Kurve) von Algenzellen bei unterschiedlich langer Röntgenbestrahlung (50 kV) und unterschiedlichen Dosisleistungen; Dauer der Bestrahlung durch punktierte Linien markiert. (Röttinger u. Hug, B. 96.)

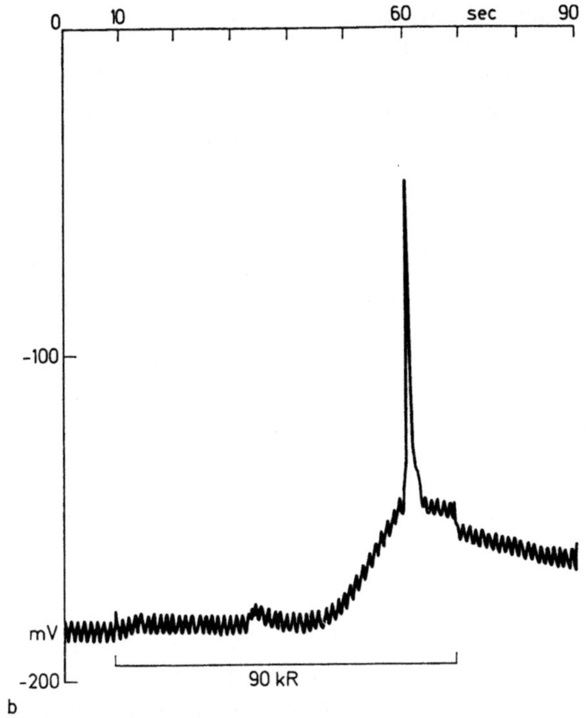

Abb. 10.2. b) Durch Bestrahlung ausgelöstes Aktionspotential einer Algenzelle

sich, der Temperatur-Koeffizient des Membranwiderstandes wird durch Bestrahlung vermindert. Offenbar stört Bestrahlung die selektive Membranpermeabilität für die an Ruhepotential und Aktionspotential beteiligten Elektrolyte. Das Besondere der Pflanzenzelle ist es, daß bei ihr außer Natrium und Kalium auch Chlorionen eine besondere Rolle zukommt, und vermutlich ist der primäre Angriffspunkt in einer erhöhten Permeabilität für Chlorionen zu suchen. Auch die lokale Einwirkung von α-Strahlen ruft ähnliche Störungen der elektrischen Eigenschaft von Algenzellen hervor (Bergström, B. 10.). Dabei wird gleichzeitig, wie bei anderweitig ausgelösten Aktionspotentialen, ein Stop der Protoplasmaströmung und eine Ablösung des Protoplasma von der Zellulosewand beobachtet (Gillet, B. 38.).

Nachdem auch in tierischen Zellen, z. B. in Nervenfasern der Weinbergschnecke (Günther u. Hug, unveröfftl.), und an der isolierten Froschhaut (Trott, B. 110.) durch Bestrahlung analoge Änderungen der Ruhepotentiale und des Widerstands nachgewiesen wurden, kann angenommen werden, daß eine der generellen zellulären Strahlenwirkungen eine temporäre Depolarisation der Zellmembran ist, verbunden mit entsprechenden Änderungen der selektiven Elektrolytpermeabilität. Offenbar bestehen jedoch erhebliche Unterschiede in der Ansprechbarkeit der verschiedenen Zelltypen. Kompensatorische Mechanismen, vor allem der aktive Transport, vermögen die strahleninduzierte Störung auszugleichen. Diese Permeabilitäts-Störungen wirken sich erwartungsgemäß vor allem auf die Funktion erregbarer Zellen, also Nerven- und Muskelzellen, aus.

10.3. Funktionsstörungen peripherer Nerven

Die Strahlenwirkung auf das Nervensystem war bereits mehrfach Gegenstand internationaler Symposien und von Übersichtsarbeiten (siehe A. 79.–83.). Hier seien nur solche elektrophysiologischen Beobachtungen erwähnt, die auf den zellulären Angriffsmechanismus ionisierender Strahlen schließen lassen.

Lange Zeit nahm man an, daß Dosen in der Größenordnung von krad nötig sind, um in situ oder in vitro die funktionellen Eigenschaften peripherer Nervenfasern zu verändern. Seitdem man aber elektrophysiologische Experimente mit kontinuierlichen Messungen vor, während und nach einer Bestrahlung durchführt, wurden doch Störungen aufgedeckt, die bei relativ niedrigen Dosen einsetzen, vorausgesetzt, daß die Dosisleistungen genügend hoch sind. So konnte unmittelbar nach Beginn einer Bestrahlung der peripheren Nerven der Ratte eine erhöhte elektrische Aktivität nachgewiesen werden: Bereits während der Bestrahlung erhöhen sich bei elektrischer Reizung Reizleitungsgeschwindigkeit, Reizschwelle und Amplitude des Aktionspotentials, um erst später bis zum völligen Erlöschen abzunehmen (Abb. 10.3.). Hinsichtlich dieser Ansprechbarkeit auf ionisierende Strahlen bestehen offenbar erhebliche Unterschiede zwischen den Nervenzellen verschiedener Tierspezies und innerhalb der Spezies zwischen funktionell und morphologisch verschiedenen Fasertypen; im allgemeinen sollen sensorische Nerven empfindlicher sein als motorische. Die synaptischen Funktionen sind empfindlicher als die der Reizleitung, wobei sich in polysynaptischen Systemen Strahleneffekte leichter nachweisen lassen als in Einzelsynapsen. Ferner scheinen das autonome Nervensystem und seine Erfolgsorgane leichter auf ionisierende Strahlen anzusprechen als das zentrale Nervensystem.

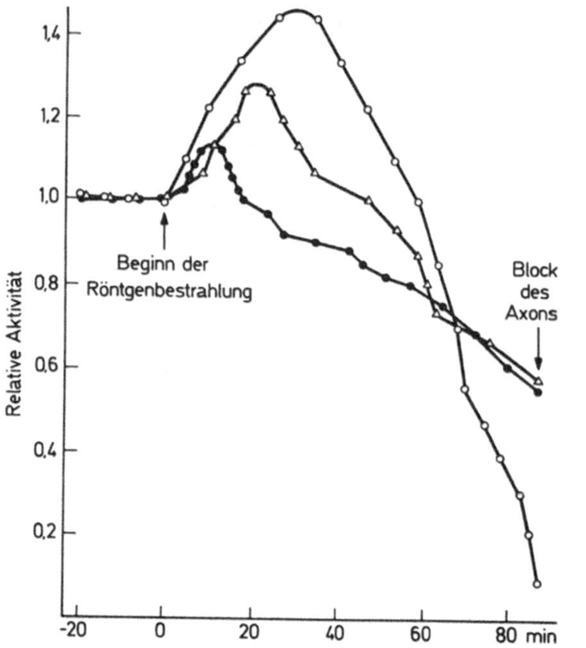

Abb. 10.3. Änderung elektrischer Eigenschaften von peripheren Nervenfasern der Ratte unter Röntgenbestrahlung mit 6000 R/min: ○ Amplitudenhöhe elektrisch induzierter Aktionspotentiale; △ Reizschwelle; ● Reizleitungsgeschwindigkeit (Bachofer, B. 3.)

10.4. Motilitätsstörungen, insbesondere von Muskelzellen

Strahleninduzierte Störungen der Motilität von Zellen gehören zu den frühesten strahlenbiologischen Beobachtungen. Schon 1899 beobachtete Schaudinn, daß bei Protozoen eine Hemmung der Beweglichkeit durch Bestrahlung hervorgerufen wird (B. 100.).

Die Beweglichkeit von Spermien sowohl von Amphibien wie von Säugetieren wird erst durch extrem hohe Dosen reduziert. So sind bei Seeigelspermien 300 krad zur Hemmung und noch höhere Dosen zur Unterdrückung der Motilität nötig. Solange die Motilität erhalten ist, ist auch eine Befruchtung des Eies möglich, jedoch kann dann infolge der Strahlenschädigung der DNA die Entwicklung der Gamete unterbleiben; natürlich müssen schon bei wesentlich geringeren Dosen genetische Schäden erwartet werden.

Während die Funktion quergestreifter Muskulatur erst nach Dosen in der Größenordnung von 10000 rad gestört und über 100000 rad ausgeschaltet wird (Bergeder, 1958; Dawson, 1962), reagiert die Muskulatur wirbelloser Tiere (z. B. des Blutegels und des Regenwurms) und die glatte Muskulatur von Säugetieren auf Bestrahlung schon bei niedrigeren Dosen mit momentanen Änderungen ihres Tonus und ihrer Motilität (B. 57.).

Unter Röntgenbestrahlung mit einer Dosisleistung von 300 R/min wird an solchen Muskelpräparaten schon innerhalb von 30 sec eine Kontraktur festgestellt (Abb. 10.4.). Mit höheren Dosisleistungen und Dosen wird der Effekt ausgeprägter. Nach kurzen Bestrahlungsimpulsen kommt es anschließend zu einer kompletten Relaxation. Erst bei der Akkumulation sehr hoher Dosen werden diese reversiblen Effekte von einer irreversiblen Kontraktur überlagert, wie sie auch bei quergestreifter Muskulatur eintritt. Die Relaxation des Muskels unterbleibt, wenn der Stoffwechsel inhibiert ist, z. B. durch Dinitrophenol oder einfach durch Erniedrigung des pH.

Die Latenzzeit zwischen Beginn der Bestrahlung und dem Beginn der Kontraktur sowie deren Anstieg und Maximum sind dosisleistungs-

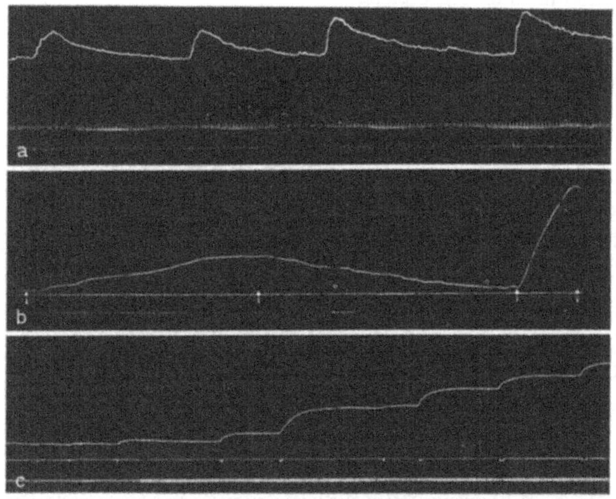

Abb. 10.4. a) Kymogramm eines Muskelpräparates des Blutegels bespült mit O_2-gesättigter Ringerlösung (pH 8). a) Temporäre Kontrakturen des Muskelpräparates des Blutegels bei wiederholter Röntgenbestrahlung mit 10000 R pro min und 10, 20, 25 und 30 sec Expositionszeit.
b) Kontraktur des Muskelpräparates unter Dauerbestrahlung mit verschiedener Dosisleistung. Unter Bestrahlung mit einer Dosisleistung von ca. 600 R/min in 77 min (Beginn und Ende markiert) stellt sich der Muskeltonus auf ein bestimmtes Niveau ein, von dem er nach Bestrahlungsende abfällt. Erneute Bestrahlung mit 4000 R/min führt zu einer stärkeren Kontraktur.
c) Wiederholte Bestrahlung des Muskelpräparates bei niedrigerem pH führt zu stufenweiser Zunahme der Kontraktur ohne Erholung

abhängig. Die Analogie zwischen diesem Strahleneffekt und der Kontraktur, die bei Erhöhung der Kalium-Konzentration im Außenmedium beobachtet wird, ist auffällig. So kann man annehmen, daß die Bestrahlung eine temporäre Änderung der spezifischen Permeabilität gegenüber Na^+- und K^+-Ionen induziert.

Die Empfindlichkeit der Muskulatur gegenüber der Bestrahlung kann durch verschiedene Pharmaka erhöht oder vermindert werden, und andererseits kann eine Vorbestrahlung die pharmakodynamische Wirkung von Chemikalien verändern (Michailov, B. 75.).

Die spontane Motilität isolierter, glattmuskulärer Organe kann unter Bestrahlung zeitweilig verändert werden, wobei sowohl eine Erhöhung der Frequenz und Amplitude der spontanen Kontraktionen (Abb. 10.5.) als auch unter Umständen eine Verringerung beobachtet werden kann. In gleicher Weise kann die spontane Peristaltik des Magen-Darm-Kanals beeinflußt werden. Am isolierten Meerschweinchen-, Ratten- und Kaninchendarm wird unter Bestrahlung eine Steigerung des Tonus und der spontanen Peristaltik registriert (Abb. 10.6.). Die Durchströmungsgeschwindigkeit des Gefäßsystems isolierter Organe und Gewebsstücke, wie des Kaninchenohrs, kann sich ändern – offenbar infolge temporärer Kontraktur der glatten Muskulatur der Gefäßwände.

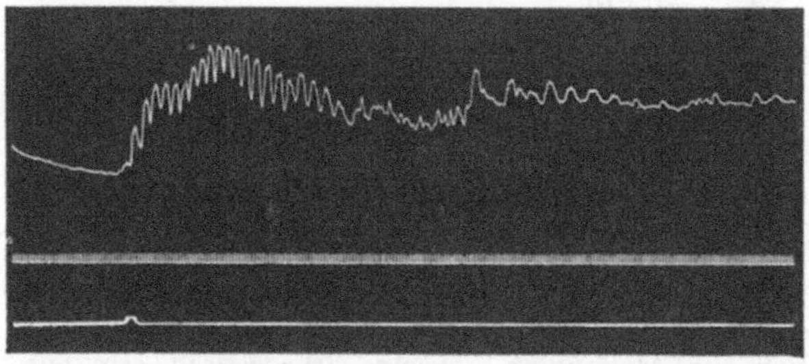

Abb. 10.5. Nerv-Muskelpräparat des Regenwurms. Ein Bestrahlungsimpuls von ca. 15 sec bei einer Dosisleistung von 100 R/min induziert rhythmische Kontrakturen und erhöht den mittleren Tonus

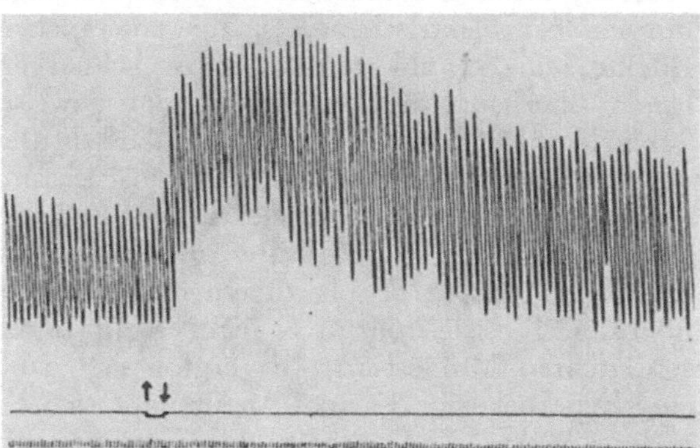

Abb. 10.6. Kymogramm des isolierten Kaninchendarms. Zunahme des mittleren Tonus und der peristaltischen Amplituden nach einer 5 sec dauernden Bestrahlung mit ca. 75 R/sec (A. 82.)

10.5. Strahlenwirkung auf Sinnesrezeptoren

Der erste entdeckte biologische Effekt ionisierender Strahlen überhaupt war eine sinnesphysiologische Reaktion. W. C. Röntgen stellte bereits in seiner 3. Mitteilung (1897) über die von ihm entdeckten Strahlen nach einem vorhergegangenen Hinweis eines anderen Forschers fest, daß sie im menschlichen Auge einen Lichteindruck hervorrufen, wenn das Organ selbst im Strahlungsfeld liegt. Dieser später als „Röntgenphosphän" bezeichnete Effekt wurde in der Folgezeit wiederholt systematisch untersucht. Er tritt im menschlichen Auge bereits bei einem Schwellenwert der Dosis von 0,5 mR und bei einer Expositionszeit von 0,02 sec auf (Bornschein et al., B. 14., Lipetz, B. 72.). An der Retina und am Augennerven des Frosches und von Insekten konnte dieser Effekt, der nicht auf einer strahleninduzierten Fluoreszenz der Augenmedien beruht, systematisch untersucht werden (Nachtigall, B. 77.; Lipetz).

Die Astronauten von Apollo 11–13 hatten über eigentümliche Lichtphänomene in Form von Sternchen, Funken, feinen Leuchtstreifen und leuchtenden Wölkchen während des Raumfluges berichtet, die zunächst für Sinnestäuschungen gehalten wurden. Im Selbstversuch konnten dann Tobias et al. (B. 109.) zeigen, daß solche Erscheinungen bei Beschuß des Auges mit sehr energiereichen schweren Teilchen, wie sie in der kosmischen Strahlung auftreten, hervorgerufen werden.

Im Tierexperiment beobachtete Verhaltensreaktionen von Säugetieren unter Bestrahlung mit kleinen Dosen und Dosisleistungen (Garcia u. Kimeldorf, B. 37.) sind nicht ausschließlich auf optische Reizung zurückzuführen.

So weisen zahlreiche Beobachtungen darauf hin, daß ionisierende Strahlen im Gegensatz zu früheren Lehrmeinungen durchaus auch als ein Reiz im physiologischen Sinne wirken können.

Andererseits kann eine Röntgenvorbestrahlung die Ansprechbarkeit gegenüber anderen Reizen verändern. Das isolierte Krebsauge reagiert schon auf Einzeldosen von einigen rad mit einer Erniedrigung der Reizschwelle gegenüber Licht (Dawson u. Smith, zit. in A. 82.). Offenbar können also sehr kleine Strahlendosen das optisch-nervöse System zeitweilig in einen veränderten Funktionszustand versetzen.

10.6. Durch Bestrahlung ausgelöste reflexartige Sofortreaktionen

Zahlreiche wirbellose Tiere reagieren auf recht kleine Strahlendosen mit reflexartigen Bewegungen (B. 55., B. 58.). Land- und Wasserschnecken ziehen ihre Fühler ein und Aktinien ihre Tentakel. Muscheln schließen unter Bestrahlung ihre Schalen. Würmer zeigen lebhafte peristaltische Bewegungen und eine Crustacee, die Seepocke, unterbricht ihre rhythmischen Fangbewegungen. Als besonders empfindlich erwies sich der Seeigel, der seine Füßchen unter einer bestrahlten Wasseroberfläche zurückzieht und aus dem Strahlenkegel auswandert. Ameisen und eine Reihe anderer Insekten und ihre Larven zeigen eine ausgesprochene „Radiophobie", so daß sie innerhalb kurzer Zeit nach Bestrahlung beginnen, aus dem Strahlenkegel in einen bleigeschützten Käfigteil auszuweichen. De facto wiesen alle bisher untersuchten niederen Tiere jeweils typische Reflexbewegungen und Verhaltensstörungen auf. Abschirmungen der empfindlichen Organe mit hinreichend dicken Blei- und Glasplatten verhindert die Effekte, nicht dagegen die Abdeckung mit dünnem Papier, so daß ausgeschlossen werden kann, daß die röhrennahe Fluoreszenz der Luft oder des Röhrenmaterials als Reiz wirkt. Zahlreiche Verhaltensstörungen an Säugetieren, die schon bei Dauerbestrahlung mit Dosisleistungen von ca. 1 R/min auftreten, weisen darauf hin, daß ionisierende Strahlen durchaus von gewissen Tieren perzipiert werden (Kimeldorf). Nicht alle diese Verhaltensstörungen sind auf eine optische Wahrnehmung zurückzuführen.

Einige der beschriebenen Reaktionen weisen bestimmte Merkmale auf, die uns aus der Sinnesphysiologie bekannt sind. So hängt die Reizbeantwortung nicht primär von der insgesamt zugeführten Energie, in diesem Falle also der Dosis, sondern von der Intensität des Stimulus, in diesem Falle der Dosisleistung, ab. Die Effekte treten erst bei Überschreiten einer bestimmten Schwelle der Intensität ein. Der Effekt kann trotz anhaltender Bestrahlung abklingen. Schleicht man sich mit dem Reiz ein, kann die Reaktion ausbleiben oder die Reizschwelle erhöht sich. Wiederholte Bestrahlung kann zu einer erhöhten oder verminderten Ansprechbarkeit führen. Besonders deutlich wird die Analogie, wenn man den Eintritt der Sofortreaktion zur Dosisleistung in Beziehung setzt (Abb. 10.7.). Es ergeben sich

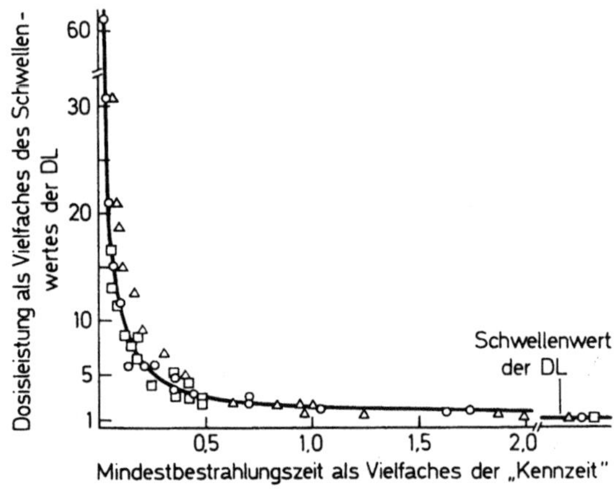

Abb. 10.7. Die Abhängigkeit der Mindestexpositionszeit von der Dosisleistung für die Fühlerretraktion der Schnecke *Arion empiricorum*, die Füßchenretraktion des Seeigels, und die Kontraktion des Kaninchendarms. Bei entsprechender Koordinatentransformation gruppieren sich die Meßpunkte um eine (theoretisch ermittelte) Kurve, die in Analogie zu den Reizzeitspannungskurven als Reizzeitdosisleistungskurve bezeichnet werden kann

Kurven, die den bekannten Reizzeitspannungskurven bei elektrischer Reizung entsprechen. Effekte, wie die Fühlerretraktion von Schnecken, treten überhaupt erst ein, wenn ein gewisser Schwellenbereich der Dosisleistung überschritten wird. Dieser Schwellenwert der Dosisleistung entspricht der Rheobase bei elektrischer Reizung. Mit zunehmender Dosisleistung nimmt die Mindestexpositionszeit ab bis zu einem – auch bei höchsten Dosisleistungen – nicht mehr unterschreitbaren Mindestwert. Es ergibt sich dabei eine hyperbelartige Kurve. An ihr läßt sich ein anderer Wert – die Kennzeit oder *Chronaxie* – ablesen, das ist die Mindestexpositionszeit, die bei Verdoppelung des Schwellenwertes des Reizes nötig ist. Wir können in Analogie zur Elektrochronaxie von einer Radiochronaxie sprechen. Andere Reaktionen, wie die des Seeigels – aber auch die Ansprechbarkeit des Auges auf ionisierende Strahlen oder die strahleninduzierten Kontraktionen des Kaninchendarms – fügen sich in diesen Kurvenverlauf einigermaßen ein. Berechnet man auf Grund der experimentellen Daten die Mindestdosis, die bei jeder Dosisleistung erforderlich ist, so zeigt sich wie in den optischen Untersuchungen, daß nur über einen gewissen Bereich der Dosisleistung hin die I $\times$ t-Regel gilt, d. h. das Produkt aus Reizintensität und Mindestexpositionszeit ist hier konstant. Von einer jeweils kritischen Dosisleistung ab nimmt jedoch die Mindestdosis mit abnehmender Dosisleistung bis hin zum Schwellenwert zu.

10.7. Mögliche Wirkungsmechanismen und Folgen zytophysiologischer Störungen

Weitgehend ungeklärt sind die zellulären Angriffsorte der Strahlung für diese Sofortreaktionen und die Mechanismen, die ihnen zugrunde liegen. Wenn, wie vermutet wird, ein großer Teil dieser Reaktionen auf Störungen der Zellmembranfunktion beruht, sei es an den Rezeptoren, den Nervenfasern, an Synapsen oder an dem ausführenden Organ, sei es auf direktem Weg oder über die Freisetzung, Blockierung oder veränderte Wirkung von Neurotransmittern, so ist immer noch zu klären, wie es zu diesen Änderungen der Membranfunktion kommt. Es kann weitgehend ausgeschlossen werden, daß die durch Strahlung erzeugten zusätzlichen Ionen die Elektrolytverhältnisse des äußeren und inneren Millieus nennenswert verändern. Ihre Zahl ist bei den in Frage kommenden Dosen zu klein gegenüber den vorhandenen Ionenkonzentrationen. Bei den relativ kleinen Dosen ist es auch unwahrscheinlich, daß primär die energieliefernden Prozesse, wie der aktive Transport gestört werden. Es ist vielmehr naheliegend, anzunehmen, daß die primäre Wirkung in einer Veränderung der Struktur und Funktion der Lipoproteid-Doppelschicht zu suchen ist. Minimale Verschiebungen der Oberflächenladung dieser Makromoleküle können sich über weite Bezirke auswirken und zu Permeabilitätsveränderungen führen. Langendorff (B. 68.) vor allem hat in letzter Zeit darauf hingewiesen, daß bei der großen Bedeutung, die dem zyklischen Adenosinmonophosphat bei der Funktion der Zellmembranen zukommt, dieses auch bei der Interpretation strahleninduzierter Funktionsstörungen zu berücksichtigen sein wird.

Wenn die Zellmembran als strahlenempfindlich zu betrachten ist, so muß gleiches für intrazelluläre Membranen gelten, die aus Lipoproteid-Doppelschichten bestehen und für die räumliche Ordnung des Zellinneren verantwortlich sind. Auch andere makromolekulare Komplexe können vermutlich analoge physikalisch-chemische Veränderungen erleiden. Es ist keine hypothetische Annahme, daß Strahlung auch auf dem Wege über temporäre Störungen von Zellmembranen und verwandten Strukturen in das Zelleben eingreifen kann. Wir müssen damit rechnen, daß manche der beobachteten biochemischen, genetischen und zytoletalen Störungen, die wir im allgemeinen auf molekulare Schäden der betreffenden Strukturelemente zurückführen, Folgen temporärer und physiologischer Funktionsstörungen sind – zumindest ist es keineswegs auszuschließen, daß selbst Änderungen der DNA und ihre genetischen Folgen bis zu einem gewissen Grade mit strahleninduzierten Verschiebungen des Wasser- und Elektrolythaushalts und anschließenden Stoffwechselstörungen zusammenhängen. T. Alper hat bereits 1968 auf die Rolle der Zellmembranen bei der Entwicklung zellulärer Strahlenschäden hingewiesen (B. 2.). Die Auflockerung der intrazellulären Barrieren kann zu einer Freisetzung von komplex- oder membrangebundenen Enzymen führen. Organische Moleküle können in die Zelle eindringen oder von ihr freigesetzt werden. Hier bestehen gewisse Beziehungen zu der von Alexander, Bacq und Errera (s. in A. 1.) aufgestellten Enzymfreisetzungstheorie, die besagt, daß eine Fülle von Strahlenwirkungen sekundär durch Freisetzung gebundener Enzyme zustande kommt.

Es liegen zahlreiche Belege dafür vor, daß auch extrazelluläre Grenzschichten oder kompliziertere, aus Zellschichten zusammengesetzte Membranen unter Bestrahlung eine erhöhte Durchlässigkeit zeigen können. Das gilt für Basalmembranen von Gefäßen und Schleimhäuten und für bindegewebige Membranen oder Grenzschichten wie der Blutliquorschranke. Durch Injektion von Farbstoffen oder radioaktiven Substanzen kann man nach Bestrahlung eine erhöhte Durchlässigkeit solcher Strukturen nachweisen. Die Mukopolysaccharide des Bindegewebes sind außerordentlich strahlenempfindlich und zeigen schon bei relativ kleinen Dosen

Änderungen ihrer Viskosität und ihrer Durchlässigkeit für Wasser (Brinkmann u. Lamberts). Bei der Strahlenschädigung von Zellen und Geweben spielen diese funktionellen, z. T. flüchtigen Störungen eine wesentliche Rolle. Einerseits tragen Permeabilitätsstörungen zu den zytopathologischen Wirkungen bei, und andererseits ist die Schädigung des Gewebes nicht ausschließlich durch Zelluntergänge, sondern durch funktionelle Veränderungen des Gefäßapparates und der Durchblutung, der Lymphbahnen und des Bindegewebes zu erklären.

Die praktische Bedeutung solcher physiologischer Störungen ist damit offensichtlich. Die Symptome der akuten Strahlenkrankheit, Funktionsstörungen des Magen-Darm-Kanals, Rhythmusstörungen des Herzens bei sehr hoher lokaler Bestrahlung und schließlich Störungen des vegetativen und zentralen Nervensystems sind hier zu erwähnen.

11. Zytogenetische Strahlenwirkungen

Ionisierende Strahlen können wie chemische Mutagene außer sogenannten Punktmutationen numerische und strukturelle Chromosomenaberrationen hervorrufen. Punkt- oder Genmutationen sind mikroskopisch nicht sichtbar, sondern nur an ihren Auswirkungen auf die Nachkommen erkennbar. Im folgenden sollen die morphologisch faßbaren Veränderungen von Chromosomen beschrieben werden, während die hereditären Folgen sowohl von Punkt- wie von Chromosomenaberrationen in Abhandlungen über Strahlengenetik nachzulesen sind (s. u. a. in A. 87.).

Die Darstellung der Aberrationen des Kernmaterials, die durch Strahleneinwirkung hervorgerufen werden können, käme einer Aufzählung aller überhaupt bekannten anormalen zytogenetischen Phänomene gleich. Dabei ist zwar ein großer Teil erst nach Strahleneinwirkung beobachtet worden, aber jede Form der Störung kann durch andere physikalische und durch

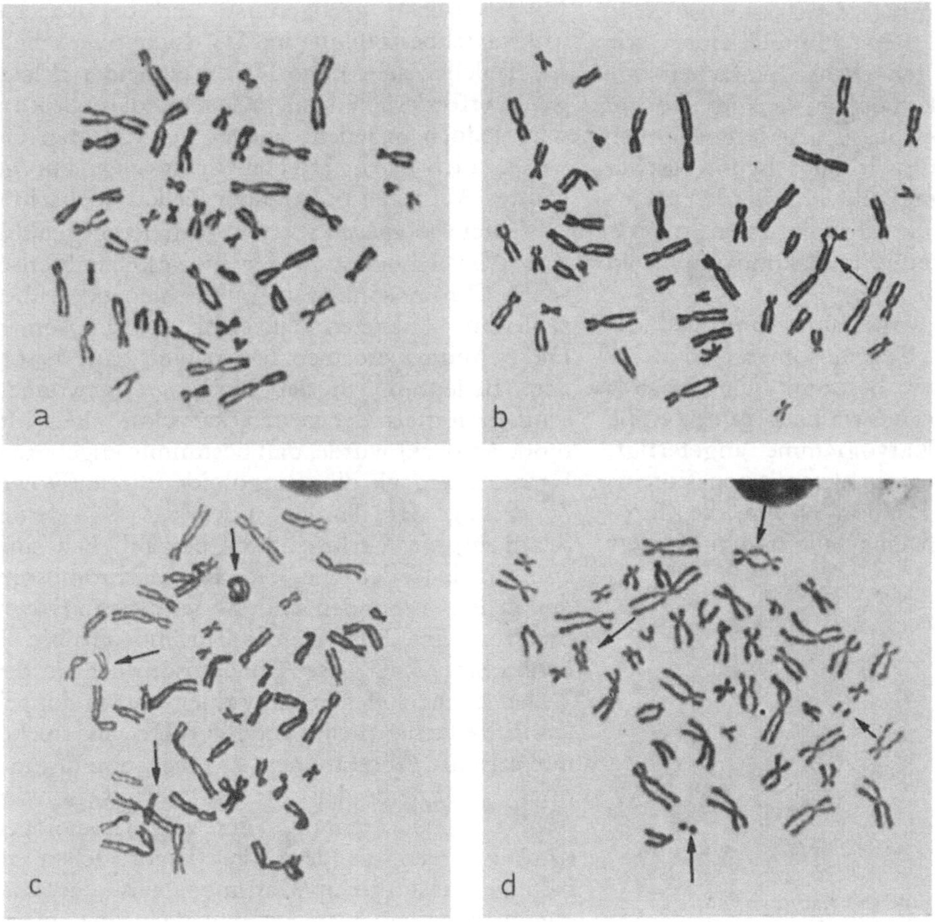

Abb. 11.1. Chromosomensätze menschlicher Lymphozyten in Metaphase. a: normales Chromosomenbild. b–d: Befunde nach Strahleneinwirkung mit asymmetrischem Chromatidaustausch in b), Ringchromosom und 2 azentrischen Fragmenten in c), 2 dizentrischen Chromosomen und 2 azentrischen Fragmenten in d) (M. Bauchinger)

chemische Agenzien ausgelöst werden, oder spontan, d. h. ohne erkannte Ursache, auftreten. Auch die zytogenetischen Strahlenwirkungen sind also unspezifisch. Nur die relative Häufigkeit ihres Auftretens, z. B. das Überwiegen ganz bestimmter Formen von Aberrationen, läßt mit einer hohen Wahrscheinlichkeit auf frühere Strahlenexpositionen schließen. Die Chromosomenaberrationen manifestieren sich dem bewaffneten Auge (außer bei den Riesenchromosomen von Insekten) nur in bestimmten Abschnitten der Mitose, in denen die Chromosomen sichtbar sind, also der Pro-, Meta-, Ana- und Telophase.

Strahleninduzierte Chromosomenaberrationen wurden schon frühzeitig, vor allem an Pflanzenzellen, z. B. den Meristemzellen von Wurzelspitzen, und an Riesenchromosomen, z. B. der Speicheldrüse von *Drosophila* und anderen Insekten, beobachtet, und bald wurde erkannt, daß sie in jeder Zellart auftreten können, bei der sich das chromatische Material während der Kernteilung in Chromosomenform anordnet. Ihre genaue und quantitative Erfassung auch in Säugetierzellen wurde erst mittels einer von T. C. Hsu entwickelten ebenso einfachen wie erfolgreichen Technik möglich, bei der die mit Colchizin in der Metaphase arretierten Zellen durch kurzfristige Einwirkung hypotonischer Lösungen zur Quellung gebracht werden. Nach der Fixierung liegen die Chromosomen im Präparat säuberlich getrennt und können einzeln analysiert werden (Abb. 11.1.).

Auf diese Weise wurde überhaupt erst die Zahl der menschlichen Chromosomen – 46 in der diploiden Zelle – genau bestimmt. Durch Ordnung der Chromosomenpaare nach ihrer Größe und Form werden Karyogramme angefertigt, wobei nach einer allgemein akzeptierten Vereinbarung, dem Denver-London-System, die Chromosomen in Gruppen eingeteilt und numeriert werden (Abb. 11.2.).

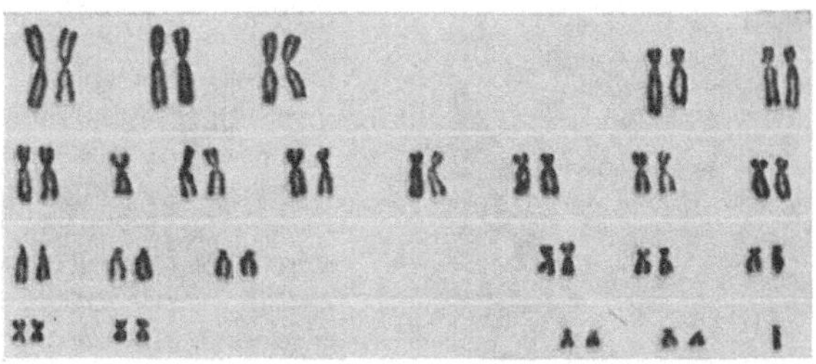

Abb. 11.2. Normaler männlicher Karyotyp 46,XY geordnet nach dem Denver-London-Katalog. Gewonnen durch Ausschneiden der Chromosomen von Abb. 11.1.a

11.1. Numerische Chromosomenaberrationen

Die Zellen der verschiedenen Pflanzen- und Tierspezies besitzen eine jeweils charakteristische Zahl von Chromosomen. Der Chromosomensatz ist in den Gameten haploid und in den Somazellen diploid. Abweichungen von dieser Chromosomenzahl um einen ganzzahligen Faktor, also Verdoppelungen oder Vervielfachungen des Chromosomensatzes, werden als *Polyploidie* bezeichnet. Ihre Folgen stellt man als Genommutationen den Punkt- und Chromosomenmutationen gegenüber. Ursachen der Polyploide sind Störungen der Karyokinese (z. B. Endoreduplikationen), bei denen zwar die Verdoppelung aller Chromosomen regulär erfolgt, aber die Bildung zweier Tochterzellen unterbleibt. Dabei ist an ein Versagen des Spindelapparates zu denken.

Dieser ist zwar relativ strahlenresistent, so daß er praktisch nur bei zytoletalen Dosen deutlich in Mitleidenschaft gezogen ist, und bei isolierter Mikrostichbestrahlung mit UV-Licht oder schnellen Teilchen sehr hohe Dosen zu seiner Schädigung erforderlich sind, als sekundäre Störung wird jedoch in jedem schwer geschädigten Gewebe, auch nach Strahleneinwirkung, ein gehäuftes Auftreten polyploider Zellen beobachtet.

Unter *Aneuploidie* versteht man demgegenüber eine Abweichung von der spezies-charakteristischen Chromosomenzahl mit Fehlen oder überzähligem Auftreten einzelner Chromosomen. Diese Anomalieformen haben eine ganz besondere Bedeutung in der Nosologie gewonnen, seitdem mittels der neuen karyologischen Methode entdeckt wurde, daß bestimmte angeborene Krankheiten, wie die mongoloide Idiotie (Down-Syndrom), das Turner- oder das Klinefelter-Syndrom, mit Verlust oder Überzähligkeit eines autosomalen oder eines Geschlechtschromosoms der Zellen verbunden sind. So wird beim Down-Syndrom eine Trisomie des Chromosoms Nr. 21 beobachtet, d. h. dieses Chromosom liegt in den Zellen der betroffenen Individuen statt in doppelter, in dreifacher Ausführung vor. Ursache solcher numerischer Aberrationen ist eine „non-disjunction": während der Meiose der Keimzellen erfolgt keine Trennung der zwei homologen Chromosomen, sondern die Tochterzellen erhalten eines dieser Chromosomen entweder zuviel oder zu wenig. Eine Häufung dieser numerischen Aberrationen ist auch bei Strahleneinwirkung, z. B. in Keimzellen von *Drosophila*, nachgewiesen worden. In ähnlicher Weise kann es auch bei der Mitose der Somazellen durch fehlerhafte Verteilung zu zahlenmäßigen Verschiebungen des Chromosomensatzes kommen.

11.2. Strukturelle Chromosomenaberrationen

Mehr oder weniger diffus das ganze chromatische Kernmaterial erfassenden Veränderungen, z. B. solchen, die auf Chromosomenverklebungen während der Mitose zurückzuführen sind (s. Abb. 11.3.) oder einer allgemeinen Brüchigkeit des Materials, wie sie nach bestimmten Virusinfektionen beobachtet wird, sind die strukturellen Aberrationen einzelner Chromosomen gegenüberzustellen.

Nach ihrem Entstehungsmechanismus und ihrem mikroskopischen Bild lassen sich unterscheiden:

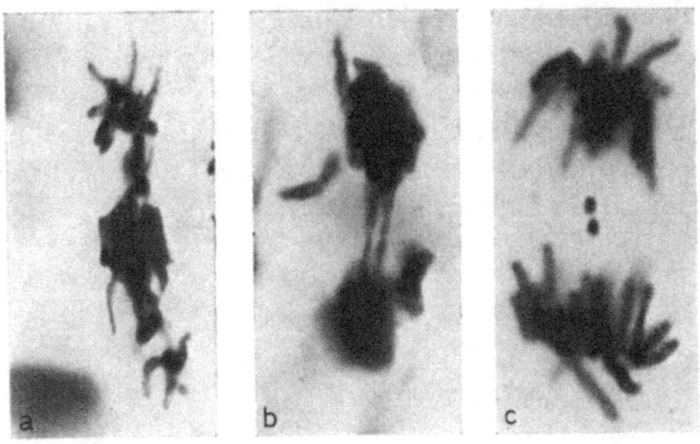

Abb. 11.3. Anaphasen aus dem Wurzelspitzenmeristem der Küchenzwiebel: a) Verklebung mehrerer Chromosomen, b) Verklebungsbrücken, c) azentrische Fragmente (M. Bauchinger)

a) Chromosomenaberrationen in engerem Sinn
b) Chromatidaberrationen und
c) Subchromatidaberrationen.

Die Entstehung der beiden ersten Formen soll anhand des folgenden Schemas (Abb. 11.4.) veranschaulicht werden. In der Anaphase der Zellteilung erhält jede Tochterzelle eine Schwesterchromatide jedes Chromosomenpaares. Während der Interphase liegt das Chromosomenmaterial vermutlich in Form von entknäuelten DNA-Doppelfäden vor. Bei der DNA-Synthese entstehen durch Reduplikation zwei identische Chromatiden, die in der folgenden Metaphase als parallelliegende Untereinheiten der Chromosomen erkennbar sind.

Die initiale Läsion, auf der alle Chromosomenaberrationen beruhen, und die oft auch im folgenden einfachheitshalber als primärer Bruch bezeichnet wird, erfaßt, wenn sie vor der DNA-Synthese, also in der G_1-Phase erfolgt, das ganze Chromosom, d. h. sie wird sich in der nächsten Mitose an beiden, bei der DNA-Synthese entstehenden parallel gelagerten Chromatiden an der gleichen Stelle bemerkbar machen. So entstehen Chromosomenaberrationen im engeren Sinne.

Schon gegen Ende der G_1-Phase, während und nach der DNA-Synthese wird meistens der primäre Bruch, zumindest bei Einwirkung locker ionisierender Strahlen, nur eine der beiden Chromatiden eines Chromosoms erfassen; in der Metaphase wird dann ein Chromatidbruch beobachtet.

Subchromatidaberrationen erfolgen während der Mitose (Prophase) und erscheinen als Seitenarmbrücke in der Anaphase.

Vom mikroskopischen Bild her unterscheiden wir:

1) Einfache *Chromosomenbrüche* oder *Deletionen*, die zur Verkürzung eines Chromosomenarmes durch Absprengung eines Bruchstückes führen, und

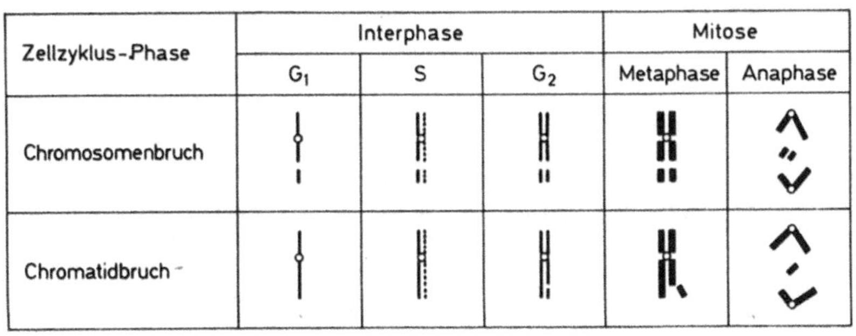

Abb. 11.4. Schema der Entstehung von Chromosomen- und Chromatidbrüchen bei Bestrahlung in verschiedenen Zellzyklusphasen

2) *Strukturumbauten*, die dann entstehen, wenn in einem oder in zwei benachbarten Chromosomen mehrere Brüche erfolgen, und sich die Bruchenden zu abnormalen Chromosomenkonfigurationen vereinigen. Umbauten innerhalb des gleichen Chromosoms werden als „*intra-changes*", solche zwischen mehreren Chromosomen als „*inter-changes*" bezeichnet.

Einige Formen solcher Strukturumbauten sind in Abb. 11.1. b-d dargestellt, Abb. 11.5. zeigt ein Schema der wichtigsten zytologisch beobachtbaren Chromosomen- u. Chromatidaberrationen.

Deletionen können durch Absprengung von Bruchstücken an den Enden der Chromosomen oder interstitiell zustande kommen. *Ringchromosomen* bilden sich dadurch, daß an jedem Chromosomenarm ein Stück abgesprengt wird und die proximalen Bruchenden sich ringförmig vereinigen. *Die Inversion* beruht auf der Umlagerung und Verdrehung eines Segments innerhalb des Chromosoms. Der Austausch von Chromosomenstücken zwischen zwei oder mehreren Chromosomen wird als *Translokation* bezeichnet. *Dizentrische Chromosomen*, entstehen durch Fusion von Bruchstücken zweier Chromosomen von denen jedes ein Zentromer besitzt. Darüber hinaus gibt es verschiedene Strukturumbauten, die zu *atypischen Chromosomen* führen, also solchen, die nur dadurch als Strukturumbauten erkennbar sind, daß sie nach Form und Größe in der betreffenden Spezies normalerweise nicht vorkommen.

Bei einfachen Deletionen und bei Strukturumbauten entstehen freie Fragmente ohne ein Zentromer. Solche *azentrischen* Fragmente gehen bei der nächsten Zellteilung verloren oder werden zufällig auf die Tochterzellen verteilt. In diesen können sie dann sogenannte Mikronuklei bilden, wie wir sie schon als Folge von Chromosomenverklebungen kennengelernt haben.

Die Chromatidaberrationen entstehen in analoger Weise wie die Chromosomenaberrationen im engeren Sinne, zeigen aber eine noch größere Vielfalt der morphologischen Erscheinungen. Erfolgt zufällig eine Durchtrennung beider Chromatiden an der gleichen Stelle, so bezeichnet man das als *Isochromatidbruch*; er gleicht morphologisch einem Chromosomenbruch.

Spontan und vermehrt nach Einwirkung verschiedener Agenzien, auch ionisierender Strahlung, finden sich mikroskopische Veränderungen an den Chromosomen, die nicht einem vollständigen Bruch entsprechen, sondern sich als *achromatische Lücken* oder *gaps* in dem Kontur der Chromosomen bemerkbar machen. Vermutlich handelt es sich um eine lokale Despiralisierung der DNA-Moleküle oder auch einen Verlust an DNA.

Außerdem werden auch nach Bestrahlung, häufiger aber bei anderen Schädigungen, z. B. Virusinfektionen, nichtlokalisierte, diffuse, einzelne oder alle Chromosomen umfassende Veränderungen, wie eine Erosion oder Pulverisierung der Chromosomen beobachtet.

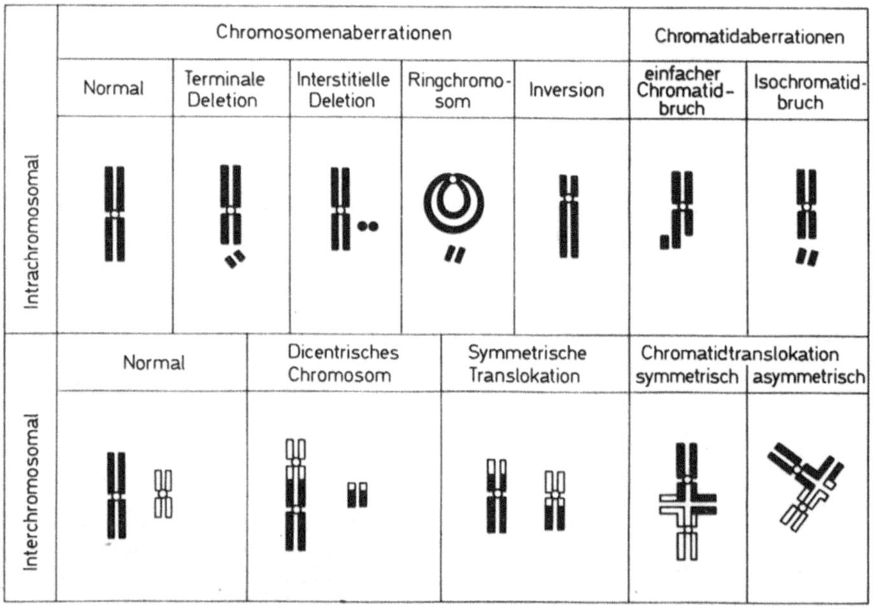

Abb. 11.5. Schema der zytologisch beobachtbaren Chromosomen- und Chromatidaberrationen. (M. Bauchinger)

Wie gesagt, kann keine der beobachteten strukturellen Chromosomenaberrationen als strahlenspezifisch angesehen werden. Zahlreiche Chemikalien können gleichartige oder ähnliche Veränderungen hervorrufen und werden deswegen geradezu als Radiomimetika bezeichnet, so etwa Stickstoff-Lost.

11.3. Mögliche Wirkungsmechanismen

Die Vorstellungen über das Zustandekommen der mikroskopisch sichtbaren Strukturveränderungen der Chromosomen sind so sicher und unsicher wie unsere Kenntnisse vom Aufbau der Chromosomen. Zwischen der von J. D. Watson und F. H. C. Crick aufgeklärten Struktur der DNA-Doppelhelix und dem mikroskopischen Bild der Chromosomen klafft noch eine große Lücke. So wissen wir immer noch nicht, ob in der Säugetierzelle das Material eines Chromosoms in der Interphase als ein einziger Doppelstrang der DNA vorliegt, wie es räumlich angeordnet ist, und wie sich die gesamte DNA über den Zellkern verteilt. Wir wissen ferner nicht, in welcher molekularen Anordnung das Material in der Prophase zu sichtbaren Chromosomen kondensiert.

Zwei Vorstellungen über die Natur der primären Läsionen und der daran anschließenden strukturellen Veränderungen stehen zur Wahl. Nach der älteren Theorie von Stadler (B. 104.) und von Sax (B. 98.) führt der Durchgang eines ionisierenden Teilchens durch das Interphase-Chromosom oder seine unmittelbare Umgebung direkt zu einem Bruch. Die Bruchenden können sich entweder zu der alten Form wiedervereinigen, oder es entstehen, wenn es zu keiner restitutio ad integrum kommt, Deletionen oder durch Wechselwirkung mit anderen Bruchenden Strukturumbauten. Nach Vorstellungen von S. H. Revell (B. 94.) besteht die primäre Läsion in einer lokalen Labilisierung der Chromosomenstruktur, die repariert werden oder sekundär zu den beobachteten Aberrationen führen kann. Nach dieser Theorie entstehen auch Aberrationen, die gewöhnlich auf ein Bruchereignis zurückgeführt werden, durch eine Doppelläsion: Am Kreuzungspunkt einer Schleife des Chromosomenfadens werden zwei eng zusammenliegende Stel-

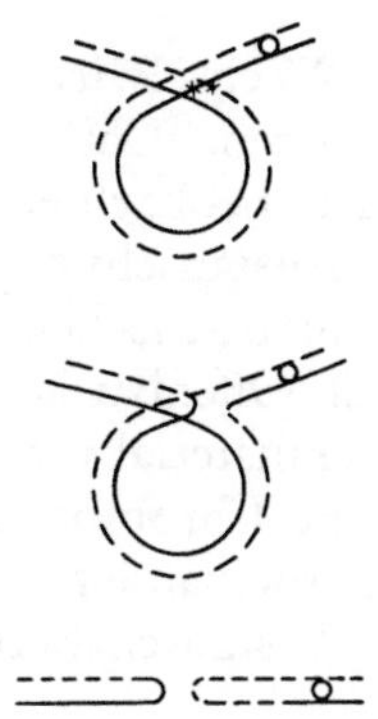

Abb. 11.6. Die Entstehung von Chromosomenbrüchen nach der Hypothese von S. H. Revell

len labilisiert und können unter Verlust des Schleifenstückes zum Defekt führen (Abb. 11.6.).

Weitgehende Übereinstimmung herrscht darüber, daß die primäre Läsion, sei es ein unmittelbarer Bruch oder eine lokale Labilisierung, nur relativ kurze Zeit besteht, und daß sie dann entweder „geheilt" ist oder zu einem irreversiblen Schaden geführt hat. Der Zeitraum, innerhalb dessen es zur Heilung oder Fixierung des Schadens kommt, schwankt zwischen 3 und 30 min bei Vicia faba, 60–90 min bei menschlichen Lymphozythen und mehreren Tagen bei Drosophila-Eiern. Wahrscheinlich gibt es aber auch bei dem gleichen Zelltyp unterschiedliche Schadenszustände und Reparationsmechanismen mit erheblich differierenden Zeitkonstanten und mit unterschiedlicher Abhängigkeit von Stoffwechselprozessen, Sauerstoffspannung und anderen physiologischen Bedingungen.

Je nach den zugrundeliegenden Wirkungsmechanismen werden also die verschiedenen Chromosomenaberrationen entweder bereits durch eine einzige Läsion ausgelöst oder erfordern das Zusammenwirken mehrerer primärer Läsionen. Im letzten Fall müssen die auslösenden Absorptionsereignisse in einer gewissen räumlichen und wegen der ablaufenden Heilungsprozesse in einer gewissen zeitlichen Nachbarschaft eintreten. Auch hinsichtlich der Art dieser Wechselwirkungen bestehen noch unterschiedliche Auffassungen – wiederum deswegen, weil unsere Kenntnisse über den Zustand des genetischen Materials, vor allem in der Interphase, unsicher sind. Nach einer dieser Auffassungen können nicht sämtliche primären Läsionen aller Chromosomen einer Zelle miteinander in Wechselwirkung treten. Nach dem sogenannten „site"-Konzept von S. Wolff (B. 115.) treten nur solche miteinander in Wechselwirkung, die räumlich eng beieinanderliegen. Dafür sprechen triftige Gründe. So wurde beobachtet, daß es bei interchromosomalen Austauschvorgängen bevorzugt zu Strukturumbauten zwischen bestimmten Chromosomen kommt. Offenbar ist in der Interphase das Chromosomenmaterial nicht zufällig verteilt, sondern bestimmte Chromosomen liegen an bestimmten Orten beieinander, so daß es nur zwischen diesen zu Austauschaberrationen kommen kann.

11.4. Die Dosiswirkungsbeziehung der Chromosomenaberrationen

Die Zahl der strahleninduzierten Chromosomenaberrationen nimmt mit der Dosis zu, die verschiedenen Typen weisen aber unterschiedliche Dosiswirkungsbeziehungen auf, die gewisse Hinweise auf mögliche Entstehungsmechanismen geben. Nach älteren vereinfachten Vorstellungen weisen Deletionen von Chromosomen oder Chromatiden, die durch eine einzige primäre Läsion zustande kommen, eine lineare Dosiswirkungsbeziehung auf. Strukturumbauten dagegen, zu deren Zustandekommen mehr als eine primäre Läsion nötig ist, werden nur bei Einwirkung dicht ionisierender Strahlen nach einer annähernd linearen Dosiswirkungsbeziehung, durch locker ionisierende Strahlen aber nach einer Funktion höherer Ordnung induziert. Diese Verhältnisse legen eine einfache treffertheoretische Interpretation nahe. Jeder primären Läsion entspricht demnach ein einziger Akt der Energiedeposition durch ein ionisierendes Teilchen an einem diskreten Ort der Chromosomenstruktur bzw. des DNA-Moleküls. Strukturumbauten dagegen erfordern zwei oder mehrere primäre Läsionen in einem oder zwei benachbarten Chromosomen, die miteinander in Wechselwirkung treten. Ein dicht ionisierendes Teilchen kann mit hoher Wahrscheinlichkeit gleichzeitig mehrere eng benachbarte Läsionen hervorrufen, und in diesem Falle können auch Strukturumbauten durch ein einziges Absorptionsereignis ausgelöst werden: die Dosiswirkungskurve verläuft linear. Bei locker ionisierenden Strahlen dagegen müssen zur Erzeugung mehrerer Läsionen meist mehrere ionisierende Teilchen zusammenwirken. Die Zahl von Strukturumbauten hängt dann nicht linear, sondern nach einer Potenzfunktion höherer Ordnung von der Dosis ab. Biophysikalische Überlegungen führen aber dazu, anzunehmen, daß auch bei locker ionisierenden Strahlen gelegentlich einzelne Energiedepositionen derart erfolgen, daß sie auch mit einem Schritt mehrere Läsionen hervorrufen können. Zu denken ist an die dichter ionisierenden δ-Strahlen und an andere zufällig zustandekommenden hohen Energiekonzentrationen in mikroskopisch kleinen Bereichen. Demnach ist bei Einwirkung locker ionisierender Strahlen mit einer zusammengesetzten Dosiswirkungsbeziehung zu rechnen, bestehend aus einem linearen und einem quadratischen Glied nach der Gleichung:

$$y = s + a \cdot D + b \cdot D^2 \qquad (8.1.)$$

Dabei ist y die Ausbeute an Strukturumbauten, s deren spontane Inzidenz, a und b sind Wirkungskoeffizienten.
(Vergl. mit Gl. 2.2.3.).

11.5. Die Abhängigkeit von der zeitlichen Dosisverteilung

Wenn eine Chromosomenaberration durch ein einziges Absorptionsereignis hervorgerufen wird, so sollte man nach treffertheoretischen Vorstellungen nicht nur eine lineare (bzw. exponentielle) Abhängigkeit von der Dosis erwarten, sondern die Ausbeute sollte auch unabhängig von der zeitlichen Dosisverteilung sein: Jeder einzelne „Treffer“ führt unabhängig von dem anderen zu dem beobachteten Effekt. Diese Voraussetzung ist gegeben:

a) bei einfachen Deletionen (wenn sie wirklich Folge nur einer einzigen primären Läsion sind),
b) bei jeder Form von Chromosomenaberrationen (auch Strukturumbauten), die durch dicht ionisierende Strahlen hervorgerufen werden und
c) bei der linearen Komponente der Dosiswirkungskurve von Strukturumbauten bei Einwirkung locker ionisierender Strahlen.

Dagegen ist für die quadratische Komponente der Dosiswirkungsbeziehung bei Strukturumbauten unter der Einwirkung locker ionisierender Strahlen eine Abhängigkeit von der zeitlichen Dosisverteilung wegen der beschriebenen zeitlich begrenzten Reaktionsfähigkeit primärer Läsionen zu erwarten. Je geringer die Dosisleistung oder je stärker die Fraktionierung einer Dosis locker ionisierender Strahlen ist, umso geringer wird die Wahrscheinlichkeit einer Wechselwirkung zwischen zwei primären Läsionen.

So liegt die Zahl der Lymphozyten mit dizentrischen Chromosomen und Ringchromosomen einer über 24 Std. ausgedehnten Bestrahlung von Blutproben mit den γ-Strahlen von ^{137}Cs wesentlich unter den Werten, die nach einer Röntgenbestrahlung innerhalb von Minuten gefunden wurden (Abb. 11.7.). Der Zeitfaktor, also das Verhältnis der den gleichen Effekt hervorrufenden Dosen ist im Bereich kleiner Wirkung geringer als bei stärkerer Wirkung: die quadratische Komponente der Dosiswirkungsbeziehung reduziert sich auf etwa ein Zehntel.

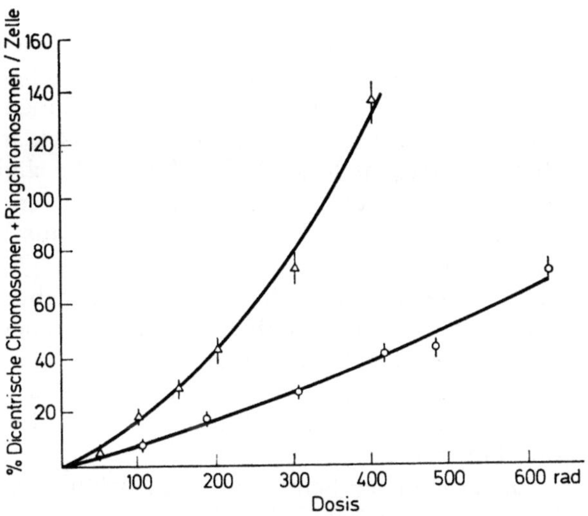

Abb. 11.7. Zahl der dizentrischen Chromosomen und Ringchromosomen in menschlichen Lymphozyten nach Bestrahlung von Blutproben mit Röntgenstrahlen innerhalb weniger Minuten (linke Kurve) und mit γ-Strahlen in 24 Std. (Aus: Brewen u. Luippold, B. 16.)

11.6. Die Abhängigkeit von der Strahlenqualität

Die Ausbeute an Chromosomenaberrationen aller Typen ist bei Einwirkung dicht ionisierender Strahlen höher als bei locker ionisierenden, und dementsprechend verlaufen die Dosiswirkungskurven steiler.

Wenn sich, wie bei einfachen Deletionen für die beiden zu vergleichenden Strahlenarten lineare Dosiswirkungskurven ergeben, so bleibt die RBW über den ganzen Dosisbereich hinweg konstant. Dagegen muß sich für Strukturumbauten die RBW mit abnehmender Dosis erhöhen, da die Wirkungskurve dicht ionisierender Strahlen linear und die der locker ionisierenden linear-quadratisch verläuft. So hat Neary an *Tradescantia* beobachtet, daß sich die RBW von Neutronen im sehr kleinen Dosisbereich bis auf 100 erhöht. Weitere Daten über die Abhängigkeit der Chromosomenaberrationen vom LET gibt der ICRP-Report 18 (A. 41.).

Es muß hier noch ausdrücklich betont werden, daß alle Beobachtungen über die Abhängigkeit der verschiedenen Chromosomenaberrationen von der Dosis, der Dosisleistung und dem LET ionisierender Strahlen mit gewissen Unsicherheiten behaftet sind, von Objekt zu Objekt variieren, und daß aus ihnen je nach Versuchsbedingungen und vielleicht auch bis zu einem gewissen Grade je nach der theoretischen Voreingenommenheit der Untersucher über hypothetische Wirkungsmechanismen unterschiedliche mathematische Funktionen abgeleitet werden. So z. B. finden sich mehr und mehr Belege dafür, daß auch einfache Deletionen nach Einwirkung locker ionisierender Strahlen keine rein lineare Dosisbeziehung aufweisen, was als Beleg für die Revellsche Hypothese gelten mag. Wie bereits erwähnt, ist offenbar die Beziehung zwischen physikalischem Treffer und Bruch nicht so direkt, wie man früher vereinfacht angenommen hat.

11.7. Andere, den Effekt beeinflussende Faktoren

Auch in bezug auf die Induktion von Aberrationen bestehen Unterschiede der Empfindlichkeit zwischen den verschiedenen Phasen des Zellzyklus. Wie beschrieben, hängt die Art der Aberrationen – Chromosomen-, Chromatid- oder Subchromatidaberrationen – von der Zyklusphase ab, in der sich die Zelle während der Bestrahlung befindet. Die G_1-Phase ist im allgemeinen die empfindlichste; bei menschlichen Lymphozyten z. B. dreimal empfindlicher für asymmetrische Austauschaberrationen als die G_2- und 17 mal empfindlicher als die S-Phase.

Somit hängt die Ausbeute an Chromosomenaberrationen von der Zellproliferation ab, aber auch von anderen Stoffwechselzuständen und darüber hinaus von Milieufaktoren wie Temperatur oder Sauerstoffspannung vor, während und z. T. nach Bestrahlung.

Chemikalien, die auch sonst einen Schutzeffekt haben, reduzieren die Zahl der Chromosomenaberrationen, wenn sie vor Bestrahlung gegeben werden.

Harnstoff, Cystein, 2,3-Dimercaptopropanol (BAL) und AET wirken, wie in 5.9. u. 9.3.1.7. erläutert, als Radikalfänger. Verschiedentlich kann der Schutzeffekt auch dadurch erklärt werden, daß die Substanzen zeitweilig eine Verbindung mit der DNA eingehen und diese damit vor dem Zugriff der freien Radikale abschirmen. Ferner ist daran zu denken, daß manche Stoffe die Sauerstoffspannung in den Zellen herabsetzen oder daß sie die Reparationsvorgänge stimulieren. Verschiedentlich wurde auch berichtet, daß die Ausbeute verschiedener Aberrationstypen wie Deletionen und Translokationen durch Schutzsubstanzen in unterschiedlichem Maße reduziert wird.

11.8. Chromosomenaberrationen menschlicher Zellen

11.8.1. Nach Bestrahlung von Blutproben in vitro

Nach den verschiedensten Formen einer Strahlenexposition können auch in menschlichen Zellen die beschriebenen Chromosomenaberrationen beobachtet werden. Ein bevorzugtes Objekt für solche Studien sind Lymphozyten des peripheren Blutes, die unter geeigneten Kulturbedingungen durch Phythämagglutinin und andere Substanzen zur Teilung angeregt werden können.

Auch für die Chromosomenaberrationen des Menschen wurden nach Einwirkung locker ionisierender Strahlen Dosiswirkungskurven ermittelt, die sich am ehesten durch eine lineare und eine quadratische Komponente entsprechend der Gl. (8.1.) interpretieren lassen.

Die Kurven für die einzelnen Aberrationstypen unterscheiden sich nur durch das verschiedene Gewicht der linearen und der quadratischen Komponente. So dominiert bei einfachen Deletionen das lineare Glied, während dieses bei der Bildung von dizentrischen Chromosomen und Ring-Chromosomen gegenüber dem quadratischen Anteil zurücktritt (Abb. 11.8.). Das Verhältnis der Koeffizienten in Gl. (8.1.) a/b hat, wie in 2.4. erläutert, die Dimension einer Dosis und wird mit λ bezeichnet. Diese „Umschlagdosis“ ist in Abb. 2.8. eingezeichnet.

Bei Einwirkung dicht ionisierender Strahlen hat sich für alle Typen von Chromosomenaberrationen auch in Lymphozyten meist eine lineare Dosiswirkungsbeziehung ergeben. Die RBW dicht ionisierender Strahlen, z. B. Spalt-Neutronen, liegt für dizentrische Chromosomen – verglichen mit Röntgen- und γ-Strahlen – zwischen 3–8. Wie zu erwarten, besteht für Strahlen mit hohem LET auch eine weitgehende Unabhängigkeit der Ausbeute von der Dosisleistung.

11.8.2. Chromosomenaberrationen nach Strahlenexposition des Menschen

Auch bei strahlenexponierten Menschen werden in den Lymphozyten und anderen Körperzellen die verschiedenen Formen von Chromosomenaberrationen beobachtet, wie sie schematisch in Abb. 11.5. dargestellt sind. In Abb. 11.1. sind einige Strukturaberrationen, wie dizentrische und Ringchromosomen und ein Chromatidaustausch zu erkennen.

Die Dosisbeziehung der Chromosomenaberrationen, die in den Lymphozyten nach seltenen Fällen einer Totalbestrahlung des Menschen beobachtet wurden, entspricht weitgehend der, die bei Bestrahlung von Blutproben in vitro beobachtet wird.

Auf erhebliche Schwierigkeiten stößt man jedoch, wenn man die bei anderen Formen von Strahlenexpositionen beobachteten Chromosomenaberrationen in Beziehung zur Höhe der Strahlenbelastung bringen will. Bei diagnostischen und therapeutischen Anwendungen ionisierender Strahlen von außen werden nur umschriebene Körperregionen bestrahlt, so daß es zu einer inhomogenen Strahlenbelastung der verschiedenen Körperabschnitte kommt. Auch bei anderen Formen der Strahlenbelastung, wie bei Strahlenarbeitern, bestehen meist wenig übersichtliche Verhältnisse, so daß eine eindeutige Dosiswirkungsbeziehung schwer zu ermitteln ist. Insbesondere ist bei einer inhomogenen Strahlenbelastung kaum abzuschätzen, wie sich die absorbierte Strahlenenergie auf die Lymphozyten in den einzelnen Körperregionen verteilt. Die

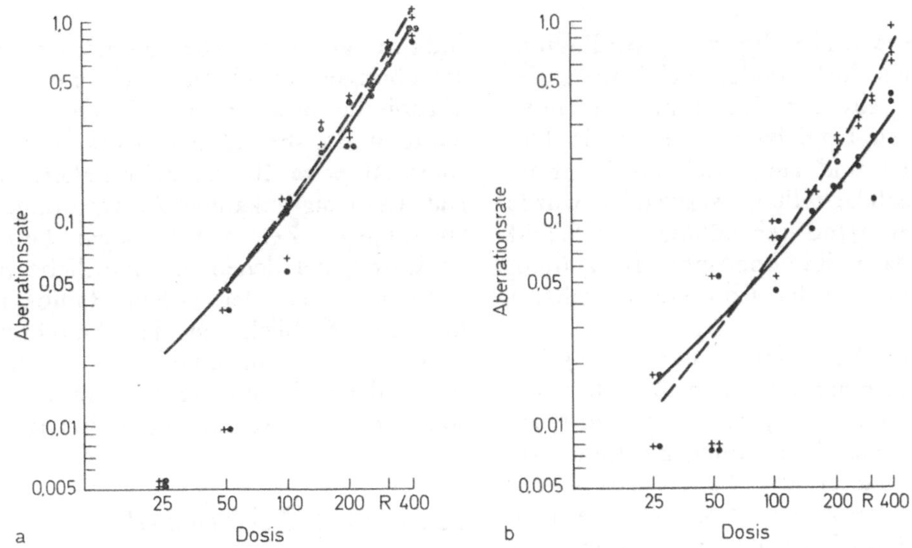

Abb. 11.8. Die linear-quadratische Dosisabhängigkeit von Chromosomenaberrationen in Lymphozyten nach Röntgenbestrahlung menschlicher Blutproben: a) dizentrische Chromosomen allein (●) und zusammen mit Ringchromosomen (+) und b) azentrische Fragmente, die nach verschiedenen Auswertungskriterien erhalten wurden. In der logarithmischen Darstellung ergeben sich gekrümmte Kurven. Unterhalb der „Umschlagdosis" überwiegt die lineare, oberhalb die quadratische Komponente. (Aus B. 101.)

Lymphozyten des peripheren Blutes stellen zusammen mit ihren Bildungs- und Speicherstätten ein Vielkammersystem dar, das sich in einem Fließgleichgewicht von Neubildung, Transformation, Austausch und Untergang von Zellen befindet. Die Verteilung der Zellpopulation auf die verschiedenen Compartments und die entsprechenden anatomischen Regionen und die Zeitkonstanten dieser komplizierten Zelldynamik sind noch nicht hinreichend bekannt. Die Lymphozyten stellen offenbar eine Zellart dar, die sich in verschiedene Subpopulationen mit unterschiedlichen Funktionen und Lebensdauern gliedert; zumindest ein Teil hat Stammzellcharakter. Die Strahlenempfindlichkeit dieser Subpopulationen und aller ihrer Stammzellen und Zwischenformen mag variieren. Wir wissen nicht, wo sich ein Lymphozyt, an dem Chromosomenaberrationen festgestellt werden, zur Zeit der Strahlenexposition befunden hat. Somit hängt die Ausbeute an Aberrationen in einer noch nicht voraussagbaren Weise nicht nur von der Dosis, sondern auch von der räumlichen Dosisverteilung ab.

Daneben kommt es auf den zeitlichen Abstand zwischen Strahlenexposition und Blutentnahme an, da sich, wie wir sehen werden, in der Zeit nach Bestrahlung die Zahl der Zellen mit Chromosomenaberrationen ändert. Somit ist es z. Z. noch nicht möglich, alle bisherigen zytogenetischen Erfahrungen an bestrahlten Menschen nach einheitlichen Gesichtspunkten zusammenzufassen. Jedoch lassen sich aus der Betrachtung von Personengruppen, die eine annähernd gleichartige Bestrahlung erlitten haben, gewisse prinzipielle Regeln ableiten. Bei der Strahlentherapie maligner Erkrankungen unterliegen oft relativ große Anteile des lympho- und hämatopoetischen Systems einer beträchtlichen Strahlenbelastung, und dementsprechend werden auch zytogenetische Veränderungen in den Lymphozyten beobachtet. Unmittelbar nach Abschluß einer kombinierten Röntgen-Radiumtherapie von Uterus-Karzinomen wiesen ca. 35% aller in Zellteilung ausgezählten Lymphozyten Chromosomenaberrationen auf (B. 6.). Bei Strahlenbehandlung der Spondylitis ankylopoetica (Morbus Bechterew), bei der bis zu 40% des aktiven Knochenmarks eine mittlere Strahlendosis von ca. 800 rad erhalten haben, lag die Ausbeute annähernd beim gleichen Wert (Court Brown, B. 20.). Solche Studien haben insofern Bedeutung, als bei bestrahlten *Morbus-Bechterew*-Kranken eine erhöhte Inzidenz an Leukämie beobachtet wurde, und eine Reihe von Hinweisen für einen Kausalzusammenhang zwischen strahleninduzierten Leukämien und Chromosomenaberrationen besteht. Wie zu erwarten, treten auch bei Inkorporation radioaktiver Nuklide Chromosomenaberrationen auf, und können noch nach Jahrzehnten beobachtet werden. Dies wurde nachgewiesen bei Radium-Vergiftungsfällen, insbesondere bei Leuchtzifferblattmalerinnen, sowie nach Zufuhr von Thorotrast, welches das langlebige, α-strahlende Thorium-228 enthält und lange Zeit als Kontrastmittel zur Gefäßdarstellung verwendet wurde. Auch nach Radio-Jod-Behandlung der Schilddrüse sowie nach Radiophosphor-Behandlung der Polyzythämie wurden Chromosomenaberrationen beobachtet.

Bei Strahlenunfällen mit γ- oder gemischter γ-Neutronen-Bestrahlung wurden ebenfalls Chromosomenaberrationen festgestellt. Bei den Überlebenden der japanischen Atomexplosionen, die Dosen über 100 rad erhalten hatten, beobachtete man noch nach Jahrzehnten Chromosomenaberrationen. Die Unsicherheiten der Dosisbestimmung einerseits und andererseits die Fülle von Faktoren, von denen die Ausbeute von Chromosomenaberrationen abhängt, machen es um so schwerer, signifikante Befunde zu erheben, je kleiner die Dosis ist. Erst von einer gewissen Höhe der Strahlenbelastung ab sind die Chromosomenaberrationen nach Zahl und Qualität signifikant von der spontanen Rate verschieden, die im Durchschnitt der Bevölkerung beobachtet wird. So ist es bei beruflicher Strahlenbelastung, bei der die maximal zulässigen Dosen nur wenig überschritten werden, nur durch größere statistische Erhebungen möglich, eine Zunahme der Chromosomenaberrationen gegenüber der Norm festzustellen. Im Einzelfall ist dies erst bei Dosen von über 20–50 rad einer akuten Ganzkörperbestrahlung mit gewisser Sicherheit möglich. Statistische Erhebungen jedoch lassen erkennen, daß schon chronische Strahlenexpositionen, die sich über Jahre und Jahrzehnte erstreckten und bei der maximal etwa 10 rad akkumuliert wurden, zu statistisch signifikanten Abweichungen führten. In jüngster Zeit wurde sogar berichtet, daß an Orten, bei denen die natürliche Strahlenbelastung wegen der hohen Radioaktivität des Gesteins erheblich über dem Durchschnitt liegt, z. B. in einem brasilianischen Monazit-Gebiet, die Zahl der Chromosomenaberrationen über dem sonstigen Durchschnitt liegt (Zit. nach A. 84.).

11.9. Der Zeitverlauf strahleninduzierter Chromosomenaberrationen

Wie in Tierversuchen gezeigt werden konnte, ändert sich die Zahl der Zellen mit strahleninduzierten Chromosomenaberrationen in der Nachbestrahlungszeit, offenbar weil eine Elimination chromosomengeschädigter Zellen im Zuge der Zellproliferation erfolgt.

In stark proliferierenden Geweben wie dem Knochenmark, den Testes, dem Cornealepithel der Ratte oder in Embryonen, fällt schon in den ersten Stunden und Tagen post radiationem die Zahl der Zellen mit Aberrationen stark ab (Abb. 11.9.). In den Lymphozythen des peripheren Blutes wurden solche kurzfristigen Ver-

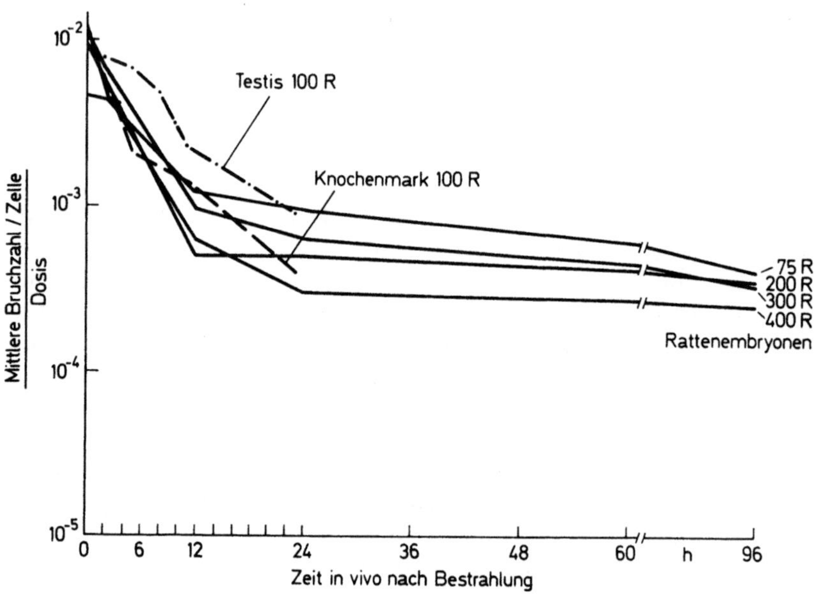

Abb. 11.9. Abnahme der Chromosomenbrüche pro Zelle nach Bestrahlung in Knochenmark und Hoden des chinesischen Hamsters und in Rattenembryonen. (Aus: B. 29.)

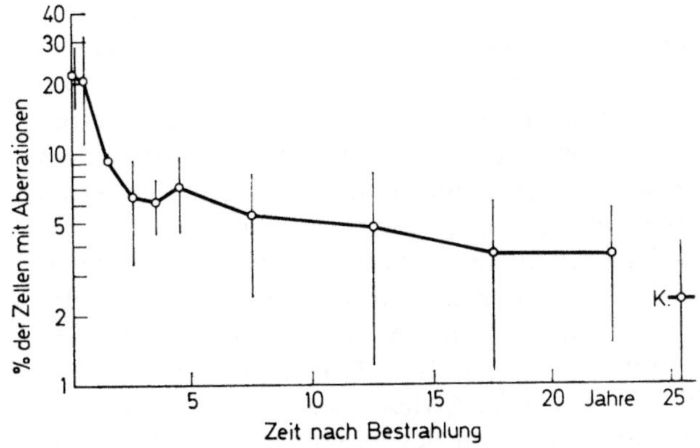

Abb. 11.10. Die zeitliche Abnahme strahleninduzierter Chromosomenaberrationen in den Blutlymphozyten nach einer gynäkologischen Radium-Röntgentherapie. K = = Kontrollwerte unbestrahlter Frauen. Die vertikalen Linien entsprechen den Standardabweichungen. (Aus: B. 6.)

änderungen nicht beobachtet, jedoch eine Abnahme im Laufe von Jahren (Abb. 11.10.). Nach der Exposition bleibt die Zahl der aberrierten Zellen mit geringen Schwankungen im ersten Jahr konstant, fällt dann innerhalb von 2–3 Jahren anscheinend exponentiell auf etwa $^1/_4$ des Anfangswertes und vermindert sich dann in den nächsten Jahrzehnten nur noch wenig. Dabei bestehen erhebliche Unterschiede zwischen den einzelnen Aberrationstypen. Zellen mit Strukturumbauten und solche mit mehreren Chromosomenbrüchen werden schneller eliminiert als Zellen mit Deletionen. Die Persistenz aberrierter Zellen hängt aufs engste mit der Lebensdauer des jeweiligen Zelltyps und seiner Teilungsaktivität zusammen. Offenbar erfolgt die Elimination chromosomal geschädigter Zellen vor allem während der Zellteilung und zwar mit um so größerer Wahrscheinlichkeit, je mehr der betreffende Aberrationstyp den regulären Ablauf der Zellteilung beeinträchtigt. Darüber hinaus kann man sich vorstellen, daß die Störungen des genetischen Codes je nach Schwere die Lebenserwartung der behafteten Zellen verkürzen. Dizentrische Chromosomen haben eine Chance von 1:1 die nächste Teilung zu überleben, abnorme monozentrische Chromosomen dagegen eine solche von etwa 9:1. Somit verschiebt sich bei wiederholten Zellteilungen die relative Häufigkeit der Aberrationstypen.

Man hat aus der erstaunlichen Persistenz von Chromosomenaberrationen in den menschlichen Lymphozyten geschlossen, daß ihre Lebensdauer bzw. die Dauer zwischen ihren Zellteilungen erheblich länger ist, als man früher angenommen hat. Es wurden Werte von 1,5 bis 4 Jahren und mehr geschätzt. Daß es langlebige Lymphozytenpopulationen gibt, wissen wir aus immunbiologischen Beobachtungen. Die obigen Schätzungen beruhen jedoch auf der Annahme, daß der chromosomale Schaden bereits zum Zeitpunkt der Strahlenexposition gesetzt wird, und daß Zellen, welche besonders schwere Schäden haben, zwischen der Exposition und der ersten in Kultur induzierten Teilung in vivo keine oder nur wenige Zellteilungen durchgemacht haben können. Demgegenüber aber muß die Möglichkeit offengelassen werden, daß durch die Bestrahlung in der Zelle selbst oder im Milieu des Organismus Veränderungen geschaffen werden, die über lange Zeit die Wahrscheinlichkeit für das Auftreten neuer Chromosomenaberrationen erhöhen.

Von verschiedenen Seiten wurde vermutet, daß Bestrahlung einen humoralen Faktor produziert, der auch in unbestrahlten Zellen Chromosomenaberrationen hervorruft.

Damit erhebt sich die noch nicht schlüssig zu beantwortende Frage, ob alle Chromosomenaberrationen nur durch die in der Zelle selbst bzw. im genetischen Material absorbierte Energie erzeugt werden oder ob sie auch indirekt („abscopal") ausgelöst werden können.

11.10. Die Folgen strahleninduzierter Chromosomenaberrationen im Organismus

Die Konsequenzen von Chromosomenaberrationen *somatischer Zellen* können mannigfaltiger Art sein, und sind bei weitem noch nicht in vollem Umfange erkannt. Der akute Zelltod nach Strahlenexposition wird zu einem gewissen Teil auch durch Chromosomenschäden hervorgerufen. Beeindruckt von den Tatsachen, daß der Zellkern strahlenempfindlicher ist als das Zytoplasma, daß Strahlung Mutationen hervorruft und daß nach Bestrahlung gestaltliche Veränderungen des Kernmaterials und besonders der Chromosomen zu sehen sind, war man lange Zeit geneigt, den überwiegenden Teil der zellulären Veränderungen und auch den strahleninduzierten Zelltod ausschließlich auf Alterationen des genetischen Substrates und auf letale Mutationen zurückzuführen. Das ist in dieser Vereinfachung sicher nicht richtig. Experimentell lassen sich – jedenfalls bei Säugetierzellen – zytoletale und zytogenetische Effekte wegen ihrer unterschiedlichen Abhängigkeit von der Dosis, der Dosisleistung, dem Zelltyp und manchen physikalischen und chemischen Milieubedingungen bis zu einem gewissen Grad auseinanderhalten. So konnte M. Bender, (B .7.) zeigen, daß zwar Kulturen verschiedener Säugetierzellen annähernd in gleicher Weise durch ionisierende Strahlen an der Kolonienbildung gehindert werden – die damit getestete D_0 ist für alle Zelltypen annähernd die gleiche –, daß aber die Ausbeute an strahleninduzierten Chromosomenaberrationen von Zellart zu Zellart erheblich schwankt.

Die überlebenden Nachkommen bestrahlter Zellen mit Chromosomenaberrationen sind genetisch defekt, also mit qualitativen Störungen ihrer Funktion behaftet, insbesondere besteht der Verdacht, daß sie im Sinne einer somatischen Mutation in kausaler Beziehung zur Krebsbildung stehen können. Auf eine mögliche Beziehung zwischen Chromosomenaberrationen und Leukämie wurde bereits hingewiesen. Bei der chronischen myeloischen Leukämie wird häufig das Auftreten eines defekten Chromosoms der Nr. 22 beobachtet. Endgültig aber ist noch nicht geklärt, ob die strahleninduzierte Leukämie ursächlich auf eine ähnliche strahleninduzierte Chromosomenaberration zurückzuführen ist. Nach R. C. Nowell (B. 81.) wurden Chromosomenaberrationen in strahleninduzierten Leukämien beobachtet, allerdings nicht derselben Art wie bei einer spontanen Leukämie, bei der das gehäufte Auftreten des gleichen Chromosomenaberrationstyps auf eine Abkunft aller dieser so veränderten Zellen aus einer einzigen oder wenigen veränderten Stammzellen schließen läßt. Außerdem wurden persistente strahleninduzierte Chromosomenaberrationen bei Menschen und Tieren beobachtet, ohne daß es zu einer Leukämie kam. Analoge Überlegungen können für andere strahleninduzierte Geschwülste angestellt werden. Voraussetzung für das Geschwulstwachstum oder überhaupt für maligne Erkrankungen ist es, daß die chromosomal veränderte Zelle nicht nur lebensfähig ist, sondern gegenüber normalen Zellen einen Selektionsvorteil hat, so daß ihre Nachkommen sich stärker vermehren als die normalen Zellen.

Besondere Bedeutung können Chromosomenaberrationen während der *Embryonalentwicklung* gewinnen. Sie können einerseits zu dem strahleninduzierten Tod embryonaler Zellen beitragen, der die Hauptursache von Fehlbildungen darstellt, andererseits können die lebensfähigen, aber chromosomal geschädigten Zellen je nach dem Entwicklungsstadium eine Störung der weiteren embryonalen Organisation verursachen.

Der Anteil der genetisch veränderten Somazellen hängt von dem Entwicklungsstadium des Keimes ab, in dem die Chromosomenaberration eintrat. Erfolgt die Schädigung des befruchteten Eies im Einzellenstadium, also in der Zygote, so werden alle Zellen des entwickelten Organismus in gleicher Weise genetisch verändert sein. In späteren Entwicklungsstadien wird der Anteil der Zellen, die sich aus einer geschädigten Zelle bilden, um so kleiner werden, je weiter die Entwicklung fortgeschritten ist. Das kann zu einem Individuum führen, dessen Körperzellen nur zum Teil eine bestimmte Chromosomenaberration tragen. Man spricht dann von Mosaikbildung. Nach Abschluß der Organogenese werden die Folgen der zytogenetischen Veränderungen mehr und mehr denen eines nachgeburtlichen Strahlenschadens gleichen. Auch die höhere Strahlenempfindlichkeit des embryonalen und jugendlichen Organismus, z. B. in bezug auf die strahleninduzierte Leukämie und andere maligne Erkrankungen mag ihre chromosomale Begründung haben. Es ist bemerkenswert, daß auch beim Menschen somatische Mutationen beobachtet wurden, die mit einer Vorbestrahlung im Embryonalstadium oder Fetalstadium in Zusammenhang gebracht werden. In der Iris von Kindern, deren Mütter während der Schwangerschaft röntgenologisch untersucht worden waren, treten fleckige Störungen des Pigmentmusters auf, die auf Mutationen zurückzuführen sind (J. Lejeune et al., B. 70.). Es ist nicht sicher, ob es sich dabei um die Folge von Chromosomenaberrationen handelt.

Mit zunehmendem Lebensalter nimmt vermutlich „spontan" die Zahl von Chromosomenaberrationen in den Zellen des Organismus zu. Experimente von M. J. Curtis et al. (B. 23.) an Ratten, bei denen in verschiedenen Lebensaltern eine partielle Hepatektomie vorgenommen, und dann die Häufigkeit von Chromosomenaberrationen in der regenerierenden Leber untersucht wurde, weisen auf eine solche Altersabhängigkeit hin. Die Wirkung einer Bestrahlung kann also in dieser Hinsicht einem vorzeitigen Altern gleichgesetzt werden, auch wenn qualitative Unterschiede in der Art der spontanen und der altersinduzierten Aberrationen bestehen mögen.

Inwieweit diese Chromosomenaberrationen – seien sie alters- oder strahlenbedingt – für das Auftreten von Alterserscheinungen unspezifischer, z. B. degenerativer Art, verantwortlich zu machen sind, ist noch unbestimmt. Wir können annehmen, daß sie zu einer Zunahme der Entropie, also einer Abnahme der das Leben auszeichnenden Ordnung in ganz generellem Sinn beitragen, die mit dem Alter und auch infolge von Strahleneinwirkung zu erwarten ist.

Literaturverzeichnis

Teil A: Übersichtswerke

Strahlenbiologie im Ganzen

A.1. Bacq, Z. M., Alexander, P.: Fundamentals of Radiobiology, Oxford-London-New York-Paris: Pergamon Press, 1955. Dt. Übers.: Grundlagen der Strahlenbiologie, Stuttgart: Thieme 1958. 2. völlig neubearb. Aufl.: Oxford etc.: Pergamon Press 1961

A.2. Casarett, A. P.: Radiation Biology. Englewood Cliffs: Prentice-Hall 1972

A.3. Claus, W. D.: Radiation Biology and Medicine. Reading-Massachusetts: Addison-Wesley 1958

A.4. Coggle, J. E.: Biological effects of radiation. London-Winchester: Wykeham 1971

A.5. Dalrymple, G. V., Gaulden, M. E., Kollmorgen, G. M., Vogel, H. H.: Medical Radiation Biology, Philadelphia-London-Toronto: Saunders 1973

A.6. Ellinger, R.: Medical Radiation Biology. Springfield: Thomas 1957

A.7. Errera, M., Forssberg, A.: Mechanisms in Radiobiology. New York-London: Academic Press 1960

A.8. Fabrikant, J. I.: Radiobiology. Chicago: Year Book Medical Publ. 1972

A.9. Fritz-Niggli, H.: Strahlenbiologie, Grundlagen und Ergebnisse. Stuttgart: Thieme 1959

A.10. Grosch, D. S.: Biological effects of radiations. New York-Toronto-London: Blaisdell 1965

A.11. Hall, E. J.: Radiobiology for the Radiologist. Hagerstown-Maryland-New York-Evanston-San Francisco-London: Harper and Row 1973

A.12. Handbuch der Medizinischen Radiologie, Bd. II Strahlenbiologie, Berlin-Heidelberg-New York: Springer
a) Teil 1, Hrsg. A. Zuppinger, 1966
b) Teil 2, Hrsg. A. Zuppinger, 1966
c) Teil 3, Hrsg. O. Hug u. A. Zuppinger, 1972

A.13. Hollaender, A.: Radiation Biology. New York-Toronto-London: McGraw-Hill 1954

A.14. Kärcher, K. H.: Einführung in die klinisch experimentelle Radiologie. München-Berlin: Urban & Schwarzenberg 1964

A.15. Kärcher, K. H.: Aktuelle Probleme der klinischen Strahlenbiologie. Berlin-Heidelberg-New York: Springer 1970

A.16. Phillips, G. O., ed.: Energetics and Mechanisms in Radiation Biology. London-New York: Academic Press 1968

A.17. Pizzarello, D. J., Witcofski, R. L.: Basic radiation biology. Philadelphia: Lea and Febiger 1967

A.18. Schwartz, E. E.: The biological basis of radiation therapy. Philadelphia: Lippincott 1966

A.19. Spear, F. G.: Radiations and living cells. London: Chapman and Hall 1953

A.20. Unscear-Report: Report of the United Nations Scientific Comm. on the Effects of Atomic Radiation. Ionizing radiation: levels and effects. New York: United Nations 1972

Biophysikalische Grundlagen der Strahlenbiologie

A.21. Dertinger, H., Jung, H.: Molekulare Strahlenbiologie. Berlin-Heidelberg-New York: Springer 1969

A.22. Dessauer, F.: Quantenbiologie, herausg. u. ergänzt K. Sommermeyer, Berlin-Göttingen-Heidelberg: Springer 1964

A.23. Hug, O., Kellerer, A. M.: Stochastik der Strahlenwirkung. Berlin-Heidelberg-New York: Springer 1966

A.24. Lea, D. E.: Action of radiation on living cells. 2nd ed. Cambridge: Univ. Press 1956

A.25. Sommermeyer, K.: Quantenphysik der Strahlenwirkung in Biologie und Medizin. Leipzig: Akad. Verlagsges. 1952

A.26. a. Timofeeff-Ressowsky, N.V., Zimmer, K. G.: Das Trefferprinzip in der Biologie. Leipzig: Hirzel, 1947

A.26. b. Timofeeff-Ressowsky, N. V., Ivanov, V. I., Korogodin, V. J.: Die Anwendung des Trefferprinzips in der Strahlenbiologie. Jena: G. Fischer, 1972

A.27. Zimmer, K. G.: Studien zur quantitativen Strahlenbiologie. Wiesbaden: Verl. Akad. Lit. Mainz, 1966

Physikalische Grundlagen

A.28. Aglinzew, K. K.: Dosimetrie ionisierender Strahlen. Berlin: Deutscher Verlag der Wissenschaften, 1961

A.29. Bunde, E.: Medizinische Röntgentechnik. Teil 2: Physikalisch-technischer Teil. 1. Grundlagen der Strahlendiagnostik und -therapie mit Apparatekunde. Hrsg. Schoen. Stuttgart: Thieme 1953

A.30. Glocker, R., Macherauch, E.: Röntgen- und Kernphysik für Mediziner und Biophysiker. Stuttgart: Thieme 1965

A.31. Goodwin, P. N., Quimby, E. H., Morgan, R. H.: Physical Foundations of Radiology. New York-Evanston-London: Harper & Row 1970

A.32. Jaeger, R. G., Hübner, W.: Dosimetrie und Strahlenschutz. Stuttgart: Thieme 2. Aufl., 1974

A.33. Lapp, R. E., Andrews, H. L.: Nuclear Radiation Physics. Englewood Cliffs, N. J.: Prentice Hall 1963

A.34. Liechti, A., Minder, W.: Röntgenphysik, 2. Aufl. Wien: Springer 1955

A.35. Oliver, R.: Radiation Physics in Radiology. Oxford: Blackwell 1966

A.36. Schmeisser, K.: Radionuklide. Berlin-Göttingen-Heidelberg: Springer 1963

Dosiswirkungsbeziehungen

s. in A.21.-A.27. und ferner:

A.37. Kellerer, A. M., Rossi, H. H.: The Theory of Dual Radiation Action. Current Topics in Radiation Research **8**, 85–158, (1972)

A.38. Kellerer, A. M., Hug, O.: A theory of dose-effects relations. In: A.12. c)

Die relative biologische Wirksamkeit (RBW) von Strahlen verschiedener Art und Energie

A.39. Barendsen, G. W.: Responses of cultured cells, tumours and normal tissues to radiations of different linear energy transfer. Current Topics in Radiation Research, **4**, 293–353 (1968)

A.40. International Commission on Radiological Protection: Report of the RBE-Comittee to the International Commission on Radiological Protection and on Radiological Units and Measurements Health Physics, **9**, 357–386 (1963)

A.41. Internat. Commission on Radiological Protection: Publication 18: The RBE for High-LET Radiations with Respect to Mutagenesis. Oxford-New York-Toronto-Sydney-Braunschweig: Pergamon Press 1972

A.42. International Commission on Radiation Units and Measurements: Linear Energy Transfer. ICRU Report Nr. 16. Washington D. C., ICRU 1970

A.43. International Commission on Radiation Units and Measurements. Report 19, Radiation Quantities and Units, Washington D. C., ICRU 1971

A.44. Kellerer, A. M., Rossi, H. H.: RBE and the Primary Mechanism of Radiation Action. Radiat. Res. **47**, 15–34 (1971)

Die Kinetik der Strahlenwirkung; Restitutionsvorgänge und Zeitfaktor

A.45. Hug, O., Kellerer, A., Zuppinger, A.: Der Zeitfaktor. In A. 12. a)

A.46. Hug, O.: Kinetic Aspects of molecular and cellular radiation effects with special references to repair and recovery processes. Atomkernenergie **15**, 59–63 (1970)

Strahlenchemische Grundlagen

A.47. Dale, W. M.: Direct and indirect effects of ionizing radiations. In: A.12. a)

A.48. Draganic, I. G., Draganic, E. D.: The Radiation Chemistry of Water. New York: Academic Press 1971

A.49. Ebert, M.: Direct and indirect effects on biological systems. In: Comparative Effects of Radiation. (Ed. M. Burton, J. S. Kirb-Smith, J. L. Magee). New York-London: Wiley 1960

A.50. Henglein, A., Schnabel, W., Wendenburg, J.: Einführung in die Strahlenchemie. Weinheim: Verl. Chemie 1969

A.51. Matheson, M. S., Dorfman, L. M.: Pulse Radiolysis. Cambridge, Mass.: MIT Press 1969

A.52. Minder, W.: Strahlenchemie des Wassers, wäßriger Lösungen und einfacher organischer Verbindungen. In: A.12. a)

Strahlenchemie organischer Zellbestandteile

A.53. Blok, J., Loman, H.: The effects of γ-radiation in DNA. Current Topics in Radiation Research **9**, 165–245 (1973)

A.54. Bridges, A., Munson, R. J.: Genetic radiation damage and its repair in Escherichia coli. Current Topics in Radiation Research **4**, 95–185 (1968)

A.55. Dale, W. M.: Irradiation effects on enzymes (in vitro). In: A.12. a)

A.56. Drake, J. W.: The Molecular Basis of Mutation. London: Holden-Day 1970

A.57. Errera, M.: Effects of radiations on cells. In: The Cell. Vol. I, 695–740, ed. Brachet J., Mirsky, A. E. New York-London: Academic Press 1959

A.58. Latarjet, R.: Interaction of radiation energy with nucleic acids. Current Topics in Radiation Research, **8**, 1–38 (1972)

A.59. Setlow, J. K.: The molecular basis of biological effects of ultraviolet radiation and photoreactivation. Current Topics in Radiation Research **3**, 197–248 (1966)

A.60. Setlow, R. B., Setlow, J. K.: Effects of Radiation on Polynucleotides. Ann. Rev. Biophysics and Bioengineering **1**, 293–346 (1972)

A.61. Smith, K. C., Hanawalt, P. C.: Molekular Photobiology. New York: Academic Press 1969

A.62. Streffer, C.: Strahlen-Biochemie. Heidelberger Taschenbücher 59/60, Berlin-Heidelberg-New York: Springer 1969

A.63. Swingle, K. F., Cole, L. J.: Early effects of ionizing radiations on nucleic acids. Current Topics in Radiation Research, **4**, 189–247 (1968)

Strahleninduzierte Synthesestörungen und die Reparation molekularer Strahlenschäden

A.64. Berndt, J.: Reparationsvorgänge an der Desoxyribonukleinsäure. Angew. Chemie **85**, 189–299, (1973)

A.65. Bridges, A., Munson, R. J.: Genetic radiation damage and its repair in Escherichia coli. Current Topics in Radiation Research **6**, 95–185 (1968)

A.66. Cook, J. S.: Photoreactivation in animal cells. Photophysiology **5**, 191–233 (1970)

A.67. Hanawalt, P. C.: Cellular recovery from photochemical damage. Photophysiology **4**, 204–251 (1968)

A.68. Haynes, R. H., Baker, R. M., Jonas, G. E.: Genetic inplications of DNA repair. In: A.16.

A.69. Howard-Flanders, P.: DNA-Repair. Annual Review of Biochemistry **37**, 175–200 (1968)

A.70. Kaplan, H. S.: Enzymatic repair of radiation induced strand breakage in cellular DNA and its chemical inhibition. Radiology, **105**, 121–126 (1972)

A.71. Painter, R. B.: Repair of DNA in mammalian cells, Current Topics in Radiation Research, **7**, 45–70 (1970)

A.72. Petrovic, D.: Restoration of radiation-induced damage by nucleic acids. Current Topics in Radiation Research **4**, 251–289 (1968)

A.73. Setlow, J. K.: The molecular basis of biological effects of ultraviolet radiation and photoreactivation. Current Topics in Radiation Research **3**, 197–248 (1966)

A.74. Town, C. D., Smith, K. C., Kaplan, H. S.: Repair of X-ray damage to bacterial DNA. Current Topics in Radiation Research **8**, 351–359 (1973)

A.75. Witkin, E. M.: UV-induced mutation and DNA repair. Annual Review of Microbiology **23**, 487–514 (1969)

Strahlenzytologie

A.76. Cellular Radiation Biology. Baltimore: Williams & Wilkins 1965

A.77. Elkind, M. M., Whitmore, G. F.: The radiobiology of cultured mammalian cells. New York: Gordon and Breach 1967

A.78. Trott, K.-R.: Strahlenwirkungen auf die Vermehrung von Säugetierzellen. In A.12.c)

Zytophysiologische Störungen

A.79. Cleve, C. D. van: Irradiation and nervous system. New York: Rowman a. Littlefield 1963

A.80. Gangloff, H., Hug, O.: The effects of ionizing radiations on the nervous system. In: Advances in biological and medical physics, Vol. 10, ed. J. H. Lawrence and J. W. Gofman, New York-London: Academic Press 1965

A.81. Haley, Th. J., Snider, S. M.; Response of the Nervous System to Ionizing Radiation. New York: Academic Press 1962

A.82. Hug, O.: Biologische Sofortreaktionen auf schwache Strahlendosen. Abhandlungen IXth Internat. Congress of Radiology 1959, 1181–1195, Stuttgart: Thieme 1960

A.83. Effects of Ionizing Radiation on the Nervous System. Wien: IAEA 1962

Zytogenetische Strahlenwirkungen

A.84. Bauchinger, M.: Strahleninduzierte Chromosomenaberrationen. In A.12 c)

A.85. Evans, H. J.: Chromosome aberrations induced by ionizing radiations. New York-London: Academic Press 1962

A.86. Rieger, R., Michaelis, A.: Die Chromosomenmutationen. Jena: Fischer 1967

A.87. Vogel, F., Röhrborn, G., Schleiermacher, E., Schroeder, T.: Strahlengenetik der Säuger. Stuttgart: Thieme 1969

Teil B: Zitierte Einzelarbeiten

B.1. Alberti, W., Politzer, G.: Arch. mikr. Anat. **100**, 82 (1923)

B.2. Alper, T.: Nature **217**, 862 (1968)

B.3. Bachofer, C. S., Gautereaux, M. E.: Radiat. Res. **12**, 575 (1960)

B.4. Barendsen, G. W.: Europ. J. Cancer, **7**, 181 (1971)

B.5. Barron, E. S. G., Finkelstein, F.: Arch. Biochem. Biophys. **41**, 212 (1952)

B.6. Bauchinger, M.: Strahlentherapie **135**, 553 (1968)

B.7. Bender, M. A.: Science **126**, 974 (1957)

B.8. Bergeder, H. D.: Strahlentherapie **106**, 309 (1958)

B.9. Bergonié, J., Tribondeau, L.: Compt. rend. seanc. acad. sci. **143**, 983 (1906)

B.10. Bergström, R. M.: Ann. Med. Exp. Biol. Fenn. **40**, 4563 (1962)

B.11. Berry, R. J.: Radiat. Res. **32**, 13 (1967)

B.12. Blau, M., Altenburger, K.: Z. Physik **12**, 315 (1922)

B.13. Bohne, L., Coquerelle, Th., Hagen, U.: Int. J. Radiat. Biol. **17**, 205 (1970)

B.14. Bornschein, H., Pape, R., Zakovsky, J.: Naturwiss. **40**, 251 (1953)

B.15. Boyce, R. P., Howard-Flanders, P.: J. molec. Biol. **9**, 395 (1964)

B.16. Brewen, J. G., Luippold, H. E.: Mutat. Res. **12**, 305 (1971)

B.17. Brinkmann, R., Lamberts, H. B.: Nature **181**, 774 (1958)

B.19. Cleaver, J. E.: J. Invest. Derm. **58**, 124 (1972)

B.20. Court-Brown, W. M.: Proc. Roy. Soc. Edinb. **70**, 125 (1968)

B.21. Creasy, W. A., Stocken, L. A.: Biochem. J. **72**, 519 (1959)

B.22. Crowther, J. A.: Proc. Roy. Soc. (London) **B 96**, 207 (1924)

B.23. Curtis, M. J., Tilley, J., Crowley, C.: Radiat. Res. **22**, 730 (1964)

B.24. Dale, W. M.: Biochem. J. **34**, 1267 (1940)

B.25. Dawson, K. B., Rosen, D.: In: A.83.

B.26. Dean, C. J., Feldschreiber, P., Lett, J. T.: Nature **209**, 49 (1966)

B.27. Dessauer, F.: Z. Phys. **12**, 38 (1922)

B.28. Deutsche Normen:
a: Begriffe und Benennungen in der radiologischen Technik. DIN 6814, Blatt 1–10; b: Dosismeßverfahren in der Radiologischen Technik, DIN 6800, Blatt 1–6; c; Röntgen- und Gammastrahlen in Medizin und Biologie. Regeln für die Dosimetrie DIN 6809, Köln: Beuth. 1970ff.

B.29. Eicke, J., Hug, O.: Biophysik **7**, 322 (1971)

B.30. Elkind, M. M., Sutton, H.: Radiat. Res. **13**, 556 (1960)

B.31. Elkind, M. M., Swain, R. M., Alescio, T., Sutton, H., Moses, W. H.: In: A.76.

B.32. Esch, H., Miltenburger, H., Hug, O.: Biophysik **1**, 380 (1964)

B.33. Euler, H., Hevesy, G. de: Zit. in G. de Hevesy, Radioactive Indicators. New York: Interscience 1948

B.34. Fox, M., Nias, A. H. W.: Current Topics in Radiat. Res. **7**, 71 (1970)

B.35. Fricke, H., Morse, S.: Amer. J. Roentgenol. **18**, 426 (1927)

B.36. Garcia, J., Kimeldorf, D. J., Hunt. E. L.: Brit. J. Radiol. **30**, 318 (1957)

B.37. Garrison, W. M., Kland-English, M., Sokol, H. A., Jayko, M. E.: J. Phys. Chem. **74**, 4506 (1970)

B.38. Gillet, C.: Int. J. Radiat. Biol. **8**, 533 (1965)

B.39. McGrath, R. A., Williams, R. W.: Nature, **212**, 534 (1966)

B.40. Gray, L. H.: Am. J. Roentgen. **85**, 803 (1961)

B.41. Hagen, U.: 8th annual meeting Europ. Soc. Rad. Biol., Basko Polje, 1971

B.42. Hagen, U.: Biochem. Biophys. Acta **134**, 45 (1967)

B.43. Hansen, U. P.: Atomkernenergie **12**, 447 (1967)

B.44. Harder, P., Hug, O.: Strahlentherapie **106**, 245 (1958)

B.45. Hart, B. J., Anbar, M.: The Hydrated Electron, New York: Wiley, Interscience 1970

B.46. Hellinger, O., Heusinger, H., Hug, O.: Biophysik **6**, 193 (1970)

B.47. Henshaw, P. S.: Am. J. Roentgen. **27**, 890 (1932)

B.48. H. B. Hewitt, C. W. Wilson: Brit. J. Cancer **13**, 69 (1959)

B.49. Hochanadel, C. J.: In: Comparative Effects of Radiation, (ed.: M. Burton et al.) New York-London: Wiley 1960

B.50. Holthusen, H.: Strahlentherapie **19**, 275 (1925)

B.51. Holthusen, H.: Pflügers Arch. ges. Physiol. **187**, 1 (1921)

B.52. Howard-Flanders, P.: Ann. Rev. Biochem. **37**, 175 (1968)

B.53. Hsu, T. C., Pomerat, C. M.: Hered. **44**, 23 (1953)

B.54. Hug, O., Wolf, J.: Strahlentherapie, Sonderbd. zu **35**, 209 (1956)

B.55. Hug, O.: Strahlentherapie **106**, 155 (1958)

B.56. Hug, O., Miltenburger, H.: Naturwissenschaften **49**, 499 (1962)

B.57. Hug, O., Schliep, H. J.: In: Intern. Symposium on „The initial effects of ionizing radiation on cells", London-New York: Academic Press 1960

B.58. Hug, O.: In: Immediate and Low Level Effects of Ionizing Radiations. Int. J. Radiat. Biol. (Special. Suppl.) (1959)

B.59. Hug, O., Miltenburger, H., Esch, H.: Biophysik **1**, 374 (1964)

B.62. Jüngling, O., Langendorff, H.: Strahlentherapie **44**, 771 (1932)

B.63. Kellerer, A. M.: Proceedings of the third Symposium on microdosimetry. Luxemburg: Euratom 1972

B.64. Kellerer, A. M.: Mikrodosimetrie, Grundlagen einer Theorie der Strahlenqualität. Habilitationsschrift, Univ. München, 1968. Bericht der Ges. f. Strahlenforschung 1968

B.65. Kelner, A.: J. Bacter. **58**, 511 (1949)

B.66. Kimeldorf, D. J., Garcia, J., Rubadeau, D. O.: Radiat. Res. **12**, 710 (1960)

B.67. Krönig, B., Friedrich, W.: Strahlentherapie, Sonderband 3, 1918

B.68. Langendorff, H.: Naturwissenschaften **57**, 455 (1970)

B.69. Lajtha, L. G., Oliver, R., Berry, R., Noyes, W. D.: Nature **182**, 1790 (1958)

B.70. Lejeune, J., Turpin, R., Rethore, M. O., Mayer, M.: Rev. Franc. Ct. Clin. Biol. **5**, 982 (1960)

B.71. Liebermann, W., Forbes, P. D.: Nature, New Biology **241**, 199 (1973)

B.72. Lipetz, L. E.: Radiat. Res. **2**, 306 (1955)

B.73. Lohmann, W.: In: Modification of Radiosensitivity in biological systems. Wien: IAEA (1974)

B.74. McCapra, F.: Pure and Applied Chemistry **24**, 611 (1970)

B.75. Michailov, M. Ch.: Biophysik **7**, 276 (1971)

B.76. Mohler, W. C., Elkind, M. M.: Exptl. Cell Res. **30**, 481 (1963)

B.77. Nachtigall, W.: Biophysik **2**, 145 (1965)

B.78. Nachmansohn, D.: J. Cell. Comp. Physiol. **39**, suppl. 2, 137 (1952)

B.79. a) Neary, G. J., Savage, J. R. K., Evans, H. J., Whittle, J.: Int. J. Rad. Biol. **6**, 127 (1963)
b) Neary, G. J.: Int. J. Radiat. Biol. **9**, 477 (1965)

B.80. Nowell, P. C., Hungerford, D. A.: J. Natl. Cancer Inst. **27**, 1013 (1961)

B.81. Norman, A., Ottoman, R. E., Chan, P., Klisak, J.: Mutat. Res. **15**, 358 (1972)

B.82. Ord, M. G., Stocken, L. A.: Nature **182**, 1787 (1958)

B.83. Painter, R. B., Young, B. R., Mutat. Res. **14**, 225 (1972)

B.84. Pauly, H.: Int. J. Rad. Biol. **6**, 221 (1963)

B.85. Pauly, H., Rajewsky, B.: Strahlentherapie **119**, 481 (1962)

B.86. Pauly, H.: In: B. Rajewsky, Wissenschaftliche Grundlagen des Strahlenschutzes, Karlsruhe: Braun 1957

B.87. Pollard, E. G., Guild, W. R., Hutchinson, F., Setlow, R. B.: Progr. Biophys. Chem. **5**, 72 (1955)

B.88. Pollard, E. C., Vogler, C., Radiat. Res. **15**, 109 (1961)

B.89. Pollard, E. C., Davis, Sh. A.: Radiat. Res. **41**, 375 (1970)

B.90. Pollard, E. C.: Current Topics in Radiation Research **6**, 51 (1970)

B.91. Pollard, E. C.: Biophys. J. **12**, 133 (1972)

B.92. Puck, T. T., Marcus, P. T.: J. exp. med. **103**, 653 (1956)

B.93. Rajewsky, B., Gerber, G., Pauly, H.: In: Advances in Radiobiology. Edinburgh-London: Oliver and Boyd 1957

B.94. Revell, S. H.: In: Proc. Radiobiol. Sym. Liege. Ed.: Z. M. Bacq and P. Alexander. London: Butterworth 1954

B.95. Rothenberg, M. A.: Biochem. Biophys. Acta **4**, 96 (1950)

B.96. Röttinger, E. M., Hug, O.: Radiat. Res. **50**, 491 (1972)

B.97. Russel, W. L.: In: Repair from Genetic Radiation (ed. F. H. Sobels) Oxford: Pergamon 1963

B.98. Sax, K.: Genetics **23**, 494 (1938)

B.99. Schachinger, L.: Ärztl. Forsch. **16**, 262 (1962)

B.100. Schaudinn, F.: Pflügers Arch. ges. Physiol. **77**, 29 (1899)

B.101. Schmid, E., Bauchinger, M., Hug, O.: Mutat. Res. **16**, 307 (1972)

B.102. Setlow, R. B., Carrier, W. L.: Proc. natl. Acad. Sc. U.S.A. **51**, 226 (1964)

B.103. Sinclair, W. K.: Radiat. Res. **33**, 620 (1968)

B.104. Stadler, L. J.: Science **68**, 186 (1928)

B.105. Stocken, L. A.: In: The Initial effects of ionizing radiations on cells. Ed. R. J. C. Marris, London-New York: Academic Press 1961

B.106. Tarusow, B.: In: International Symposium on primary and initial effects of ionizing radiation on living cells. London-New York-Moskow: Academic Press 1960

B.107. Thomlinson, R. H.: Front. Rad. Ther. Onc. **3**, (1968)

B.108. Till, J. E., McCulloch, E. A.: Radiat. Res. **14**, 213 (1961)

B.109. Tobias, C. A., Budinger, Th. F., Lyman, J. T.: Nature **230**, 596 (1971)

B.110. Trott, K. R.: Int. J. Radiat. Biol. **15**, 473 (1969)

B.111. Vos, O., Budke, L., Vergroesen, A. J.: Int. J. Radiat. Biol. **5**, 543 (1962)

B.112. Wacker, A.: D. Med. Wschr. **86**, 735 (1961)

B.113. Wacker, A., Dellweg, H., Weinblum, D.: Naturwissenschaften **47**, 477 (1960)

B.114. Whitmore, G. F., Gulyas, S., Botond, J.: In: A. 76.

B.115. Wolff, S.: Radiation induced chromosome aberrations. New York–London: Columbia Univ. Press 1963

Sachverzeichnis

Bei Stichworten mit mehreren Seitenhinweisen ist die Seitenzahl **fett** gedruckt, auf welcher der Begriff eingeführt oder erläutert ist.

Handbuch der medizinischen Radiologie
Encyclopedia of Medical Radiology

Herausgeber/Editors: **L. Diethelm, F. Heuck, O. Olsson, K. Ranninger, F. Strnad, H. Vieten, A. Zuppinger.** In 19 Bänden (etwa 52 Teilbänden) mit Beiträgen in Deutsch und Englisch.

---

2. Band:

Strahlenbiologie / Radiation Biology

Redigiert von **A. Zuppinger.**

1. Teil: 183 figures, XVI, 726 pages (318 pages in German). 1966. Cloth DM 295,–; US $ 120.40 Subscription price Cloth DM 236,–; US $ 96.30
ISBN 3-540-03544-3

2. Teil: 257 Abbildungen, XIV, 668 Seiten (248 Seiten in Englisch). 1966. Gebunden DM 285,–; US $ 116.30. Subskriptionspreis Gebunden DM 228,–; US $ 93.10
ISBN 3-540-03545-1

3. Teil: Redigiert von **O. Hug, A. Zuppinger.** 186 Abbildungen, XV, 395 Seiten (129 Seiten in Englisch). 1972. Gebunden DM 215,–; US $ 87.80. Subskriptionspreis Gebunden DM 172,–; US $ 70.20
ISBN 3-540-05980-6

16. Band:

Allgemeine strahlentherapeutische Methodik (Therapie mit Röntgenstrahlen) / Methods and Procedures of Radiation Therapy (Therapy with X-Rays)

Redigiert von **H. Vieten, F. Wachsmann.**

1. Teil: 447 Abbildungen, XVII, 697 Seiten (103 Seiten in Englisch). 1970. Gebunden DM 360,–; US $ 146.90. Subskriptionspreis Gebunden DM 288,–; US $ 117.50
ISBN 3-540-04854-5

2. Teil: 291 Abbildungen, XV, 444 Seiten (171 Seiten in Englisch). 1971. Gebunden DM 295,–; US $ 120.40. Subskriptionspreis Gebunden DM 236,–; US $ 96.30
ISBN 3-540-05353-0

17. Band:

Spezielle Strahlentherapie gutartiger Erkrankungen / Radiation Therapy of Benign Diseases

Redigiert von **A. Zuppinger, E. Ruckensteiner.** 76 Abbildungen, XVI, 584 Seiten. 1970. Gebunden DM 320,–; US $ 130.60. Subskriptionspreis Gebunden DM 256,–; US $ 104.50
ISBN 3-540-04855-3

18. Band:

Allgemeine Strahlentherapie maligner Tumoren / Radiation Therapy of Malignant Tumours (General Considerations)

Editors: **A. Zuppinger, G. J. van der Plaats.** 110 figs., XX, 630 pages (293 pages in German). 1967. Cloth DM 310,–; US $ 126.50. Subscription price Cloth DM 248,–; US $ 101.20
ISBN 3-540-03848-5

19. Band:

Spezielle Strahlentherapie maligner Tumoren / Radiation Therapy of Malignant Tumours

1. Teil: Redigiert von **A. Zuppinger, E. Krokowski.** 270 Abbildungen, XX, 824 Seiten (96 Seiten in Englisch). 1972. Gebunden DM 395,–; US $ 161.20. Subskriptionspreis Gebunden DM 316,–; US $ 129.00
ISBN 3-540-05679-3

2. Teil: In Vorbereitung

3. Teil: Redigiert von **A. Zuppinger.** 179 Abbildungen, XVI, 642 Seiten (223 Seiten in Englisch). 1971. Gebunden DM 330,–; US $ 134.70. Subskriptionspreis Gebunden DM 264,–; US $ 107.80
ISBN 3-540-05138-4

4. Teil: In Vorbereitung

Springer-Verlag Berlin · Heidelberg · New York

GPSR Compliance

The European Union's (EU) General Product Safety Regulation (GPSR) is a set of rules that requires consumer products to be safe and our obligations to ensure this.

If you have any concerns about our products, you can contact us on ProductSafety@springernature.com

In case Publisher is established outside the EU, the EU authorized representative is:

Springer Nature Customer Service Center GmbH
Europaplatz 3
69115 Heidelberg, Germany

Batch number: 10684220

Printed by Printforce, the Netherlands